天津市重点出版扶持项目

中国重要农业文化遗产天津津南小站稻种植系统研究成果

蜕变与重生

中国农业文化遗产天津小站稻

Tianjin Xiaozhan Rice: China's Nationally Important Agricultural Heritage

◎ 郭华 姜浩 著

天津出版传媒集团

天津古籍出版社

图书在版编目（CIP）数据

蜕变与重生：中国农业文化遗产天津小站稻 / 郭华，姜浩著. -- 天津：天津古籍出版社，2022.5
　　ISBN 978-7-5528-1162-9

　　Ⅰ.①蜕… Ⅱ.①郭…②姜… Ⅲ.①水稻–介绍–天津 Ⅳ.①S511

中国版本图书馆CIP数据核字(2022)第003091号

蜕变与重生：中国农业文化遗产天津小站稻
TUIBIAN YU CHONGSHENG : ZHONGGUO NONGYE WENHUA YICHAN TIANJIN XIAOZHANDAO

郭　华　姜　浩　著

出 版 人：张　玮
出版发行：天津古籍出版社
　　　　　天津市西康路 35 号　邮政编码：300051

策　　划：唐　舰
责任编辑：郑　伟
责任校对：王羽茜　金　达
技术支持：天津市科学技术信息研究所多媒体技术中心
装帧设计：雅迪云印（天津）科技有限公司

印　　制：雅迪云印（天津）科技有限公司
版　　次：2022 年 5 月第 1 版　2022 年 5 月第 1 次印刷
开　　本：710mm × 1000mm　1/16
印　　张：22.5
字　　数：350 千字
定　　价：128.00 元

版权所有　侵权必究　　　　　举报电话：（022）27305678
法律顾问：天津四方君汇律师事务所　丁立莹律师、王茜律师

前 言

2018年4月12日，习近平总书记在考察国家南繁科研育种基地（海南）时关切地询问："天津有个'小站稻'，'小站稻'怎么样了？"总书记关心小站稻的发展，也从侧面印证了小站稻曾经的辉煌和给人们留下的深刻印象。截至2022年，我国已累计认定六批138项中国重要农业文化遗产。继天津滨海崔庄古冬枣园之后，津南小站稻种植系统成为天津市第二个获此殊荣的农业文化遗产。小站稻"申遗"的成功，极大地鼓舞和振奋了天津水稻产业的发展，也将为人类生态文明建设贡献中国智慧。

小站稻作为北方稻作文化中的典型，米粒椭圆饱满、微长淡绿，如冰似玉，晶莹甜糯，清香爽口，软而不糊，冷后不硬，食味极好，曾是清末贡米。"一篙御河桃花汛，十里村罋玉粒香"，这脍炙人口的诗句是对天津小站稻品质的绝佳赞誉。随着国家粮食安全战略、生态文明战略以及乡村振兴战略的启动实施，小站稻的振兴将迎来百年难得的机遇。这不仅有助于保障国家粮食安全、推动乡村产业振兴和文化复兴，而且会以其"绿色"的特质，实现对生态文明建设的呼应。

梅花香自苦寒来。小站稻虽成名于清末淮军小站屯垦，至今不过百余年时间，但其在天津有着1000多年的耕作历史。天津稻作文化起源于东汉，历经宋、元、明、清，直到今天，小站稻是天津稻作文化的巅峰。在漫长的历史进程中，涌现出了袁黄、汪应蛟、徐光启、左光斗、周盛传等众多先贤，他们在津沽大地与小站稻结缘。他们来自南方稻作区，因为种种原因垦拓北海，看到北方沮洳滩涂众多而不加利用，便借治水利、消积水之机，身体力行，著书教民，把江南的稻作文化传入津沽大地，推动着小站稻品种和技术的不断改进。然而受限于当地的生态环境，小站稻几经沉寂。

进入新时代，小站稻在不断突破中，终于迎来蝶变，开创了新的辉煌。

小站稻在跨越千年的演化过程中，已经与当地的自然生态和社会文化融为一体，形成了独特的稻作文化景观，并在生态与环境、经济与生计、社会与文化、科学与教育、示范与推广等多个方面发挥着作用，影响着当地的生态环境和现代农耕文明。小站稻的重生，有助于促进天津现代都市型农业的转型升级，为处于大都市区域发展空间受限的现代都市农业指明了发展方向。

历史上小站稻的种植是出于军事防御的考虑，军事垦殖成为小站稻耕作史上最浓重的色彩。进入现代社会，军事色彩已经淡化，小站稻要真正实现蜕变与重生，就必须要找准新的定位——民生。首先要保护，保护小站稻的生存空间，确定小站稻的核心种植区、示范种植区和拓展种植区，并在此基础上保护小站稻的种质资源、生态景观以及其所蕴含的稻作文化。要通过这些措施和手段，保护小站稻的生存基质和发展潜力。其次要开发，赋予小站稻新的生命力，借助现代农业生产技术和现代经营管理制度赋能小站稻，借助一二三产业融合发展的协同机制以及多方参与开发机制，真正推动小站稻由内而外焕发生机。

在研究小站稻的过程中，笔者震撼于小站稻所蕴含的跨越千年的农耕智慧，这些智慧时至今日依然值得借鉴，这是小站稻不断焕发生命力的源泉。对小站稻农业文化遗产，特别是其所蕴含的多元文化的发掘与保护，不仅可以重振小站稻这一区域公用品牌，而且可以提升我们面向未来、面向国际的自信。我们有理由相信，小站稻的重生与振兴必将重构天津的农业文化，改变单一的旱作农业格局，成为天津现代都市型农业发展的亮点。

目 录

第一篇 小站稻：背景与机遇 ... 1

第一章 农业文化遗产 ... 2
1.1 农业文化遗产概述 ... 2
1.2 中国的农业文化遗产保护 ... 12
1.3 稻作农业文化遗产 ... 18
1.4 京畿稻作文化 ... 38

第二章 小站稻的基本情况、机遇与挑战 ... 41
2.1 品质与特色 ... 41
2.2 生长环境 ... 42
2.3 战略背景 ... 49
2.4 时代机遇 ... 55
2.5 面临挑战 ... 58

第二篇 小站稻：起源与耕作历史 ... 63

第三章 小站稻的演化与发展 ... 64
3.1 起源阶段：东汉时期 ... 64
3.2 发展阶段：宋元时期 ... 67
3.3 成熟阶段：明清时期 ... 79
3.4 没落与振兴阶段：20世纪以来 ... 134

第四章　小站稻演化发展的特征及其对当代的启发 ………………… 159
4.1　演化与发展的主要特征 ……………………………………… 159
4.2　对当代经济社会发展的启发 ………………………………… 164

第三篇　小站稻：独特的遗产价值 ……………………………………… 173

第五章　生态与环境价值 ………………………………………………… 174
5.1　遗传资源与生物多样性保护 ………………………………… 174
5.2　生态服务价值 ………………………………………………… 182

第六章　经济与生计价值 ………………………………………………… 188
6.1　经济价值 ……………………………………………………… 188
6.2　农民生计 ……………………………………………………… 199

第七章　社会与文化价值 ………………………………………………… 204
7.1　社会治理 ……………………………………………………… 204
7.2　文化多样性 …………………………………………………… 212

第八章　科学与教育价值 ………………………………………………… 239
8.1　科学价值 ……………………………………………………… 239
8.2　教育功能 ……………………………………………………… 245

第九章　示范与推广价值 ………………………………………………… 253
9.1　品牌示范价值 ………………………………………………… 253
9.2　模式推广价值 ………………………………………………… 255

第四篇　小站稻：保护与开发　261

第十章　保护与开发的总体策略　262
- 10.1　保护与开发的目标　263
- 10.2　保护与开发的原则　264

第十一章　小站稻的保护　267
- 11.1　生存空间保护　267
- 11.2　种质资源、生物多样性保护　271
- 11.3　景观保护　275
- 11.4　稻作文化保护　280

第十二章　小站稻的开发　287
- 12.1　产品体系的开发　287
- 12.2　技术体系的开发　295
- 12.3　组织体系的开发　308
- 12.4　经营管理体系的开发　313

第十三章　保护与开发的机制建设　326
- 13.1　产业配套措施建设　326
- 13.2　相关制度建设　331
- 13.3　多方参与机制　335

参考文献　339

后记　345

Contents

PART I BACKGROUND AND OPPOTUNITIES OF XIAOZHAN RICE ·· 1

Chapter 1 Agricultural Heritage ··· 2
1.1 Introduction to agricultural heritage ··· 2
1.2 The protection of agricultural heritage in China ······························ 12
1.3 Agricultural heritage of rice ·· 18
1.4 Rice culture in Beijing and its vicinity ·· 38

Chapter 2 Introduction, Opportunities and Challenges of XiaoZhan Rice ·· 41
2.1 Qualities and characteristics ·· 41
2.2 Growing conditions ··· 42
2.3 Background ·· 49
2.4 Opportunities ·· 55
2.5 Challenges ··· 58

PART II ORINGIN AND HISTORY OF XIAOZHAN RICE ·············· 63

Chapter 3 Evolution and Development of XiaoZhan Rice ···················· 64
3.1 Origin: Eastern Han dynasty (25-220 A.D.) ···································· 64
3.2 Development: Song and Yuan dynasties (960-1368 A.D.) ··················· 67
3.3 Maturity: Ming and Qing dynasties (1369-1912 A.D.) ······················· 79
3.4 Decline and revitalization: Modern times (1900s -) ······················· 134

Chapter 4 Characteristics of the Development of XiaoZhan Rice and Their Contemporary Inspiration 159
   4.1 Characteristics of the evolution and development of Xiaozhan rice 159
   4.2 Inspirations for the development of contemporary society 164

PART THREE UNIQUE VALUE OF XIAOZHAN RICE 173

Chapter 5 Ecological and Environmental Value 174
   5.1 Genetic resources and biodiversity protection 174
   5.2 Ecological services 182

Chapter 6 Economic and Livelihood Value 188
   6.1 Economy 188
   6.2 Farmers' livelihood 199

Chapter 7 Social and Cultural Value 204
   7.1 Social governance 204
   7.2 Cultural diversity 212

Chapter 8 Scientific and Educational Value 239
   8.1 Science 239
   8.2 Education 245

Chapter 9 Demonstration and Promotion Value 253
   9.1 As an outstanding brand 253
   9.2 As a practical model 255

PART FOUR PROTECTION AND DEVELOPMENT OF XIAOZHAN RICE ... 261

Chapter 10 Overall Strategy of Protection and Development ... 262
10.1 Goals ... 263
10.2 Principles ... 264

Chapter 11 Protection of Xiaozhan Rice ... 267
11.1 Growing space ... 267
11.2 Germplasm resources and biodiversity ... 271
11.3 Landscape of the rice field ... 275
11.4 The culture of Xiaozhan rice ... 280

Chapter 12 Development Plans of Xiaozhan Rice ... 287
12.1 Development of product system ... 287
12.2 Development of technology system ... 295
12.3 Development of organization system ... 308
12.4 Development of management system ... 313

Chapter 13 Mechanisms of the Protection and Development of Xiaozhan Rice ... 326
13.1 Supporting policies ... 326
13.2 Related system ... 331
13.3 Multi-sector collaboration mechanism ... 335

REFERENCE ... 339

ACKNOWLEDGMENT ... 345

Part 1

第一篇 "小站稻：背景与机遇"

俗话说"民以食为天"。作为文明古国，我国有上万年的农耕文明史，农业文化遗产是历史留给我们的宝贵财富。它彰显了中国传统农业的智慧，记录了人与自然和谐共处的技术和模式。如今现代农业的发展遇到了瓶颈，农药、化肥的大量使用以及大范围高产、单一作物品种的推广种植所带来的食物安全和生态环境问题，已使农业可持续发展面临严峻的考验。由此人类开始重新思考农业文化遗产在新的时代背景下的价值和意义。保护好农业文化遗产，不仅是在保护我们中华民族的根脉，更是在稳固构建人与自然生命共同体的基石。

历史的车轮滚滚向前，天津人不怕困难，勇于创新，在津沽大地上精耕细作，培育出了驰名中外的"小站稻"。小站稻作为北方稻作文化中的典型，曾是清末贡米，晶莹剔透、颗粒饱满、香气四溢。"一篙御河桃花汛，十里村爨玉粒香"，这脍炙人口的诗句是对天津小站稻品质的绝佳赞誉。

2018年习近平总书记关心过问小站稻的情况，2020年天津津南小站稻种植系统入选第五批中国重要农业文化遗产名单。这些极大地鼓舞了天津水稻产业的发展，小站稻正逐步成为天津农业一张亮丽的名片。在国家实施粮食安全战略、生态文明战略以及乡村振兴战略的大背景下，小站稻所蕴含的生物、技术、文化特质完全契合时代发展的脉络。加大对小站稻农业文化遗产保护和开发的力度，对于应对气候变化、生物多样性保护、粮食安全、扶贫减贫等重大社会问题，推动天津乡村振兴战略的稳步前进和提升现代农业的竞争力都有重要的意义与价值。

第一章
农业文化遗产

1.1 农业文化遗产概述

农业最典型的特征是对自然资源的直接利用与再生产，这使得农业生产与自然生态系统的联系最为紧密，对自然生态系统的作用最直接，影响最广泛。当下以消耗大量资源和能源为方式的农业虽然取得了巨大成就，养活了世界上不断增加的人口，为我们带来了巨大的福利，但也产生了种种弊端，如化肥、农药等工业产品的过度使用造成土壤板结、地力下降、酸碱度失衡等一系列问题，农业可持续发展面临严峻的考验。这偏离了农业发展的目标，也促使全社会开始反思当下农业发展的政策、技术和模式，以寻求生态系统与人类发展的平衡，实现人与自然的和谐相处。

现代社会中，除了保障食物安全，农业还承担着诸如保存农村景观、提供社会就业、传承农耕文化、保护动物福利等其他社会功能。传统农业的物质产出虽然低于石油农业，但其"天人合一、因地制宜、种养结合、循环利用"的发展模式中所蕴含的智慧在当代依然有价值，可以为农业的可持续发展贡献中国智慧。

1.1.1 遗产家族

1960 年，联合国教科文组织发起"努比亚行动计划"，成功保护了埃及古建筑阿布辛贝神殿和菲莱神殿，从此拉开了保护世界遗产相关工作的序幕。如今，全球的遗产保护体系不断健全，已涵盖文化、自然、农业、工业等多个领域。在世界范围的遗产家族中，已经形成共识并对现实影响较大的主要有世界遗产、人类非物质文化遗产、工业遗产、全球重要农业文化遗产和世界灌溉工程遗产。

世界遗产是指被联合国教科文组织和世界遗产委员会确认的，人类罕见的、无法替代的财富，是全人类公认的具有突出意义和普遍价值的文物古迹及自然景观。世界遗产是遗产家族中开展认定和保护时间最长、影响力最大的一种，包括世界文化遗产（含文化景观）、世界自然遗产、世界文化与自然双重遗产三类。截至 2021 年 7 月 25 日，世界遗产总数达 1122 项，分布在全球 167 个国家。其中世界文化遗产 869 项、世界自然遗产 213 项、世界文化与自然双重遗产 39 项。中国拥有世界遗产 56 项，居世界第一。在世界文化遗产中，农业类遗产并不多见，比较著名的有菲律宾科迪勒拉山的水稻梯田、瑞典南厄兰岛的农业风景区、葡萄牙皮库岛葡萄园文化景观、中国红河哈尼水稻梯田文化景观等。

人类非物质文化遗产是指被各社区、群体，有时是个人，视为其文化遗产组成

表 1-1　世界各类遗产及其主要关注内容

遗产类型		遗产关注内容	
世界遗产	世界文化遗产（含文化景观）	①文物 ②建筑群 ③遗址	文化景观包括： ①园林和公园景观 ②有机进化的景观 ③关联性文化景观
	世界自然遗产	①地质和生物结构的自然面貌 ②濒危动植物生态区 ③天然名胜	
	世界文化与自然双重遗产	同时满足关于文化遗产和自然遗产定义的遗产项目	
人类非物质文化遗产		①口头传统和表现形式，包括作为非物质文化遗产媒介的语言 ②表演艺术 ③社会实践、仪式、节庆活动 ④有关自然界和宇宙的知识和实践 ⑤传统手工艺	
工业遗产		具有历史、科学、技术、建筑和社会等价值的工业遗迹，包括建筑物、机械、生产作坊和工厂、矿场以及加工提炼遗址、仓库货栈以及生产、运输、使用能源的场所和基础设施，还包括如住房、宗教、教育等与工业生产相关的场所	
全球重要农业文化遗产		农村与其所处环境长期协同进化和动态适应下所形成的独特的土地利用系统和农业景观，这种系统与景观具有丰富的生物多样性，而且可以满足当地社会经济与文化发展的需要，有利于促进区域可持续发展	
世界灌溉工程遗产		①水坝（主要用于灌溉） ②储水工程，如坑塘 ③堰等引水工程 ④渠道工程 ⑤水车 ⑥原始的提水工具	

部分的各种社会实践、观念表述、表现形式、知识、技能以及相关的工具、实物、手工艺品和文化场所。我国的传统桑蚕丝织技艺、二十四节气等农业类项目入选了联合国教科文组织的人类非物质文化遗产名录。

1.1.2 全球重要农业文化遗产与中国重要农业文化遗产

农业文化遗产是人类与所处环境在漫长的历史进程中协同发展所形成的，具有丰富的农业生物多样性、完善的传统知识、合理的水土等资源管理体系、独特的生态与文化景观的农业生产系统。在现代农业发展遭遇威胁与挑战的背景下，汲取传统农业中的智慧，保护那些诞生于过去、至今仍具有旺盛生命力和重要价值的"活态"农业系统就显得格外重要了。

2002年，在全球环境基金（GEF）的支持下，联合国粮食及农业组织（FAO，简称"粮农组织"）提出了全球重要农业文化遗产（Globally Important Agricultural Heritage Systems，缩写为GIAHS）保护倡议，旨在保护传统农业系统的景观，当地的知识、文化以及生物多样性，从而推动农业的可持续发展。粮农组织提出，要认定全球重要农业文化遗产，至少要满足以下五个条件：一、可以为当地居民提供食物需求与生计安全；二、具有生物多样性及重要生态服务功能；三、蕴含丰富的本土农耕知识和技术；四、拥有文化多样性，在文化、信仰、社会组织等方面具有重要传承价值；五、具有独特的农业景观和水土资源管理方式。

2005年，粮农组织在六个国家选择了五种不同类型的传统农业系统作为首批保护试点。通过试点探索，2015年，粮农组织明确将全球重要农业文化遗产相关工作列为常规性工作。截至2019年5月，全球已有21个国家的57个传统农业系统被列入全球重要农业文化遗产名录。其中中国有15项，数量居世界第一。可以说，全球重要农业文化遗产的设立是对世界范围内遗产保护体系的重大完善。

中国对农业（文化）遗产的系统研究始于20世纪50年代的农业史综合研究和农业历史文献整理工作。1955年，农业部曾组织召开"整理祖国农业遗产"座谈会。中国农史事业奠基人之一万国鼎先生认为农业遗产既包括古代农业文献、考古发掘材料，也包括农民在长期实践中积累的经验。石声汉先生曾专门撰写《中国农学遗产要略》，认为农业遗产的概念比较宽泛，总体可分为具体实物和技术方法两大类。

粮农组织提出全球重要农业文化遗产保护倡议后，中国学术界对农业文化遗产的内涵和分类又作了进一步讨论。闵庆文认为农业文化遗产有广义和狭义之分，广义的农业文化遗产包括遗址类、工程类、景观类、文献类、技术类、物种类、民俗类、工具类、品牌类，狭义的则更强调农业生物多样性和农业景观，强调遗产的系统性，可以包括水土保持系统、农田水利系统、抗旱节水系统、特定农业物种等内容。

2012年，农业部制定《中国重要农业文化遗产认定标准》，并开启了全国农业文化遗产申报工作。这一标准将"人类与其所处环境长期协同发展中，创造并传承至今的独特的农业生产系统"作为主要的申报和保护对象，且这些系统应具有活态性、适应性、复合性、战略性、多功能性和濒危性的特点。值得注意的是，根据近年来对重要农业文化遗产保护的实践来看，中国重要农业文化遗产的申报首先要符合认定标准，即申报对象应是一个农业生产系统。不过，这个系统会涉及农业技术、工具、物种、工程、民俗等一般意义的农业遗产，而这些同样需要纳入整个遗产系统中进行识别、保护和传承，并在编制农业文化遗产保护与发展规划时加以明确并制定相应的保护措施。因此，不管对农业（文化）遗产如何分类，都已在实践中将涉及的一般农业遗产纳入到了整个遗产系统中进行保护。

1.1.3 农业文化遗产的特征

相比于其他类型的遗产，农业文化遗产有其自身的特征。首先，世界遗产中很多遗址类、建筑类遗产（如长城、故宫）已经失去或部分失去原有的功能和作用，只作为文物或遗迹进行保存和研究，而农业文化遗产是一种"活"的遗产，它与其所处环境协同发展并传承至今，依然发挥着重要功能，因此活态性和适应性是它的显著特征。所谓"活态性"，是指农业文化遗产的历史非常悠久，而且今天仍能发挥较强的生产与生态功能，仍然是地方经济与社会的重要组成部分，仍然是当地农民生计的主要来源，同时仍是乡村和谐发展的重要基础。所谓"适应性"，是指随着自然条件和社会经济的发展变化以及人类不断增长的生存与发展的需要，农业文化遗产仍能适应社会对农业发展的要求，仍能在系统稳定的基础上实现结构与功能的调整，同时与外部环境协同进化，与时俱进，能充分体现出人与自然和谐共存的生存智慧。

此外，农业文化遗产不是单一的农业技艺、农业工具或者农业工程，它是一个由社会—经济—文化—生态所构成的复合农业生产系统，强调系统组分之间的相互作用以及将它们联系起来的较为和谐的方式。由此可见，农业文化遗产又具有复合性和系统性的特征。所谓"复合性"，是指农业文化遗产具有多重功能，在多个社会维度中发挥复合性的价值，包括食品保障、原料供给、就业增收、生态保护、观光休闲、文化传承、科学研究等领域。这些功能复合在一起，使农业文化遗产的价值在当代再次得到肯定与凸显。所谓"系统性"，是指农民利用当地气候和水土资源创造出的经典复合农业系统。一方面，其内部各要素之间相互作用，形成互利共生的机制；另一方面，它与生态环境和社会、经济紧密嵌合，成为生态、经济与社会的子系统。例如浙江青田稻鱼共生系统就是通过"鱼食昆虫杂草—鱼粪肥田"的方式，使系统自身正常循环，从而保证了农田的生态平衡。同时"稻鱼共生"也融入当地的经济、社会系统，带动了当地乡村文化旅游和餐饮业的发展。

当然，农业文化遗产还天然具有濒危性的特征。它是指由于生态环境的变化、政策与技术的调整以及社会、经济发展的阶段性造成的农业文化遗产面临的不可逆的变化和风险，如农业生物多样性的减少、传统农业技术和知识的丧失以及农业生态环境的退化等。濒危性特征也从反面体现了全方位保护与开发农业文化遗产的必要与紧迫。

正是基于这些特征，农业文化遗产对于应对全球化、生物多样性保护、生态安全、粮食安全、贫困等人类发展所面临的重大问题以及促进农业可持续发展和农村生态文明建设才具有重要的战略意义。

1.1.4 农业文化遗产的价值

农业文化遗产保护的核心目的在于提高农业、生态与社会发展的可持续性。粮农组织指出，农业文化遗产对于应对食物安全与贫困缓解、生物多样性保护、气候变化、生态系统服务功能和生态补偿、文化多样性保护等人类面临的重大问题具有重要的意义。农业文化遗产可持续机制所提供的多重价值将有助于以上功能的实现，而对多重价值的充分挖掘，同样可以为农业文化遗产的保护和合理开发提供依据。

1. 生态与环境价值

农业文化遗产具有丰富的农业生物多样性，保存了大量传统作物品种，超过三分之二的遗产地是以特色农作物品种命名的，如江西万年稻作文化系统、河北宣化城市传统葡萄园、天津滨海崔庄古冬枣园等。可以说遗产地就是天然的种质资源库，对于我国传统优秀品种的保存、改良以及基因安全保障具有重要的作用，而且农业文化遗产的物种多样性、生态系统多样性甚至是景观多样性也很突出，有利于生态系统的稳定。同时，农业文化遗产系统具有多种生态服务功能，特别表现在控制水土流失、降低病虫害、抵御与适应极端气候、提高土壤肥力、提高资源利用效率、温室气体减排、维持农业生态系统稳定等方面，从而使农业文化遗产地具有良好的生态与环境质量，形成发展特色生态农产品的资源优势。

2. 经济与生计价值

独特的品种资源为发展特色农业、品牌农业奠定了产品基础，良好的生态条件为发展生态农业、有机农业提供了环境保障，浓郁的民俗文化与地域特色促进了文化创意产业和休闲农业的发展，多物种互利共生减少了化肥、农药的投入，也降低了生产成本，这些都有助于提高农产品的品牌溢价能力，丰富农民增收途径，提高农业生产的经济效益。此外，农业文化遗产还可以通过多种生物之间的互利共生，带来粮食、蔬菜、果品、肉类、油料、木材、药材、燃料等主导产品之外的多种产出，为遗产地的居民提供充足营养，改善人民生活，确保食物安全，提高当地居民的生计保障水平与福祉。

3. 社会与文化价值

农业文化遗产一般都在农村地区，对农业文化遗产的开发保护，可以在一定程度上缓解农村剩余劳动力带来的压力，土地利用类型的多样化和资源管理的有效性、资源利用的多样性，可以使农民提高适应本地自然条件的生存能力。此外，农业文化遗产承载了当地独特的文化多样性，包括农耕文化及与该文化遗产密切相关的乡规民约、风俗礼仪、民间传说、歌舞艺术、饮食习惯、服饰文化、特色建筑等。农业文化遗产的存在和延续丰富了当地居民的精神文化生活，促进了传统文化的传承，激发了文化创造力，具有重要的文化传承价值。挖掘与弘扬这些传统文化，对乡风文明的塑造和民众文化自信的培养极有价值。

4. 科学与教育价值

农业文化遗产作为一个多主体、多层次的复杂系统，蕴藏着极高的科学价值。这里包括生物种群间的相互作用机制、物种资源的遗传价值、生态系统服务功能、减缓与适应气候变化能力以及社会文化系统的稳定机制等，它们对于现代生态农业和农业可持续发展具有较大的启示和借鉴意义。可以说农业文化遗产为多学科综合研究提供了一座天然实验室。此外，大多数农业文化遗产不仅是当地农民的衣食来源，而且是先民不畏劳苦、战天斗地精神的具体见证，遗产地可以作为重要的生态、文化教育基地，能起到教化后人的作用。

5. 示范与推广价值

农业文化遗产中蕴含的传统知识与技术体系是展示传统农业辉煌成就的窗口，其"天人合一，和谐共生"的理念可以为可持续农业及国际农业发展提供借鉴与示范。目前，中国有20多个省有稻鱼共生系统，它是一种典型的传统生态农业生产方式，具有增产、增收、节省开支等多种优点。其中浙江青田稻鱼共生系统已经列为中国重要农业文化遗产，它的保护经验对全国各地稻鱼共生系统具有重要的示范与推广价值。此外，农业文化遗产重要价值与保护理念的推广，也推动了国内与国际农业文化遗产保护事业的发展，目前国内外越来越多的地方积极申报农业文化遗产就是一个明证。截至2022年，农业农村部已经认定六批138项中国重要农业文化遗产。

1.1.5 农业文化遗产的保护意义

伟大的先民顺应天时，讲求地利，重视人和，为我们留下了种类繁多、丰富多彩的农业文化遗产。哈尼梯田、兴化垛田体现了天人合一的哲学观，桑基鱼塘、稻田养鱼蕴含了多级利用的循环观，京西稻作文化系统、敖汉旱作农业系统孕育了宝贵的物种基因，古枣园、古茶园、古桑园记录了自然演替的沧桑，舞龙、鱼灯舞唤醒了人们的乡愁。农业文化遗产填补了遗产保护在农业领域的空白，要在把握农业文化遗产内涵和特征的基础上，充分认识保护农业文化遗产的意义。

1. 保护农业文化遗产是落实生态文明建设、践行"两山"理论的重要举措

在现代经济快速发展、城镇化加快推进和现代技术应用的过程中，由于缺乏系统有效的保护，一些重要农业文化遗产因此正面临着被破坏、被遗忘、被抛弃的危险。长期以来，为了满足人口增长对食物的需求，"高产"成为农业生产的主要目标，随之而来的便是化肥、农药、杀虫剂等产品的大量使用。然而，这种高投入、高产出的现代生产模式必然会带来土壤退化、环境污染、病虫害天敌大量减少、农业生物多样性减少等一系列生态环境及粮食质量安全问题，农业可持续发展能力显著下降。为了解决这些问题，人们开始对保留下来的具有深厚文化底蕴和可持续发展价值的农业生产系统进行反思和审视。

农业文化遗产是传统农业的精华所在，在充分挖掘之后，将其与现代农业技术相结合，科学利用农业生态系统的自我调控机制和自然生态过程以及生物间的相生相克的关系，减少化肥、农药的使用和水土流失，实现水土资源的高效利用等是现代生态农业的发展方向，对于农业可持续发展具有十分重要的意义。我国有悠久灿烂的农耕文化历史，加上不同地区自然与人文的巨大差异，劳动人民在长期的农业实践中积累了朴素而丰富的经验，创造出种类繁多、特色鲜明、经济与生态价值高度统一的重要农业文化遗产，目前已有11个列入全球重要农业文化遗产。这些农业文化遗产是人与自然和谐共生的朴素哲学观的现实体现，在水源涵养、水土保持、环境调节、应对气候变化等方面的功能突出，有利于维护区域生态安全。农业文化遗产往往拥有在适应地区生态环境、地质地貌等条件下形成的巧夺天工的农业景观，

如梯田、垛田、沙田等，蕴含着"天人合一"的生态智慧。只要坚持以生态文明为指导，融合传统精髓与新技术，不断创新和提高，我们就能探索出一条具有中国特色的农业可持续发展道路，而农业文化遗产也将为新时期生态农业发展注入新的活力。

2. 保护农业文化遗产是拓展农业多种功能、推动乡村振兴的重要途径

活态性是农业文化遗产的重要特征之一，表现在它们虽历史悠久，但仍具有重要的生产、生活和生态功能，是推动乡村振兴的重要支撑。从事劳动生产的农民既是农业文化遗产的重要组成部分，也是遗产保护的主体，农业文化遗产保护以动态保护和适应性管理为原则，强调依托遗产的多种资源发展多功能农业，让农民享受保护与发展的实惠。

农业文化遗产保护强调农业生态系统适应极端条件的可持续性，多功能服务维持社区居民生计安全的可持续性和传统文化维持社区和谐发展的可持续性。对传统动植物品种、传统农艺、传统民俗、传统农业景观的保护与利用，可以产生直接的或间接的文化效益、生态效益、社会效益和经济效益，带动百姓增收致富，促进人们生活水平和生活质量不断提高。此外，在保障粮食安全、保护生态环境、繁荣农村文化、增强文化自觉、加强社会安定等方面，对农业文化遗产的保护与利用同样有着重要的作用。

3. 保护农业文化遗产是传承中华优秀传统文化、增强国家软实力的重要抓手

习近平总书记强调说："农耕文化是我国农业的宝贵财富，是中华文化的重要组成部分，不仅不能丢，而且要不断发扬光大。"农业文化遗产是中华文明的瑰宝，在社会组织、道德规范、宗教信仰、景观美学、文学艺术、传统知识等方面具有重要的传承价值。不仅如此，农业文化遗产如今已成为我国农业外交工作的亮点，2012年农业部曾与联合国粮农组织就加强全球重要农业文化遗产合作写入谅解备忘录中。推动农业文化遗产保护有利于中华文化、中国农业"走出去"，有利于增强中国的影响力、感召力和塑造力。

1.2 中国的农业文化遗产保护

中国农耕历史源远流长,劳动人民创造了璀璨若星辰的农业文化遗产并延续至今。中国作为最早响应并积极参加全球重要农业文化遗产保护的国家之一,积极响应粮农组织关于全球重要农业文化遗产的保护倡议,率先在全国范围开展农业文化遗产挖掘工作,在保护与发展方面不断探索实践,成为了全球重要农业文化遗产保护的推动者、贡献者和引领者。自浙江青田稻鱼共生系统入选首批全球重要农业文化遗产保护试点以来,中国从试点探索到系统挖掘,在遗产申报、制度设计、保护措施、科学研究、国际交流等方面都做了大量工作,为全球提供中国智慧和中国方案,得到了国际社会的广泛认同。粮农组织称赞"中国是所有试点国家的榜样,中国的经验对于世界农业文化遗产保护和可持续农业发展具有重要示范作用"[1]。

1.2.1 国家层面行动

1. 启动了全国范围的农业文化遗产发掘工作

中国对农业文化遗产保护高度关注,农业部曾于2012年3月13日正式发布通知,决定开展中国重要农业文化遗产发掘工作。通知明确了中国重要农业文化遗产的相关标准条件、申报程序、确定和管理等方面的问题,建立了国家级重要农业文化遗产(NIAHS)评选体系,并决定从2012年开始,每两年发掘和认定一批中国重要农业文化遗产,使中国成为世界上第一个开展国家级重要农业文化遗产评选与保护的国家,为进一步推进重要农业文化遗产的保护与发展提供了新的契机。

2015年国家发布的三份重要政策文件中都提及了农业文化遗产:

——《关于加快转变农业发展方式的意见》中提出"加强重要农业文化遗产发掘和保护";

——《深化农村改革综合性实施方案》中指出"加强农村地区的文化遗产保护";

---

1. 参见闵庆文、史媛媛等《传承历史 守护未来——记联合国粮农组织—全球环境基金全球重要农业文化遗产项目(2009—2013)》,《世界农业》2014年6月。

——《关于推进农村一二三产业融合发展的指导意见》中强调"合理开发农业文化遗产"。

2016—2018年和2020年中央一号文件都有关于农业文化遗产保护的内容：

——2016年中央一号文件提出"开展农业文化遗产普查与保护"；

——2017年中央一号文件强调"支持重要农业文化遗产保护"；

——2018年中央一号文件指出"推动优秀农耕文化遗产合理适度利用……保护好文物古迹、传统村落、民族村寨、传统建筑、农业遗迹、灌溉工程遗产"；

——2020年中央一号文件强调"保护好历史文化名镇（村）、传统村落、民族村寨、传统建筑、农业文化遗产、古树名木等"。

自2012年中国重要农业文化遗产申报工作启动以来，截至2022年，农业农村部已分六批公布了138项中国重要农业文化遗产（其中第一批19项、第二批20项、第三批23项、第四批29项、第五批27项、第六批20项及一个扩展项目），并积极向联合国粮农组织推荐和申报全球重要农业文化遗产。农业农村部还组织开展了全国农业文化遗产普查工作，经过地方推荐、专家论证，共发掘有潜在保护价值的

表1-2 农业文化遗产发掘工作主要行动

时间	部门	主要行动
2012年	农业部	出台《中国重要农业文化遗产认定标准》、申报工作原则和管理办法
2013年	农业部	印发《中国重要农业文化遗产申报书编写导则》和《农业文化遗产保护与发展规划编写导则》，规范全国各地农业文化遗产申报工作
2014年	农业部	成立全球重要农业文化遗产专家委员会和中国重要农业文化遗产专家委员会
2015年	农业部	出台《重要农业文化遗产管理办法》
2016年	农业部	发布《关于开展第四批中国重要农业文化遗产发掘工作的通知》

农业生产系统 408 项；同时启动农业文化遗产监测评估工作，出台了全球重要农业文化遗产预备名单。

2. 探索了农业文化遗产保护与管理机制

政府的重视及其所建立的农业文化遗产保护与管理机制，确保了中国在重要农业文化遗产保护领域的国际领先地位，为世界各国开展全球重要农业文化遗产保护和管理起到了模范作用。2014 年，农业部牵头成立了全球重要农业文化遗产专家委员会和中国重要农业文化遗产专家委员会，确立了"在发掘中保护，在利用中传承"的指导思想，提出了"动态保护、协调发展、多方参与、利益共享"的保护原则。2015 年公布并实施了《重要农业文化遗产管理办法》，中国由此成为第一个出台有关农业文化遗产规范性管理办法的国家。农业文化遗产保护的政策激励机制、产业促进机制、多方参与机制逐步形成。

3. 进行了农业文化遗产的多领域研究

为了更好地开展农业文化遗产保护工作，在农业部的指导下，有关单位开始进行农业文化遗产普查，摸清家底，同时引导各地申报，关注遗产保护。各相关机构积极开展基础研究，举办学术会议，为全国农业文化遗产保护工作提供学术支撑。中国科学院地理科学与资源研究所"全球重要农业文化遗产保护与适应性管理中国试点"项目申报并立项，中国工程院于 2013 年启动"中国重要农业文化遗产保护与发展战略研究"课题，中国农业博物馆开始进行题为"中国重要农业文化遗产保护扶持政策研究"的相关工作。

同时，国内多家科研院所和大专院校对农业文化遗产的生态服务功能、历史起源与变迁、农户福祉与减贫效应、保护机制与政策支撑等课题进行了大量研究，初步形成了一支跨学科的研究队伍，且目前中国有关农业文化遗产研究的论文和著作的数量居世界第一。在遗产地也培养出一批致力于农业文化遗产管理、保护和发展的基层队伍，涌现出许多利用遗产资源带领农民脱贫奔小康的典型。

4. 开展了科普教育和宣传推介工作

国家高度重视中国重要农业文化遗产保护与传承的宣传推介工作，已从多个渠道、多个角度宣传农业文化遗产保护工作的重要性，提升农业文化遗产的品牌价值，扩大社会影响力。

2010年首届中国农民艺术节、中国国际农产品交易会、中国农耕文化展等活动中都进行了农业文化遗产的宣传展示，开展了重要农业文化遗产主题展，组织了中国重要农业文化遗产地农民丰收节庆祝活动。相关单位拍摄了《农业遗产的启示》等系列专题片，出版了《中国重要农业文化遗产系列读本》等图书，发布了中国重要农业文化遗产系列科普微动漫。中央及地方媒体多次刊发专题、专访和系列报道，提升了社会各界对农业文化遗产的认知度和关注度。2014年中国国际农产品交易会设立了"全球重要农业文化遗产在中国"主题展览；2015年意大利米兰世博会中国馆主题展设置专区，组织贵州从江侗族大歌和浙江青田鱼灯舞表演，得到了国际社会的认可。

5. 推动了国际合作与交流

2002年，联合国粮农组织提出了全球重要农业文化遗产保护倡议，中国政府积极响应，努力发挥丰富的农业文化遗产优势，积极申报；同时在资金、人才等方面支持粮农组织开展全球重要农业文化遗产保护与推广工作，推动其纳入粮农组织的常规预算。此外，中国还积极同其他国家进行交流合作，承办全球重要农业文化遗产国际论坛、高级别培训班，吸引了全球50多个国家的官员、学者来华学习、交流。地方层面，福建省福州市与世界葡萄酒产区法国勃艮第，江苏省兴化市与墨西哥城分别签订了《农业文化遗产合作交流备忘录》，分享经验与做法。在交流合作中，中国农业博物馆、中国农业历史学会、东亚地区农业文化遗产研究会等机构相继举办了各种学术研讨会、论坛，广泛交流农业文化遗产研究领域的最新成果，中国科学家为全球重要农业文化遗产的保护与推动作出了突出贡献。

表 1-3　中国参与国际合作大事记

时间	牵头部门	内容
2011 年	中国科学院地理科学与资源研究所	李文华院士担任联合国粮农组织全球重要农业文化遗产指导委员会主席。
2012 年 10 月 2 日	农业部	农业部部长韩长赋在北京会见粮农组织总干事何塞·格拉齐亚诺·达·席尔瓦,双方就全球重要农业文化遗产等领域的务实合作交换了意见,并将加强全球重要农业文化遗产合作写入合作备忘录。
2013 年 5 月	中国科学院地理科学与资源研究所	李文华院士连任全球重要农业文化遗产指导委员会主席。
2014 年 6 月	农业部	农业部与粮农组织协商,在 2015—2017 年度内,联合国粮农组织将从中国捐赠的南南合作信托基金中列支 200 万美元用于开展全球重要农业文化遗产有关工作。
2014—2017 年	农业部	中国成功举办了四期粮农组织全球重要农业文化遗产高级别培训班,有 50 多个国家的 70 多名官员、学者到中国来学习相关的保护知识与管理经验。
2015 年	农业部	中国履行对粮农组织的承诺,第一个启动全球重要农业文化遗产项目监测工作,探索并实施保护与传承的工作方案。
2016 年 2 月	中国科学院地理科学与资源研究所	闵庆文研究员当选全球重要农业文化遗产科学咨询小组主席。
2017 年 5 月 13 日	农业部	农业部部长韩长赋在北京会见粮农组织总干事格拉齐亚诺,双方就共同推动"一带一路"沿线国家和区域农业合作,加强南南合作、全球重要农业文化遗产等领域的务实合作交换了意见。
2018 年 4 月 19 日	农业农村部	粮农组织主办的第五届全球重要农业文化遗产国际论坛在意大利罗马召开。中国代表在论坛上介绍了中国重要农业文化遗产保护传承的经验和方案。同时强调,中国重视农业文化遗产的保护与传承,她是全球重要农业文化遗产工作的最早响应者、坚定支持者、成功实践者、重要推动者和主要贡献者;中国将继续加强农业文化遗产的保护和发展,促进乡村振兴战略的实施。

1.2.2 地方实践

在地方层面,各地对农业文化遗产的申报、保护与利用工作高度重视,积极推动保护措施落地,有效促进了区域发展和遗产地农民生活水平的提高,使之成为农业、农村发展的新动力。

1. 逐步建立遗产保护与管理的机制和制度

农业文化遗产保护和管理涉及农业农村、自然资源、国土建设、文化旅游等多个部门,明确部门间的职责边界,建立一个有效的管理机制是开展相关工作的重要保障。如云南省红河自治州成立了世界遗产管理局,在元阳、红河、绿春、金平四个县成立了梯田管理委员会或管理局,配备专职人员,拨付专项经费,还颁布了《红河哈尼梯田保护管理办法》《云南省红河哈尼族彝族自治州哈尼梯田保护管理条例》及实施办法。内蒙古自治区赤峰市敖汉旗制定了《敖汉旗全球农业文化遗产标识使用与管理办法》,河北省张家口市宣化区出台了《宣化传统葡萄保护管理规定》。

2. 逐步发挥传统资源在现代农业中的作用

农业文化遗产中的生物多样性,尤其是大量宝贵的遗产资源是遗产地的巨大财富,合理开发和有效利用传统资源是实现遗产可持续发展的重要途径。贵州从江侗乡稻鱼鸭复合系统于2011年被列入全球重要农业文化遗产,不仅显著提升了从江香禾糯米等传统品种的品牌价值,而且提高了农民梯田耕种的积极性。内蒙古自治区敖汉旗建立了传统杂粮品种保护基地,累计收集农家品种218个,并开展试验示范,依托传统小米品种的资源优势,实施名牌战略。敖汉小米被认定为国家地理标志保护产品、国家优质米后,行销全国700余个县,有效带动了农民增收、农业增效。

3. 逐步显现农业文化遗产的多功能价值

农业文化遗产在生产、生态、社会、文化等多个方面具有显著功能,能为一二三产业融合发展奠定良好的基础。本着"在发掘中保护、在利用中传承、在创新中发展"的思路,全国各地都在实践中挖掘农业文化遗产的历史、文化与经济价值,并探索开展生态保护、品牌建设、休闲农业、遗产地旅游等工作,从而推动农业文化遗产在新时代焕发新活力,带动农民增收,推动当地经济快速发展。浙江青田稻鱼共生系统是中国首个全球重要农业文化遗产项目,青田县大力实施"百千万工程",即每亩百斤鱼、千斤稻、万元收入,以吸引大量人才返乡创业,积极发展种稻养鱼,带动老百姓发展田鱼干加工、渔家乐等产业。此外,当地政府还完善、推广青田鱼灯舞,增收致富效果显著。

1.3 稻作农业文化遗产

水稻作为五谷之首,在人民生活和农业生产中占据着重要的地位,稻作农业文化遗产在农业文化遗产中所占比重也比较大。在联合国粮农组织已认定的57项

图1-1 小站稻稻田美景

全球重要农业文化遗产中，稻作农业文化遗产就有10项（中国南方山地稻作梯田系统包括福建尤溪联合梯田、广西龙胜龙脊梯田、湖南新化紫鹊界梯田、江西崇义客家梯田4个子项目），且全部位于亚洲。2016年农业部公布全国农业文化遗产普查结果，在408项具有潜在保护价值的农业生产系统中，稻作农业文化遗产有25项。

1.3.1 稻作农业文化遗产的概念

稻作农业文化遗产是指以水稻种植为基础，包括稻作品种资源、稻作技术、稻作文化和稻田景观等要素在内的传统稻作生产系统，它是农业文化遗产中一种重要的类型。从遗产的主要特征来分析，稻作农业文化遗产可以分为稻作起源类、稻鱼共生类、稻作梯田类、贡米生产类和稻旱轮作类，且各类型之间多有交叉。

1.3.2 稻作农业文化遗产的主要类型

1. 稻作起源类

稻作起源类农业文化遗产的显著特征是拥有重要稻作品种与技术的起源地和悠久的水稻栽培历史，它属于考古学界认可的栽培稻发源地的一种。这类文化遗产具有完善的稻种驯化、选育和栽培的技术体系，其稻种具有突出的抗逆性，是全球气候变化背景下农业可持续发展的重要战略资源。江西万年稻作文化系统、广西隆安壮族"那文化"稻作文化系统、海南琼中山兰稻作文化系统等都属于这一类。其中海南琼中山兰稻作文化系统中的山兰稻是黎族人民筛选出来的适宜干旱地带种植的稻种。

2. 稻鱼共生类

稻鱼共生类农业文化遗产的显著特征是在水稻田中养殖各种动物，如鱼、鸭、虾、蟹等，其中以稻鱼、稻鸭最为普遍。这类文化遗产主要利用动植物之间精妙的相互作用，实现突出的生态效益和经济效益。浙江青田稻鱼共生系统、贵州从江侗乡稻鱼鸭复合系统、日本新潟佐渡岛稻田—朱鹮共生系统就是典型的稻鱼共生类农业文化遗产。此外云南红河哈尼稻作梯田系统也采取稻田养鱼、养鸭的模式。

3. 稻作梯田类

稻作梯田类农业文化遗产的显著特征就是在山地开垦梯田进行水稻种植，具有"森林—村落—梯田—水系"四度同构的生态结构和精密的水土资源管理技术，实现了对自然资源的充分利用。云南红河哈尼稻作梯田系统、中国南方山地稻作梯田系统、浙江云和梯田农业系统以及韩国青山岛板石梯田农作系统、菲律宾伊富高稻作梯田系统等均为典型的稻作梯田类农业文化遗产。此外，贵州从江侗乡稻鱼鸭复合系统的加榜梯田、浙江青田稻鱼共生系统的小舟山梯田也具有这类特征。

4. 贡米生产类

贡米生产类农业文化遗产的显著特征是其名贵、稀有的稻米在历史上曾作为贡

图 1-2 小站稻沉甸甸的稻穗

图1-3 稻田艺术——乡村振兴

蜕变与重生：中国农业文化遗产天津小站稻

图 1-4　展现兵米文化的小站稻稻田

第一篇 小站稻：背景与机遇

图1-5 一望无垠的稻田

米。北京京西稻作文化系统、辽宁桓仁京租稻栽培系统、吉林九台五官屯贡米栽培系统、黑龙江宁安响水稻作文化系统、湖南新晃侗藏红米种植系统、湖南花垣子腊贡米复合种养系统、云南广南八宝稻作文化系统等就是典型的贡米生产类农业文化遗产。此外,江西万年稻作文化系统所产稻米历史上也曾作为贡米,在明代被钦定为"代代耕种,岁岁纳贡"。小站稻在清末成为贡米,也属于这种类型。

5. 稻旱轮作类

稻旱轮作类农业文化遗产的显著特征是水稻与小麦、蔬菜等作物水旱轮作,以提高复种指数,减轻病虫草害,改良土壤结构,促进养分循环。云南剑川稻麦复种系统、四川郫都林盘—水旱轮作系统就是典型的稻旱轮作类农业文化遗产。

图1-6 稻田与村庄

第一篇 小站稻：背景与机遇

图 1-7 稻田与城镇

图1-8 西青区稻田景观

第一篇　小站稻：背景与机遇

图1-9 津南区稻田风光

图 1-10 稻田撒网笑开颜

▶ 蜕变与重生：中国农业文化遗产天津小站稻

图1-11 城市旁的小站稻稻田

第一篇 小站稻：背景与机遇

图1-12 丰收在望

图1-13 水满田畴稻叶齐

1.4 京畿稻作文化

现在的京畿指首都北京及其附近地区。在地理范围上，该地区大部分处于海河流域，属于黄淮海农业区的一部分，年降水量较小且降水分布不均，降雨大多集中于夏秋，冬季少雨干燥，春季多风干燥，气温较低，并不适合大规模的水田种植。然而发展农业生产、解决粮食自给的强烈愿望使这一地区种稻运动的倡导者积极去建造水利工程、提高农耕技艺。徐光启极力主张在北方种稻，林则徐则更加乐观地宣称"直隶土性宜稻，有水皆可成田"[1]。在这些倡导者的努力下，京畿地区孕育出了小站稻和京西稻两大著名稻作文化系统。它们虽各有特点，但均是在吸收南方稻作文化与稻耕技术的基础上，融合当地的水土和社会经济状况培养出来的。

1.4.1 军事屯田模式——天津小站稻

小站稻种植一开始就是出于军事防御的目的，是在屯田运动中诞生的。宋太宗时，界河一带地势低洼，积涝严重，旱地作物难以生长，于是何承矩、黄懋等人因势利导，兴建堤堰，引水灌溉，"大兴屯田，种稻以足食"[2]，更重要的是还可以阻止辽国骑兵南下侵犯。这从一个侧面反映了当时的水稻种植不单纯以粮食生产为目的，而更强调军事防御的作用。明朝时期，汪应蛟受命代任天津巡抚，其间"用军垦田，以田召民"[3]，在开改良天津盐碱地先河的同时，也开辟了围田垦稻的新途径，并以此来保证军粮。晚清时期，淮军将领周盛传拱卫京畿，为保证粮饷，在小站屯田垦殖，兴修马厂减河、月牙河、卫津河，引水围田洗碱，选择优良稻种，加之津南地区特殊的地理环境，出产的稻米白里透青、油光发亮、黏香适口、回味甘醇，曾得到慈禧太后的褒奖，遂成为贡米，自此小站稻声名鹊起，成为津沽名优特产。

---

1. [清] 林则徐《畿辅水利议》，《林则徐全集》第5册，福州：海峡文艺出版社，2002年版，第9页。
2. [宋] 李焘《续资治通鉴长编》卷三十四，北京：中华书局，1979年版，第747页。
3. [明] 汪应蛟《抚畿奏疏》卷八，《续修四库全书》第480册，上海：上海古籍出版社，2002年版，第506页。

天津小站稻有狭义和广义之分，狭义的小站稻作系统位于天津市津南区，区域坐标为东经117°14'32"—117°33'10"和北纬38°50'02"—39°04'32"之间，分布在小站、北闸口、葛沽、八里台、双桥河、辛庄、咸水沽七个镇。该区域是小站稻文化遗产的核心区，地处海河中下游，属于马厂减河和海河两河流域区，地势低洼，土质黏重，是小站稻种植的特殊稻作区。广义的小站稻是指天津范围内种植的优质水稻，它们经过津南区农业技术推广服务中心授权之后，都可纳入"小站稻"品牌管理范围内。可以说小站镇的开发虽然仅有120年，但小站稻是历经千余年漫长的历史进程才得以问世的，是天津农业屯垦史上的明珠。

1.4.2 皇家政治模式——北京京西稻

海淀京西稻农耕文化系统是皇家稻作农耕文化的代表，有着明确的政治需求。清代皇帝大部分时间驻跸在三山五园（指万寿山、香山、玉泉山、颐和园、静宜园、静明园、畅春园和圆明园），处理朝政。畅春园、圆明园、静明园、清漪园等园林内均设有稻田，皇帝以此观稼辅政。皇家管理是京西稻作为御用稻田的显著特征。京西稻承载了皇家稻作农耕文化的历史积淀，也凸显出传统稻作景观与园林艺术结合的文化特点，为后世水稻与城市园林艺术融合发展提供了借鉴。

康熙十四年（1675），康熙皇帝亲赴玉泉山观禾，后选定在海淀一带修建园林，并试种新的水稻品种，推行新的种植技术。康熙二十年（1681），通过科学试验的方法，清政府培育出了优质水稻品种——御稻米，并在京西海淀一带进行种植，始成"京西稻"。康熙五十三年（1714），清政府在青龙桥设稻田厂及其仓署，又在功德寺和六郎庄各设官场一处，并在玉泉山、金河、蛮子营、六郎庄、长河、黑龙潭等地开辟官种稻田。

雍正元年（1723），设总理玉泉山稻田大臣。雍正三年（1725）将稻田厂转归奉宸苑管理，保留功德寺和瓮山稻田为官种，供内廷食用，其余稻田租与农民耕种，太舟坞等地也开始进行水稻种植。至此，京西稻种植面积达到333.33公顷。乾隆皇帝为开辟稻田，在三山五园一带大兴水利，开挖湖泊和水渠。他曾对《昆明湖泛舟》诗中的"湖波漫惜减三寸，正为乘时灌稻田"一句注释道："疏治昆明湖

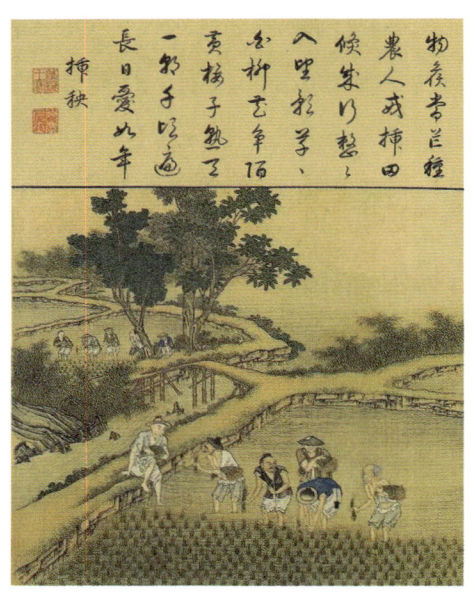 

图 1-14、1-15　雍正耕织图

本为蓄水以资灌溉稻田之用。每春夏之交,湖水率减数寸,盖因稻田日多,以济雨水或缺也。林丞但知守湖水尺寸而不计及灌溉,此有司之见,严禁不许。"[1] 昆明湖建成后,清政府在清漪园东堤外引流种稻,每年收获后,举行祭祀活动,以求风调雨顺。由于最高统治者的大力提倡和引进,海淀水稻种植发展迅速,成为京西稻最主要的产区。康熙、雍正、乾隆三代皇帝都有御制的《耕织图》,描绘京西稻的种植技艺。

1.《御制诗三集》卷五十七,《景印文渊阁四库全书》第1306册,台北:台湾商务印书馆,1986年版,第208—209页。

第二章
小站稻的基本情况、机遇与挑战

天津市位于北纬 38°34'—40°15'，东经 116°43'—118°04' 之间，华北平原的东北部，北依燕山，东临渤海，山、泉、河、湖、海，地貌多样，资源丰富，气候适宜，四季分明，适合人类生存发展。

天津的形成始于隋朝大运河的开通。唐中叶以后，天津成为南方粮、绸北运的水陆码头。金代设立直沽寨，元代设立海津镇，直到明成祖设立天津卫，天津开始成为拱卫京畿的重镇和漕粮转运中心，并迅速繁荣兴盛起来。随着大量人口的涌入，单靠漕运已无法满足人民的需求，于是天津本地的农业活动开始受到多方的重视。今天天津的宝坻区、宁河区、津南区都曾作为水稻屯垦的重点地区，多位来自南方的有识之士先后在此进行屯垦和试验，逐步奠定了天津稻作文化的基础。

2.1 品质与特色

天津有悠久的水稻种植历史，其地理位置、气候、土壤和灌溉水源等自然条件适宜生产优质稻米。据《明史·汪应蛟传》记载，万历二十八年（1600），天津海防巡抚汪应蛟利用驻防兵丁，在葛沽、白塘口两地垦田种稻 5000 余亩（333.33 公顷），筑堤围田，淡水洗碱，种稻每亩收四五石（四五百升）。万历四十一年至天启元年（1613—1621），我国古代著名科学家徐光启四次来到天津，致力于垦田种稻的科学试验。

小站稻作为北方稻作文化中的典型，品质优良，米粒淡绿、椭圆微长，颗粒均匀，如冰似玉，晶莹甜糯，清香爽口，软而不糊，冷后不硬，食味好，曾是清末贡米。小站稻具有白里透青、油光发亮、黏香适口、回味甘醇的独特品质，曾有诗人评价其"一篙御河桃花汛，十里村巷玉粒香"，真正实现了一家煮饭，四邻飘香，成为了一代人的"味觉记忆"。小站稻之所以有这种品质和特点,是因为其发源地和核心产区——津南区具有"运河水""盐碱地""有机肥""气候宜""优良种"五大优势。尤其是盐碱地土壤的自然条件无可取代,只要盐碱控制措施得当,就可以增加稻米独特的口感,给小站稻增香添味。

新中国成立后,党和政府大力发展小站稻,水稻品种更新换代,栽培技术逐渐革新,稻米质量大大提高。20世纪50—70年代,小站稻在国内的影响力已超出京津冀地区,甚至达到了河南、甘肃、青海等省份;在国际上,小站稻曾作为特二级优质米销往日本、东欧、东南亚、古巴等国家和地区,给国家赚取外汇。美国总统尼克松访华时,周恩来总理曾指定用小站稻招待贵宾。全国20多个省市引调小站稻良种,各地派人远道而来学习技术,小站当地农民也积极给予指导。可以说小站稻当时就成为了天津的珍馐佳品,闻名遐迩,某种程度上也代表了天津的形象。

2.2 生长环境

水稻是喜温好湿的作物,在日照、积温、水分、土壤等影响水稻生长的自然要素中,天津的日照、积温和土壤条件基本都可以满足水稻生长的要求。天津的年平均日照时数在2471~2769小时之间,年活动积温为3500~4000℃。土壤为潮土、栗钙土、草甸土;土壤虽盐碱程度高,但富含对水稻品质有益的钾、镁等营养元素。天津境内河道、沟渠纵横交错,洼淀、坑塘、湿地密布,为水稻种植提供了基本条件,能满足水稻生长发育的基本需要,不过存在明显的时空分布不均的情况。目前水源不足是影响水稻发展的最主要因素。

2.2.1 气候环境

天津地处北温带半干旱半湿润季风气候区,四季分明。冬季受蒙古冷高压控制,盛行西北风,天气寒冷干燥;夏季受西北太平洋副热带高压西侧影响,多偏南风,且高温高湿,雨热同季;春季干旱多风,冷暖多变;秋季天高云淡,风和日丽。天津主要表现为大陆性气候特征,不过受渤海影响,有时也显现出海洋性气候特征,海陆风现象比较明显。天津全年平均气温在 11.4~12.9℃之间，1 月最冷，月平均气温在 -5.4~3.0℃之间；7 月最热，月平均气温在 25.9~26.7℃之间。年平均降水量为 566 毫米，全年 80% 左右的降水集中在夏秋两季。年平均日照时数在 2471~2769 小时之间，年活动积温为 3500~4000℃。

从这些数据可以看出，天津地区日照时数长、无霜期长、有效积温高，利于水稻的生长。水稻全生育期最长可达 190 多天，使天津成为国内单季粳稻生育期最长的产区；其营养生长期长达 60 天左右，远比南方稻作区和东北稻作区要长。特别是秋天，秋高气爽、日照好、昼夜温差大，非常利于水稻养分的积累，能充分满足一季水稻生长发育的需要。水稻营养生长阶段温度适宜，有利于增加穗数；营养生长和生殖生长并进阶段雨热同季，有利于增加粒数；生殖生长阶段温度适中，有利于灌浆成熟，增加粒重。这些都使得小站稻能在天津遍地开花，也保证了小站稻的绝佳品质。

2.2.2 土壤地貌

天津地质构造复杂，大部分被新生代沉积物覆盖。地形以平原和洼地为主，北部有低山丘陵，海拔由北向南逐渐下降。平原区面积 11192.7 平方公里，约占全市总面积的 93%。潮土是天津面积最大的土类，有 8368.66 平方公里，约占全市面积的 70%，多分布在宝坻、武清、宁河、静海、津南五区。潮土直接发育在河流沉积物上，在地下水的影响下，经耕种熟化而成。潮土的土体构型复杂，沉积层次明显，土体构型和质地排列受河流泛滥影响在不同地段呈现很大差异。潮土在淹水条件下，由水耕熟化可发育成水稻土。不过由于天津水稻一年一季，稻田淹水时间短，一年仅为 4 个月，种植年限也相对较短，加之水旱轮作，土壤的氧化还原反应程度不够，不如南方水稻土，因此其水耕熟化程度不如南方水稻土，水稻土的特征并不显著。

津南区是小站稻的核心产区，土壤有 2 个土类（潮土、湿土）、3 个亚类（潮土类的盐化潮土、盐化湿潮土和湿土类的盐化草甸湿土）、13 个土属、43 个土种。其中以盐化湿潮土为主，约占全区面积的 83%。土壤 pH 值在 8.4~8.7 之间，土壤有机质含量大于 2%，土壤含盐量 0.2%~0.3%，适合水稻种植。

宝坻区是小站稻的优势产区，分布有大面积的盐渍化土壤，含盐量大于 0.1% 的盐渍化土壤约占总面积的 56.91%，盐渍化类型主要为硫酸盐–氯化物盐渍土和氯化物–硫酸盐盐渍土。宝坻区水稻种植主要集中在黄庄洼地区，该区域地势低洼，土壤母质为冲积、湖沼积粘质沙土，低洼区为湖沼积粘土，土壤为轻度–中度盐渍化；土壤 pH 值 8~8.4，为弱碱性；土壤阳离子代换量高，为 20~30cmol·kg^{-1}，保水保肥能力强。有机质、全氮、全钾、有效铁含量中等，有效氮、全磷含量不足，肥力潜力较高，有毒有害元素含量低于国家绿色食品产地土壤环境质量标准，是优质的水稻生产基地。

长期以来天津水稻都种植在海河干流两岸的潮土及盐化湿潮土上。尽管潮土有机质积累少，盐碱程度高，但经耕作垦殖，施用一些有机肥料或采取秸秆还田、种植绿肥等措施，水肥气热条件均可以有很大改善，土壤肥力可以得到提高。至于盐碱化严重的问题，明代徐光启的《粪壅规则》中便已记载："天津屯兵言，碱地不害稻，得水即去，其田壮亦与新田同。"[1] 经相关技术处理之后，可以实现盐碱地化害为利，盐碱地的特殊营养元素反而为小站稻的绝佳风味助力不少。2018 年土壤肥料工作站试验站对天津市宝坻区、宁河区、津南区、武清区、蓟州区的 18 个点位进行实地取土检测，分析结果表明：经过多年改良，天津市水稻田的土壤肥力已处于中高水平，土壤有机质、全氮含量处于中等水平；有效磷、速效钾处于较高水平；有效铁、有效铜、有效锰、有效锌、有效硅含量较为丰富；所有采样点都不缺乏微量元素；土壤重金属含量都远低于国家《土壤环境质量标准》规定的安全值。良好的土壤环境为小站稻高产优质打下了坚实的基础。科研人员还将 2018 年的数据与 2008 年相应指标的中位值进行了比较，结果发现 pH 值降低了 0.2，有机质提高了 1.4g·kg^{-1}，水溶性盐（全盐）提高了 0.97g·kg^{-1}，全氮降低了 0.1g·kg^{-1}，有效磷增加了 14.1mg·kg^{-1}，速效钾增加了 14mg·kg^{-1}，有效铁增加了 87.5mg·kg^{-1}，有效锰增加了 2.5mg·kg^{-1}，有效铜降低了 0.29mg·kg^{-1}，有效锌增加了 0.65mg·kg^{-1}。土壤养分的质量明显得到提升，朝着较好的方向演化。（具体数据见表 2-1、表 2-2）

---

1. [明] 徐光启《农书草稿·粪壅规则》，朱维铮、李天纲主编《徐光启全集》第 5 册，上海：上海古籍出版社，2010 年版，第 443 页。

表 2-1 2008 年测土配方项目中水稻田土壤理化等指标汇总[1]

土壤指标	平均值	中位值	范围	样点数
pH	8.2	8.2	7.1~9	730
有机质($g·kg^{-1}$)	18.9	18.7	8.8~39.5	730
全盐($g·kg^{-1}$)	1.3	1.3	0.2~3.6	730
全氮($g·kg^{-1}$)	1.3	1.3	0.31~2.831	730
有效磷($mg·kg^{-1}$)	20.6	18	1.8~227.5	730
速效钾($mg·kg^{-1}$)	252	240	56~753	730
缓效钾($mg·kg^{-1}$)	1005	1005	136~1693	730
有效铁($mg·kg^{-1}$)	54.2	54.4	5.3~139	730
有效锰($mg·kg^{-1}$)	13.6	14.7	0.9~32.2	730
有效铜($mg·kg^{-1}$)	4.19	4.37	0.43~20.8	730
有效锌($mg·kg^{-1}$)	1.6	1.33	0.24~14.96	730
有效硫($mg·kg^{-1}$)	290.4	248	9.1~999.9	730
有效硼($mg·kg^{-1}$)	0.94	0.89	0.09~2.4	730
阳离子交换量($mmol·kg^{-1}$)	26.4	27.8	6.7~37.3	76
全磷($g·kg^{-1}$)	0.686	0.77	0.065~1.173	76
全钾($g·kg^{-1}$)	27.7	28.8	17.8~32	76

1. 参见郑育锁、张鑫等《天津市水稻田土壤养分与施肥情况调研分析》,《天津农业科学》2019 年 9 月。

表 2-2　2018 年水稻体系水稻调查点土壤理化等指标汇总[1]

土壤指标	0~20 厘米土壤样品			0~40 厘米土壤样品		
	平均值	中位值	范围	平均值	中位值	范围
pH	8	8	7.7~8.6	8.3	8.3	8~8.6
有机质（g·kg^{-1}）	22.1	20.1	11.3~34.4	15.6	14.3	7.1~25
全盐（g·kg^{-1}）	2.2	2.27	0.7~3.8	1.3	1.05	0.4~2.4
全氮（g·kg^{-1}）	1.3	1.2	0.76~2.29	0.95	0.89	0.49~1.48
有效磷（mg·kg^{-1}）	50.3	32.1	15.59~219.8	24.5	12.6	3.8~83.8
速效钾（mg·kg^{-1}）	276.4	254	101~608	227	177.5	71~382
有效铁（mg·kg^{-1}）	146.1	141.9	26.9~322.1	92.1	69.1	25~206.9
有效锰（mg·kg^{-1}）	18.4	17.2	10.8~26.7	15.7	14.7	9.32~22.11
有效铜（mg·kg^{-1}）	4.1	4.08	0.77~9.34	3.5	3.32	1.12~6.45
有效锌（mg·kg^{-1}）	4.7	1.98	1.04~26.12	3.2	0.8	0.41~21.66
有效硅（mg·kg^{-1}）	189.9	172.3	113~306.1	196.4	184.2	109~308.7
重金属镉（mg·kg^{-1}）	0.2	0.2	0.042~0.303	0.2	0.19	0.048~0.296
重金属铅（mg·kg^{-1}）	32.6	30.7	18.57~43.81	32.8	31.7	19.7~44.68
重金属砷（mg·kg^{-1}）	8	7.52	5.08~11.28	8.1	7.4	5.48~11.44
重金属汞（mg·kg^{-1}）	0.018	0.017	0.002~0.04	0.018	0.015	0.005~0.03
重金属铬（mg·kg^{-1}）	73.4	70.22	44.9~115	73.4	75.3	44.7~95.3

1. 参见郑育锁、张鑫等《天津市水稻田土壤养分与施肥情况调研分析》，《天津农业科学》2019 年 9 月。

2.2.3 水资源

天津东临渤海,地处九河下梢,地表水丰富,其中对农业生产影响最大的是海河水系,主要包括海河、北运河、南运河、永定河、大清河、子牙河、蓟运河等干流河道。另外有诸多支流河道散布于天津境内,进一步丰富了天津的河流水系。此外天津成陆时间晚,加之古泻湖的演变,更因河道变化使得陆面被切割,因而洼淀多、沼泽多。坑塘洼淀星罗棋布,面积达3.4万公顷,使得天津水文环境十分复杂,形成了大河、支流、坑塘洼淀等多种形式的地表水系统(如图2-1、2-2所示),可以为农业生产提供众多水源,整体而言对农业生产有利。不过天津也是一个缺水城市,年降水量不足且时空分布高度不均,旱涝灾害频繁。一般年份降雨量为500~600毫米,3—5月降雨稀少,甚至不降雨,而此时正值育秧和插秧阶段,给水稻种植带来了困难。夏季6—8月降雨量占全年降雨量的80%,降雨过于集中,加之地势平坦,容易发生

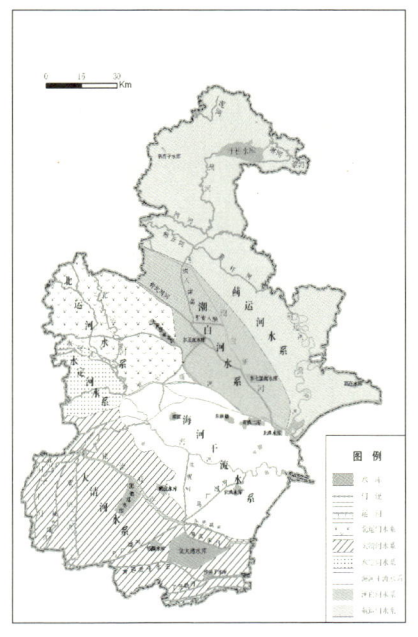

图2-1 天津市水系分布图
(引自仲小敏、李兆江主编《天津地理》,北京:北京师范大学出版社,2011年版,第49页)

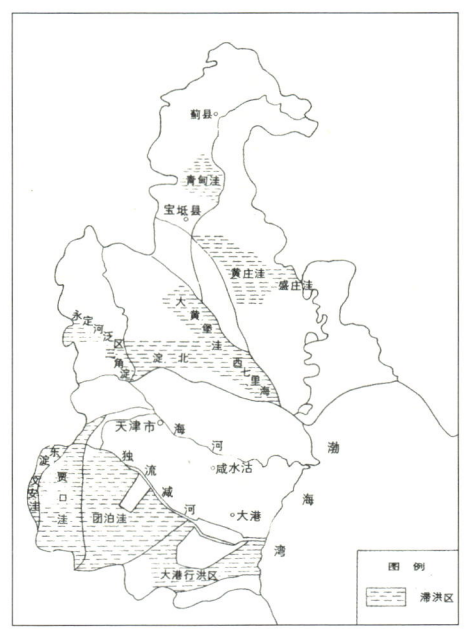

图2-2 天津市蓄滞洪区示意图
(引自张树明主编《天津土地开发历史图说》,天津:天津人民出版社,1998年版,第182页)

洪涝灾害，若没有水利工程及时宣泄，基本沿河道种植的水稻很容易被淹没。

2016年，天津全市水资源共18.92亿立方米，用水27.23亿立方米，缺口达8.31亿立方米。尽管天津境内河道沟渠纵横交错，但部分河流蓄水不够丰沛，且有些河流水质较差，不能直接用于水稻灌溉。而且水稻是耗水产业，每亩水稻生产约需要800~1000立方米的水，尤其是5—7月集中需水量大，单靠降雨不能满足水稻生产需要，水资源短缺已威胁到小站稻产业的发展。目前天津已积极采取包括跨区域调配、节水技术、再生水利用等在内的多种措施来解决水稻灌溉问题，助力小站稻的振兴。

津南区作为小站稻的原产地和核心区，同样面临水资源短缺的问题。为解决小站稻的灌溉问题，相关单位通过与市级水务部门协调，争取到更多的用水指标，增加了区域内二级河道的引调水量，为灌溉用水提质增量。同时启动生态换水工作，通过有效置换区域内二级河道低质量水体，引调优质海河上游水，为小站镇、北闸口镇、八里台镇、双桥河镇等区域的农田耕种，特别是小站稻种植灌溉提供优质养分。

2.2.4 社会经济

汉代以来，今天津市域范围内开始不断出现城镇。随着政治形势的变化和水文条件的演变，汉代的泉州、魏晋的漂榆邑、唐代的军粮城、北宋的泥沽寨、金代的直沽寨和元代的海津镇都曾登上天津的历史舞台。可以说是盐业、漕运、军事和屯田直接推动了天津城市的形成与发展。

其中最先出现的是盐业，这主要因为天津是退海之地，成陆时间较晚，土壤盐分没有得到很好的冲洗，仍大量聚焦在土壤表面。先民充分利用当地资源，刮土、刈草煮盐，使之成为退海之地土地开发利用最早的活动之一。随着时间的推移和人类活动的增加，土壤逐步熟化，盐分也逐渐降低，这为开展农业活动创造了条件，天津也逐渐探索出系统的盐碱地改良的技术方案。这里的人与水土逐步形成了一个相辅相成、相互适应的共生体。

隋代开通大运河，漕运日益兴旺，金代设立直沽寨后，天津的战略地位发生了深刻变化，为日后天津城市的形成与发展奠定了重要基础。元明以后漕运的兴盛使天津呈现出水陆云集、车船如织、店铺林立、百货山积的繁荣景象。然而与此同时，漕运也给南方经济、社会，特别是广大百姓带来了巨大的压力。在漕运与本地生产的博弈中，许多来自南方的有识之士大力推动"南稻北种"，江南的水稻种植技术随着大运河传播到津沽大地。明清以后，天津逐渐成为北方的水稻中心。

军事与屯田相辅相成，有了军队驻防就必然要求有相配套的农业，"兵米文化"由此得到发展。自明代以来环渤海地区的海防地位骤然凸显，北防少数民族的袭扰，东防倭寇和列强的入侵，天津的军事地位变得更加重要，也由此成为军旅驻防、屯垦的集中之地，从明末的汪应蛟至近代的周盛传均在天津实行军垦。随着明清屯田事业的发展，天津滨海地区的村镇也逐渐发展起来，间接也推动了天津全市的形成。

2.3 战略背景

2.3.1 国家对粮食安全的重视

中国是人口大国，也是粮食消耗大国，粮食安全至关重要。党的十八大以来，习近平总书记多次强调粮食问题的重要性，他反复告诫全党："我国有十三亿人口，

图 2-3 天津小站稻复兴

如果粮食出了问题谁也救不了我们,只有把饭碗牢牢端在自己手中才能保持社会大局稳定。""中国人的饭碗任何时候都要牢牢端在自己手中,饭碗主要装中国粮。"这些高瞻远瞩的见解对我们做好新时期的粮食安全工作至关重要。特别是新冠肺炎疫情加剧了粮食安全问题的不确定性,无论是政府还是个人都应对其有清醒的认识。

2018年4月12日,习近平总书记到国家南繁科研育种基地(海南)考察,关切地询问天津小站稻的情况,鼓励广大农业科技工作者,要勇于创新,为全国人民从吃饱到吃好作出更大贡献。习总书记的关心是恢复和发展小站稻种植的历史机遇。作为小站稻的发源地,近年来天津市委、市政府始终重视天津小站稻产业的发展。天津市委书记李鸿忠表示,习近平总书记提到天津小站稻,是对我们保持和做大这一传统优秀农产品品牌的巨大激励,要专题研究部署,让老产品焕发新活力。

在农业供给侧结构性改革的背景下,国内稻米竞争进入了品牌时代,优化稻米品种结构、发展优质特色稻米已成为今后水稻供给侧结构性改革的必然。发展小站稻是天津市农业供给侧改革的重要方向。天津市不断调整农业产业结构,增强绿色、优质、特色农产品供给能力,将把发展小站稻作为调整农业结构、发展优质粮食、实现品牌强农的重要抓手。同时,为加快绿色发展、优化生态环境以及保护传统技艺、传承中华文脉,相关部门专门制定了《天津小站稻产业振兴规划》。2018年天津市农业农村委员会和天津市财政局联合成立了天津市水稻产业技术体系创新团队,以解决制约天津水稻产业发展的关键问题,实现天津水稻产、学、研、企紧密结合,优势互补。

可以说,重塑小站稻的辉煌是深入贯彻中央关于实施乡村振兴战略重大决策部署的需要,也是深化农业供给侧结构性改革、推动农村产业融合的迫切要求。各级领导的高度重视为小站稻产业的振兴奠定了思想基础,为促进小站稻创新发展、推动老产品焕发新活力,从而确保全国人民从吃饱到吃好提供了保障。

2.3.2 乡村振兴战略的实施

党的十九大提出,农业农村农民问题是关系国计民生的根本性问题,必须始终把解决好"三农"问题作为全党工作的重中之重,实施乡村振兴战略。2018年中央一号文件《中共中央国务院关于实施乡村振兴战略的意见》明确提出:"乡村振兴,产业兴旺是重点。必须坚持质量兴农、绿色兴农,以农业供给侧结构性改革为主线,加快构建现代农业产业体系、生产体系、经营体系,提高农业创新力、竞争力和全要素生产率,加快实现由农业大国向农业强国转变。"农业文化遗产是传统农业文化留给现代社会的宝贵财富,其丰富的内涵与外延、独特的资源和多元价值与当下的乡村振兴战略十分契合。同时其所蕴含的丰富的生物、技术、文化"基因",对于乡村振兴战略的实施具有重要的现实意义。因此作为农业文化遗产地更应该实现"五大振兴",以树立新时代乡村振兴的榜样。这"五大振兴"包括:

——产业振兴。围绕农村一二三产业融合发展,围绕全球重要农业文化遗产的金字招牌,充分发掘遗产地的生物、生态、文化与景观资源优势,完善乡村产业体系。

——人才振兴。重视引进外来优秀人才的同时,更加重视本土人才的培养与利用,注重吸引知识青年回归和本土劳动者素质的提高。

——文化振兴。发掘传统文化中的优秀成分,使乡村社会做到互助发展、乡邻和睦、乡风文明。同时,利用丰富的文化资源发展文化创意产业,实现经济与文化的同步发展。

——生态振兴。贯彻"绿水青山就是金山银山"的发展理念,科学合理地利用自然资源,将生态系统保护、资源持续利用贯穿于产业的绿色发展之中,真正使乡村成为望山见水、生态宜居的美丽乡村。

——组织振兴。充分发挥传统社会治理的积极因素,坚持法治、德治、村民自治相结合的治理结构,利用行之有效的乡规民约构建新型乡村社会治理体制。

在乡村振兴成为国家战略的大背景下,充分重视与发掘小站稻农业文化遗产的价值,不仅可以顺应全球趋势,而且可以以此为抓手。这样一是在区域发展上,能够以产业兴旺带动农民富裕,促进遗产地的环境改善与传统文化的传承,在乡风文明塑造、农民脱贫、农业科技发展等方面都有示范性和带动性的作用,真正践行乡村振兴战略的精神内核;二是在发展模式上,可以探索出一条经济发展、生态保护与文化传承的农业文化遗产保护之路,为世界农业与农村可持续发展贡献出中国方案,同时也将推进天津乡村振兴战略务实、高效、稳步前进。

2.3.3 生态文明建设的推动

生态文明建设是关系中华民族永续发展的根本大计。习近平总书记指出："要像保护眼睛一样保护生态环境，像对待生命一样对待生态环境。""生态环境没有替代品，用之不觉，失之难存。"由此我们必须"坚持走生产发展、生活富裕、生态良好的文明发展道路"，建设"人与自然和谐共生"的现代化中国，建设"望得见山、看得见水、记得住乡愁"的美丽中国。习总书记还有很多关于生态文明的重要指示，如：

——我们既要绿水青山，也要金山银山。宁要绿水青山，不要金山银山，而且绿水青山就是金山银山。（2013年习近平在哈萨克斯坦纳扎尔巴耶夫大学重要演讲中回答学生们的提问）

——山水林田湖是一个生命共同体，人的命脉在田，田的命脉在水，水的命脉在山，山的命脉在土，土的命脉在树。（2013年习近平《关于〈中共中央关于全面深化改革若干重大问题的决定〉的说明》）

——推动形成绿色发展方式和生活方式，是发展观的一场深刻革命。（2017习近平主持中共中央政治局第四十一次集体学习时的讲话）

——我们应该遵循天人合一、道法自然的理念，寻求永续发展之路。要倡导绿色、低碳、循环、可持续的生产生活方式，平衡推进2030年可持续发展议程，不断开拓生产发展、生活富裕、生态良好的文明发展道路。（2017年习近平出席"共商共筑人类命运共同体"高级别会议并发表主旨演讲）

——生态文明建设是关系中华民族永续发展的根本大计。中华民族向来尊重自然、热爱自然，绵延5000多年的中华文明孕育着丰富的生态文化。生态兴则文明兴，生态衰则文明衰。（2018年习近平出席全国生态环境保护大会时发表的重要讲话《坚决打好污染防治攻坚战 推动生态文明建设迈上新台阶》）

农业是生态文明建设的重要组成部分，广阔田野是大有可为的空间。长期以来，农业文化遗产植根于悠久的文化传统之中，并因地制宜地发展出许多宝贵的模式和技术，所蕴含的丰富的生态哲学思想，包括天人合一、节用物力、中正平和、绿色自然等理念，与现代社会所倡导的生态文明理念相辅相成。天津坚持以规划引领高质量发展，坚持走生态优先、绿色发展的道路，全力打造国土空间开发保护新格局，深入贯彻落实现代生态文明理念。2018年天津市第十七届人大常委会第三次会议表决通过了《天津市人民代表大会常务委员会关于加强滨海新区与中心城区中间地带规划管控建设绿色生态屏障的决定》。绿色生态屏障规划总面积约736平方公里，涉及宁河区、东丽区、津南区、西青区及滨海新区，将初步形成"一轴两廊两带三区多组团"的总体空间格局，实现对城市的空间管控。2019年天津编制完成《天津市国土空间发展战略》，升级保护875平方公里湿地自然保护区，加快建设736平方公里双城间绿色生态屏障，提升153公里海岸线生态功能，生态环境得到显著改善。其中津南区绿色生态屏障建设涵盖了整个小站稻种植区，小站稻成为生态建设和产业发展的焦点，建成后将呈现"大水、大绿、成林、成片"景观的"双城生态屏障、津沽绿色之洲"，同时也将重现鱼米之乡的盛景。

绿色生态屏障区内将建立多源共济的水源保障系统，重塑津沽水生态环境，创建"望得见山、看得见水、记得住乡愁"的乡村生态环境，为进一步推广小站稻种植奠定基础。以此为契机，天津市出台了小站稻振兴规划，在全市范围内大规模推动小站稻种植，与城市生态建设融为一体。小站稻种植涉及三个景观板块（八里台组团、小站组团和北闸口组团），将有助于保障物种多样性，创造适宜动植物栖息活动的生态环境，同时对于优化国土空间开发格局、调整农业结构、转变农业发展方式具有重大作用，将促进自然生态、社会生态、传统文化、涉农产业的和谐发展。

图 2-4　天津市双城中间绿色生态屏障区规划

《天津市双城中间绿色生态屏障区规划（2018—2035年）》部分内容选编

一是重塑津沽水生态环境。践行海绵城市理念，建立多源共济的水源保障系统，保障规划期末生态和农业年用水量3.21亿吨；改善地表水质量，主要指标从现状劣Ⅴ类达到Ⅳ类，局部达到Ⅲ类；加强水系联通成网，实现南北水系贯通。

二是构筑津沽绿色森林屏障，大幅提高森林覆盖率。一级管控区森林覆盖率由现状7%提升到30%。采取"台田"法式，在规划生态廊道内集中绿植。林相设计因地制宜，采用当地树种，适宜生境。

三是重现津沽鱼米之乡风貌。保障屏障区基本农田面积不变，推广小站稻种植，鼓励节水型和具有生态景观功能的经济作物种植。

四是重塑湖泊湿地涵养功能。充分发挥湿地生态净化功能，消减有机污染物，新增湿地总面积约28.8平方公里。涉及古海岸与湿地国家级自然保护区贝壳堤区域严格按照国家相关法律法规规定执行。

五是重现物种多样性。创造适宜动植物栖息活动的生境，构建滨水栖息地，保障水质；种植多养植物，保障食物；创造隐秘条件，保障栖息；保留、建设生态通道，提供生物通行空间。

六是重回诗意田园。保障生态廊道形成，拆除已实施城镇化的旧有村庄，复垦复绿。尚未纳入城镇化村庄，实施乡村振兴战略，留住乡愁。

七是建设高质量发展绿谷。取缔散乱污企业和低效园区，实施生态修复。实施低效制造业转移，以绿色发展引领区域智能创新发展。发展生产型和生活型服务业，重视历史遗存的合理利用，依法对各级文保单位进行保护，发展文旅产业。

八是建设低冲击影响的基础设施。塑造亲近自然、绿色出行的环境，围绕生态廊道构建游览路、林间路和田间路三级生态道路系统，形成五横两纵的游览路主骨架。同时，为保障蓝绿空间占比，通过缩减规模、调整断面等措施优化原规划干道系统。建设小型生态型基础设施，实现低碳排放。

2.4 时代机遇

从 20 世纪 90 年代末开始，天津固有的缺水问题及人为因素一度制约了小站稻的进一步发展。受到持续干旱、海水倒灌及城市化推进等因素的影响，小站稻种植面积大幅下滑。2003 年全市种植面积仅为 7333 公顷，在核心产区津南区甚至不到 66.7 公顷，遭遇严重的生存危机。2010 年以后，随着农业基础设施的改善、消费市场的不断升级，特别是国家对传统农耕文化的重视，小站稻迎来了发展的时代机遇。目前相关单位以蓟运河、潮白新河及马厂减河流域为小站稻核心产区，并围绕宝坻、宁河及津南三个水稻种植优势区进行拓展，促进"产加销"一体化，推进小站稻产业与观光旅游、水产养殖、文化教育、健康疗养等产业深度融合，努力提高小站稻的附加值。

2.4.1 农业文化遗产影响力与日俱增

我国拥有灿烂悠久的农业文明，留下了种类繁多、特色鲜明、经济与生态价值高度统一的农业文化遗产。它们蕴含了丰富的生态哲学思想，体现了中华民族的生存智慧与创造力，是我国传统农业的精华、传统文化的基础，对现代农业建设与发展有着重要的借鉴意义。

2011 年 10 月 18 日，党的十七届六中全会审议通过了《中共中央关于深化文化体制改革推动社会主义文化大发展大繁荣若干重大问题的决定》，其中提到要"建设优秀传统文化传承体系。加强对优秀传统文化思想价值的挖掘和阐发，维护民族文化基本元素，使优秀传统文化成为新时代鼓舞人民前进的精神力量"。

2012 年 3 月 13 日，农业部下发了《农业部关于开展中国重要农业文化遗产发掘工作的通知》，其目的就是要弘扬中华农业文化，为促进农业可持续发展提供思路，使农业文化遗产在保护、开发和利用中得以传承。农业文化遗产不但承载着人类从事农业活动的智慧和记忆，维系着人们赖以生存的农业生态系统，而且在保障人类粮食安全方面也有重要意义。

2012 年 11 月召开的党的十八大也提出要"建设优秀传统文化传承体系,弘扬中华优秀传统文化"。农业文化是我国传统文化的重要组成部分,加强对农业文化的挖掘、保护、传承、利用和研究工作是贯彻党中央战略决策,促进农业农村文化大发展、大繁荣的重要举措。

2017 年公布的中央一号文件明确提出了"支持重要农业文化遗产保护"。此后,为贯彻落实习近平总书记的要求,全国范围内形成了发掘、保护农业文化遗产的热潮,农业文化遗产的品牌影响力与日俱增,这为小站稻的保护与开发带来了难得的机遇。

小站稻之所以申报中国重要农业文化遗产,主要是基于遗产申报成功之后,可以带动遗产地农业的发展、文化的繁荣、社会的进步和生态环境的改善,具体表现在以下几个方面:一、实现小站稻农业文化遗产系统的动态保护与可持续发展,切实带动区域农民增收、环境优化、生物多样性的维持、传统农业文化和农耕技术的传承与发展;二、加强农业资源的保护与利用,拓展产业链条,强化农产品品牌建设,进一步开拓市场,发展休闲农业和生态旅游,将农业文化遗产转化为现实生产力,推动地方的经济发展和提高农民的生活水平;三、增强地方政府对农业文化遗产的管理能力、生态农产品的开发能力以及社区参与管理的能力,提高区域内人民群众的文化自觉与文化自信。

2.4.2 庞大消费市场的提档升级

随着收入的不断增加,城乡居民的消费结构发生了巨大变化。人们对农产品的消费需求由注重数量向注重质量转变,由追求温饱向追求安全、生态、健康、营养转变,由初级产品消费向农业休闲观光服务拓展。农产品的安全性、优质性、多样性和服务性成了消费者关注的重点。对于稻米的需求也由数量型向品质、食味型转变,优质稻米及稻米体验和文化服务需求不断增加,营养高、口感好的中高档大米市场潜力巨大。

陈温福院士在 2019 年小站稻振兴峰会上指出,进入 21 世纪以后,我国人均消费稻谷的总量持续下降,2001 年人均消费稻谷 152.8 公斤,2015 年已下降到 141.8

公斤。尽管总量在下降,但粳稻的消费数量不降反升,由 25.9 公斤上升到了 36.2 公斤,净增 10.3 公斤,市场需求越来越旺盛。不过全球生产粳稻的国家比较有限,只有中国、日本、韩国、朝鲜、美国、澳大利亚等少数几个国家。粳稻常年的国际贸易量大约是 350 万吨,仅占中国粳稻年消费量的 5% 左右。特别是进入 21 世纪以后,一些传统的粳稻生产国其粳稻消费量和生产量也在下降。比如,2014 年日本、韩国和我国台湾地区的粳稻生产总量分别为 1055 万吨、564 万吨和 173 万吨,较 20 世纪 90 年代初分别减少了 250 万吨、208 万吨和 55 万吨。尽管国际稻米贸易量由 2007 年的 3200 万吨增加到 2017 年的 4685 万吨,但粳米的贸易量不增反降,比重从 2007 年的 10.9% 下降到 2017 年的 8.9%,净减少了两个百分点。可以看出,与籼稻相比,世界粳稻的生产总量是有限的,而且总体上呈下行趋势,未来国际稻米市场粳米的贸易量会越来越少。换言之,要满足国内市场对优质粳米的消费需求,必须立足于国内生产,依靠进口调节的余地非常小,这也为小站稻种植提供了巨大的市场机遇。

天津已经是一座常住人口 1400 万、城镇化率 80% 以上的现代化超级大城市,随着京津冀协同发展的深入推进,这一区域未来将形成人口超 4000 万的世界级城市群。同时,天津处于新亚欧大陆桥经济走廊重要节点、海上丝绸之路战略支点、中国对外开放的桥头堡,随着国家战略宏图的逐步铺展,区位、港口、开放优势愈发凸显。可以说京津冀世界级城市群是天津小站稻产业发展最大的利好,不只因其消费人口数量庞大,更重要的是,经济水平的提升会带来消费升级,人们更乐于、更有能力为高端农产品和农业的生态文化功能买单。

2.4.3 农业发展方式的转变

改革开放以后,尤其是新世纪以来,我国农业发展取得了辉煌成就,然而也面临着严峻的生态挑战。水、土等农业资源质量下降,农业面源污染问题突出,部分地区生态环境已不堪重负。自古以来,天津地处九河下梢,丰富的水资源形成了水产资源的多样性,鱼蟹极多,相传有银鱼、紫蟹、黄泥鳅,均为宫廷进贡之物。此后随着人类社会的不断发展、水利工程的修建,银鱼和紫蟹等水产品随着环境的变化基本消失,其他野生资源品种不断减少,产量也大幅度降低,农业资源环境的"红灯"开始亮起。以此为例,也折射出当前农业发展所面临的困境,实现农业发展方式转型也是当务之急,需要尽快转到数量、质量、效益并重,注重提高竞争力,注重农业技术创新,注重可持续集约发展的方式上来,走产出高效、产品安全、资源节约、环境友好的现代农业发展道路。

农业文化遗产是人类在历史上创造并传承、保存至今的农业生产系统,并依然在发挥着生产、生态和文化功能,蕴含着对当今和未来农业发展具有重要价值的生物、文化和技术"基因",可以为农业发展方式的转变提供可参考借鉴的"智慧解决方案"。在此背景下,转变农业发展方式不仅需要现代农业生产技术和现代经营管理制度,而且还需要汲取传统农业中生存与发展的智慧,最大限度地挖掘农业的生态和文化价值。

近年来,随着都市生活压力的不断增大,人们越来越喜爱到城郊、农村休闲、度假,休闲农业和乡村旅游逐渐成为都市人生活的重要组成部分。将小站稻农业文化遗产视为一种重要的旅游资源,充分挖掘稻田、水塘的生态和文化价值,打造乡村居所"稻花香里说丰年,听取蛙声一片"的景观环境,提供都市人群休闲游憩的自然生态田园,感受鱼米之乡、鱼米之味、鱼米之趣,也是转变农业发展方式的重要路径。

2.5 面临挑战

2.5.1 对遗产价值认识不足,保护意愿不强烈

当前普遍存在的农业兼业化、农村空心化、农民老龄化问题使小站稻的适应性受到了很大挑战。自小站稻申报中国重要农业文化遗产之后,尽管政府层面高度重视小站稻农业文化遗产的保护与发展,但在调查中发现遗产地的农民以及基层管理人员对遗产的多重价值并没有充分的认识,对遗产的保护也没有强烈的意愿。

多数受访者更关心遗产的经济价值,对其所蕴含的生态价值、社会价值、文化价值、教育价值和科研价值知之甚少,更缺乏对小站稻综合价值(粮食安全、生态价值、景观价值、休闲娱乐价值、文化价值等)的研究和开发。如何对小站稻的综合价值

进行深度开发，提高遗产地居民对遗产价值的认识，增强其对遗产的认知感和自豪感，加大其对遗产的保护意愿，也是小站稻保护与发展中面临的一个挑战。

2.5.2 多方参与机制和多部门协作机制不健全

农业文化遗产的保护与发展是一项综合性工作，需要建立一套遗产保护与发展的长效机制，这涉及农、林、牧、渔、环保、水利、文化、旅游、住建等多部门的有效协作，更有赖于政府、农民、企业、科研院所、媒体等多个利益相关方的通力合作。目前存在的问题是保护模式以政府行为为主，单边而缺少互动，不能充分发挥家庭、科研院所、社区、社会组织、企业等社会力量的积极作用。在这种情况下，民间力量尚未被充分发挥出来，农民的积极性没有完全调动起来，其主体作用也就很难得到发挥。因此，如何在政府各部门之间建立一个有效的协作机制，在不同利益主体之间建立一个多方参与的机制，是小站稻农业文化遗产保护与发展面临的机制体制上的一大挑战。

2.5.3 城市化侵蚀小站稻的生存空间

随着社会经济的发展，传统乡土文化受到现代化的冲击。2002年以后，受限于水资源短缺以及城市化的快速推进，水稻播种面积大幅度下降，天津全市水稻面积仅维持在0.67万~1.67万公顷，2003年仅为0.7万公顷左右。津南区小站稻的种植空间也受到了严重压缩，在2008—2009年，面积仅为46.7~53.3公顷，几近消失。之后虽然在各级部门的关心支持下，小站稻种植规模迅速恢复，但这不能不引以为戒。

在城市化的大背景下，小站稻的生存空间被不断侵蚀，包括物质空间和社会空间。首先在天津这样的大都市，城市化水平非常高，达到84%，小站稻种植区的众多村落或已被改造，或已纳入城市改造规划。特别是在环城近郊区，原有的小站稻种植区为新建的城市社区、林木绿化带所代替，给小站稻的传承、恢复和种植造成极大困难。另外，在区域经济高速发展的今天，农业生产力的提高以及经济、社会的发展也改变了当地农民的生活方式和习俗，效益相对较低的传统农业生产方式逐渐被现代生产方式所替代，农村居民的传统生活方式，包括饮食习惯、风俗信仰、节庆礼仪等也在逐渐改变，各种民间风俗活动在现代生活中逐渐淡化或消失。在农村人口大量涌入城市的过程中，其身上所附着的众多乡土文化传统、观念也随之消失，认同传统文化的老一代人与年轻人之间出现了文化传承的断层，许多文化形式出现了后继无人的情况。如何在城市发展进程中有效保护小站稻的历史文化价值，并使之与现代社会协调发展，需要借鉴世界先进经验，进行深入研究。

2.5.4 现代技术造成传统品种、农技及农具的濒危性

农业文化遗产内部不同生物和要素之间存在着相互作用，形成了互利共生的机制，从而达到一种生态平衡。在现代技术的冲击下，农业文化遗产所采用的传统种植模式受到冲击，由于生产集约度不高，缺乏市场化、组织化的运作，影响范围与力度有限，很难与现代化农业展开竞争，因此传统的农耕技能和农业工具逐渐消亡，生物多样性受到严峻挑战。

在现代社会，随着农业技术的推广和经济利益的驱动，规模化、标准化、机械化成为主流耕种方式，大规模种植单一农作物成为农民的必然选择，因为只有这样才能保证田间农事操作、产品收获和分类能够实现机械化高效完成，这两者相辅相成。然而长期大面积单一种植必然会导致农业系统的生物多样性减少，造成传统品种的遗传多样性丧失，如天津地区的稻谷、白玉米、白高粱、黄豆、黑豆等传统品种就消失严重。与此同时，化肥、农药也成为农民"省心省力"的选择，这在某种程度上也破坏了当地原有的生态平衡，这是农业文化遗产在现代社会所面临的普遍冲击，亟需加大保护力度。

随着科技的进步和社会的发展，传统的农耕方式已经改变，而农耕时代的种植品种、农技和农具也渐渐消失。虽然这是社会发展的必然趋势，但这些品种、农技和农具是传统农耕文化留下来的宝贵财富，特别是其中人与自然和谐相处、取用有度的理念和关注循环利用的种植技术，仍然值得当代社会借鉴。

2.5.5 高端米市场竞争压力加大

自 2012 年起，我国稻米进出口形势开始发生改变，中国从大米净出口国转为净进口国，并且这种情况一直延续至今。据调查，我国水稻口粮总消费量仍稳定在 1.8 亿~1.9 亿吨，而我国稻米市场每年库存积压率为 33%，同时每年尚需从国外进口优质米，呈现出普通稻米出现库存、中高档稻米供给不足的情况，结构性失衡严重。事实上随着消费的升级以及满足群众"吃好"的要求，我国进口精米的数量和金额在持续增长，稻米市场面临严峻的竞争。国外的泰国香米、日本越光米、印度和巴基斯坦的巴斯马蒂香米在高端米市场影响力较大，而我国黑龙江五常大米、湖北竹溪贡米、上海松江大米、江西万年贡米、广东增城丝苗米等也占据着国内的中高档米市场。目前，中高档米的市场零售价格在每公斤 6~12 元之间，有机米的平均价格在每公斤 18~36 元之间，日本米的平均价格在每公斤 90 元以上。从市场整体状况来看，目前水稻品种较多，很多水稻的口感也非常好，当小站稻的售价高于其他地区的优质大米时，消费者会选择购买其他品牌的大米。由于近年来小站稻的种植规模小、品牌影响力有所降低，因此在发展中高档产品方面，小站稻面临着较大的市场竞争压力，也将在未来产业发展中面临巨大挑战。

图 2-5 贡米玉粒香

Part 2

第二篇
「小站稻：起源与耕作历史」

小站稻作为天津名产，不过百余年的时间，不过天津地区种稻的历史已将近2000年。据《天津大辞典》记载，东汉渔阳太守张堪曾在宝坻一带垦田5.3万公顷，劝民种稻。之后历经宋辽，小站稻发展成熟于明清，成名于清末，曾作为御膳米。清末，防军提督周盛传因拱卫天津、加强海防的需要驻军小站，屯垦成功，始有小站稻之称谓，其后成为津沽名特产品。小站稻在天津的成功种植来之不易，经历了漫长的历史演化过程，这是无数先贤努力的结果，代表人物有汪应蛟、袁黄、徐光启、左光斗、周盛传等。他们来自南方稻作产区，看到北方沮洳滩涂众多而不加利用，深感痛惜，便借治水利、消积水之机，身体力行，著书教民，把江南的稻作文化传入津沽大地，涉及品种引进、围田灌溉、开凿运河、拉荒洗碱等，推动小站稻品种和耕作技术的不断蜕变。然而受限于当地的生态环境，小站稻也几经沉寂，不过依旧能薪火相传，在津沽大地绵延不绝。进入新时代，小站稻终于在不断演化中获得重生，开创了发展的新时代。

第三章
小站稻的演化与发展

3.1 起源阶段：东汉时期

3.1.1 历史事件与文献记载

早在新石器时代，远古居民就已在天津北部山区繁衍生息了。在蓟州区围坊、别山一带出土的公元前4000多年的实物可以证明当时已经出现了原始种植业。一些高地及濒海的平原土地上还出土了战国时期的农业生产工具。据《天津市农林志》记载，天津南部的太平村曾出土一件战国时期的陶磨。磨中有稻粒和茎叶的痕迹，说明当时天津已出现了水稻。[1]《周礼·职方氏》称："幽州……其谷宜三种。"东汉末年的郑玄注曰："三种,黍、稷、稻。"[2]

东汉初年,历史名人张衡的祖父张堪任蜀郡太守(郡治在今四川成都)。在任的两年里,他充分熟悉了蜀地的水稻种植技术,为其日后将水稻引入北方奠定了基础。建武十五年(39),张堪拜为骑都尉,率领杜茂的军队在高柳(今山西阳高)击败匈奴,随后担任渔阳太守(郡治在今北京怀柔梨园庄村一带)。渔阳郡河流纵横,湖泊成串,张堪决心利用这丰沛的水资源为民造福。他对当地的水源、水量、水温、水的流向作了深入调查,发现它们冬温夏凉,适宜种植水稻。于是张堪凭借其在蜀郡的经验,因地制宜,组织官兵和百姓治理白河、潮河形成的广袤涝洼地,"乃于狐奴开稻田八千余顷,劝民耕种"[3],使渔阳百姓过上了殷实富足的生活。

张堪开垦稻田的范围大体包括今天北京怀柔、密云、顺义、平谷、通州东部以及天津宝坻、武清和宁河北部的广大地区。直到20世纪七八十年代,这些地区的很多村庄仍在当年张堪的"劝耕地"上种植水稻。

张堪在任期间,边境安宁,生产得到发展,百姓生活富足,他的治理被史学家赞誉为"渔阳惠政"。当时有民谣称："桑无附枝,麦穗两岐。张君为政,乐不可支。"[4]直到明末,还有人怀念张堪的卓越功绩。《(康熙)怀柔县新志》收录了一首无名氏的《题白云观壁》,其诗曰："狐奴城下稻云秋,灌溉应将水利收。旧是渔阳劝耕地,即今谁拜富民侯!"[5]

3.1.2 农耕史上的重大意义
1. 北方种植水稻的正式起源

水稻起源于南方,张堪敢为人先,把水稻从温暖的南方引种到相对寒冷的河北

---

1. 参见天津市农林局《天津市农业志》,天津:天津人民出版社,1995年版,第147页。
2. [清]阮元校刻《十三经注疏》,北京:中华书局,1980年版,第863页。
3. [南朝宋]范晔《后汉书·张堪传》,北京:中华书局,1965年版,第1100页。
4. [南朝宋]范晔《后汉书·张堪传》,第1100页。
5. [清]吴景果纂《怀柔县新志》卷八,《中国地方志集成·北京府县志辑》第5册,上海:上海书店出版社,2002年版,第680页。

北部；同时不仅把自己在家乡南阳掌握的先进农业技术传授给北方的农民，还把做蜀郡太守时了解到的水稻种植技术引入渔阳郡，劝民耕种。之后将近 2000 年，华北大地先后出现了天津小站稻、唐山柏各庄大米、顺义北小营的胭脂米、怀柔的罗山米，共同创造出了华北地区灿烂的农业文明，都可归功于张堪的首创。为感谢张堪造福一方，百姓们在北京怀柔前鲁各庄为他修庙，名"张相公庙"。正殿内塑有关公和张堪的塑像，庙内还有壁画《耕耘图》，画的是水稻从整地、点种、抓秧、施肥、浇灌到管理、收割的一系列生产场景，表彰了张堪带领军民开水田、种水稻的事迹。

2. 建设渠河水利工程

潮河与白河的水量较为丰沛，西汉初年，潮、白二水在密云合流，经顺义向东，经燕郊、通州西集，在香河渠口入宝坻境内，经过多年的冲刷改道，形成了弯弯曲曲的沟壑。到东汉初年，潮、白二水改道与永定河汇流，南入"三角淀"，作为时常干涸的泄水沟，仅在夏季会有沥水，才可称之为河沟。时任渔阳太守的张堪因势利导，组织人将此沟加以疏通，束以双堤，作为一条主干渠，引顺义牛栏山、金鸡堂一带的山泉水入渠，由此而得"渠河"之名。[1] 今渠口镇在当时渠河之末端，所以称为"渠口"。张堪在沿河两侧广开沟洫，发展灌溉，水流大时，利用沟渠把水引入河道，并向下游泄水。同时修建了其他大小不等的堤坝，以分解、切割水流，改变水的流向，把水引到需要的田里灌溉，这也是华北平原较早建设的水利工程。东汉末年，曹操继续实行军事屯田，仿效张堪引水植稻，将渠河由渠口镇向东延伸到宝坻城北，与泉州渠相连，沿渠两侧植稻，以供军需。

3. 改良台田耕作技艺

台田模式的基本思路是挖土为塘注水、堆土成台在上耕作，是人类改造大自然的一次成功尝试。东汉初年，狐奴山下的水资源十分丰富，大小泉眼密布，泉水

---

1. 渠河在今通州、宝坻称"窝头河"，在密云、顺义称"箭杆河"，在香河称"苍头河"或"渥渥河"。该河经东汉张堪、明代袁黄、清代程璇等人的拓凿、疏浚、引流，最终汇入宝坻境内的蓟运河，在泄洪、漕运、灌溉等方面发挥着重要作用。

汇聚成河流，曲折漾洄。彼时社会经济落后、信息闭塞，当地人只习惯种植旱作作物，不了解水稻。为适应地方小环境，当地百姓从两侧取土，堆到中间，成为土台，称为"上地"，也就是台田。在台田可以种植高粱、谷子、麦子、豆类、黍子等农作物，大幅提高了当时的农业生产效率。不过，"上地"两侧的洼地即为"下地"，以前任其荒芜，这就导致很多土地被白白浪费，没有发挥出应有的效益。张堪带领百姓在"下地"种植水稻，无形中增加了很多耕地，提高了土地利用效率和粮食产量，保障了当地百姓的基本生活。

3.2 发展阶段：宋元时期

宋元之前的隋唐时期，关于天津地区水稻种植的记载相对较少。据《新唐书》记载，乾符，"本鲁城，乾符元年（874）生野稻水谷二千余顷，燕、魏饥民就食之，因更名"[1]。乾符（鲁城）在今河北省沧州市齐家务一带，北临天津滨海新区。这段记载说明该地区在公元9世纪有野稻自生的现象。为了解决军粮问题，唐政府在驻军地区大力发展屯田。《唐六典》中记载："屯田郎中、员外郎掌天下屯田之政令。凡军、州边防镇守转运不给，则设屯田以益军储。"[2] 开元二十五年（737），蓟州的静塞军有二十屯，涉及今天的蓟州、三河、玉田一带，总面积0.67万公顷（如图3-1所示）。然而经过安史之乱与五代更迭的混乱之后，华北平原的植被遭到破坏，水利设施多被摧毁，水稻生长所依赖的水资源也日益稀缺，先前在《水经注》里记载的"河北泽薮"很多已经变小甚至消失，水稻种植走向衰落。

3.2.1 宋辽金时期

1. 历史事件与文献记载

（1）宋代

水稻生产在北方的发展与宋太宗的推动密不可分。当时宋辽对峙，如今天津咸

---

1. ［宋］欧阳修、宋祁《新唐书·地理三》，北京：中华书局，1975年版，第1018页。
2. ［唐］李林甫等撰《唐六典》，北京：中华书局，1992年版，第222页。

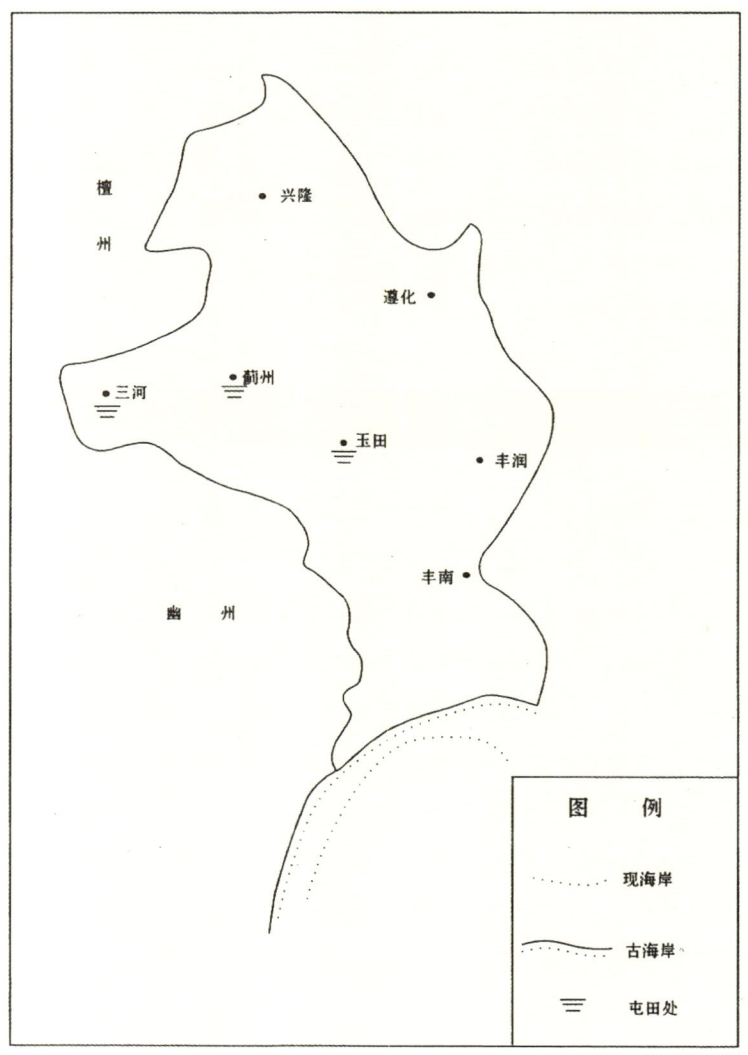

图 3-1 唐代屯田示意图
(引自张树明主编《天津土地开发历史图说》,第 118 页)

水沽镇内的老海河便是宋辽两国的界河。界河以南归宋朝管辖,而今天的上刘庄、下郭庄则是辽国的疆土。交界之处,多低洼积涝之地,到处是塘泊。当时契丹侵扰边境,沧州节度副使何承矩上疏说:"沧州节度副使臣幼侍先臣关南征行,熟知北边道路、川源之势。若于顺安寨西开易河蒲口，导水东注于海，东西三百余里，南北五七十里，资其陂泽，筑堤贮水为屯田，可以遏敌骑之奔轶。俟期岁间，关南诸泊悉壅阗，即播为稻田。其缘边州军临塘水者，止留城守军士，不烦发兵广戍。收地利以实边，设险固以防塞，春夏课农，秋冬习武，休息民力，以助国经。如此数年，将见彼弱我强，彼劳我逸，此御边之要策也。其顺安军以西，抵西山百里许，无水田处，亦望选兵戍之，简其精锐，去其冗缪。夫兵不患寡，患骄慢而不精；将不患怯，患偏见而无谋。若兵精将贤，则四境可以高枕而无忧。"[1] 宋太宗赞许并采纳了何承矩的建议。不过接下来连续不断的降雨，引起了其他人的质疑，何承矩则援引汉、唐屯田旧例，说服众人。恰好此时临津（今河北省东光县境内）令黄懋提出："今河北州军陂塘甚多，引水溉田，省功易就，三五年内，公私必获大利。"[2] 朝廷便派何承矩到河北各地考察，果如黄懋所说。于是在淳化四年（993），宋太宗任命何承矩为制置河北缘边屯田使，"发诸州镇兵万八千人……兴堰六百里，置斗门，引淀水灌溉"[3]。对于朝臣的议论，"承矩载稻穗数车，遣吏部送阙下，议者乃息"[4]。

由于屯田采取军事管理模式，服役者为厢兵，因此存在屯田兵夫被随意抽调从事其他劳役的情况。为了加强管理，宋真宗景德元年（1004），"诏保州专制屯田兵籍，自今转运司复敢移易者，以违制论"[5]。订立澶渊之盟以后，北宋走上了消极防御的路线，墨守盟约，不越雷池一步，亦不再开发新的屯田，甚至连旧有屯田也疏于管理。景德二年（1005），"岢岚军（今山西省岢岚县）请修旧方田……上以违契丹誓约，不许"[6]。在消极防御的政策下，朝野内外，从中央到边关，对边防逐渐疏于经营，隳颓之势触目可见，难以挽回。"天禧末，诸州屯田总四千二百余顷，而河北屯田岁收二万九千四百余石。"[7]

---

1. ［元］脱脱等撰《宋史·何承矩传》，北京：中华书局，1977年版，第9328页。
2. ［宋］李焘《续资治通鉴长编》卷三十四，第747页。
3. ［宋］李焘《续资治通鉴长编》卷三十四，第747页。
4. ［宋］李焘《续资治通鉴长编》卷三十四，第747页。
5. ［宋］李焘《续资治通鉴长编》卷五十六，第1234页。
6. ［宋］李焘《续资治通鉴长编》卷五十九，第1311页。
7. ［元］脱脱等撰《宋史·河渠五》，第2366页。

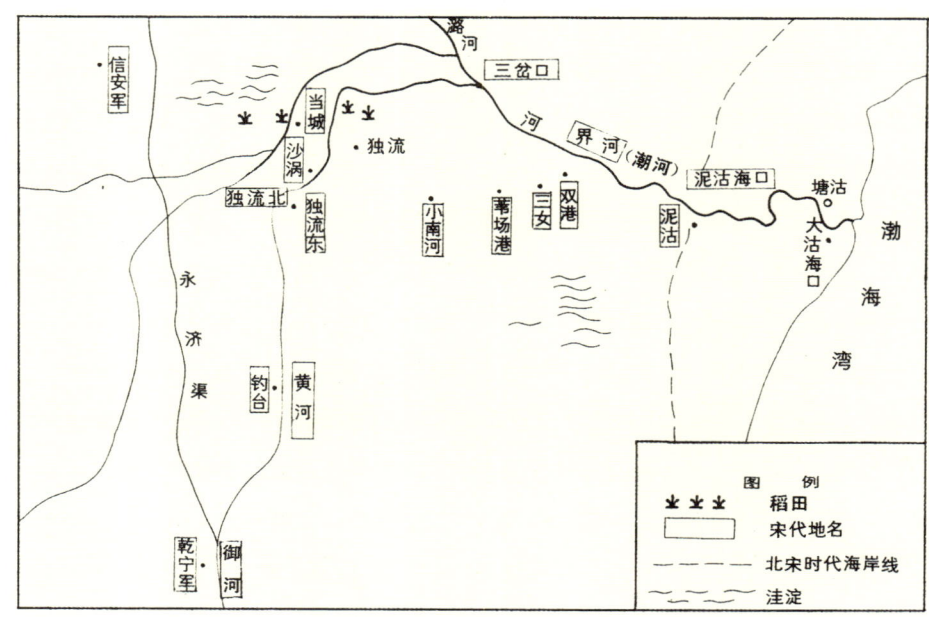

图 3-2 北宋屯田防线图
（引自张树明主编《天津土地开发历史图说》，第 119 页）

宋仁宗庆历八年（1048），黄河北徙，从泥沽海口入海，天津地区的水资源更为充沛。北宋政府置高阳关路后，沿御河设有"稻田务"，管理种稻。然而在军事强制下，屯田兵夫"不暂休息，尤甚辛苦"，没有劳动积极性可言；武将因屯田所获不及所需，因而不屑经营屯田；长吏则"移牒制置、不获躬按"，管理大多较为松懈。[1] 这些都导致了屯田生产效率的低下。宋英宗治平三年（1066）河北屯田亩产平均不足一石（100 升），即使是情况较好的保州（今河北保定一带），亩产也只有两石（200 升），仅与宋代平均亩产量相当。到宋神宗熙宁四年（1071），因屯田经营不利，屡年"丰岁屯田，入不偿费"，于是"诏罢缘边水陆屯田务，募民租佃，收其兵为州厢军"。[2]

---

1. 参见［清］徐松《宋会要辑稿》，北京：中华书局，1957 年版，第 5993 页。
2. ［元］脱脱等撰《宋史·食货上四》，第 4268 页。

到北宋末期宋徽宗大观二年（1108）时，甚至出现"比来塘堤不修，水潦穿溢，出害民田，绵亘千里，虽有司存，上下苟简，殆同虚设"，河北屯田仅"以实塞下"而矣。[1]

虽然由于政治和军事上原因，宋代在天津以及河北的屯田种稻最终消亡绝迹，甚为可惜，但从整体上看，宋朝皇帝对河北屯田较为重视，对于合理利用水资源和水利事业的发展起到了促进作用。

（2）辽金时代

辽金皆为少数民族政权，虽然屯田的记载相对较多，但有关水稻种植的记载比较少。不过有的资料还是能从侧面反映出现在的京津地区水稻种植的痕迹的。

辽圣宗统和五年（987）在蓟州竖立的《盘山千像寺讲堂碑》记载："幽燕之分，

图3-3　蓟州盘山千像寺讲堂碑

---

1. 司义祖编《宋大诏令集》卷一百八十二，北京：中华书局，1962年版，第661页。

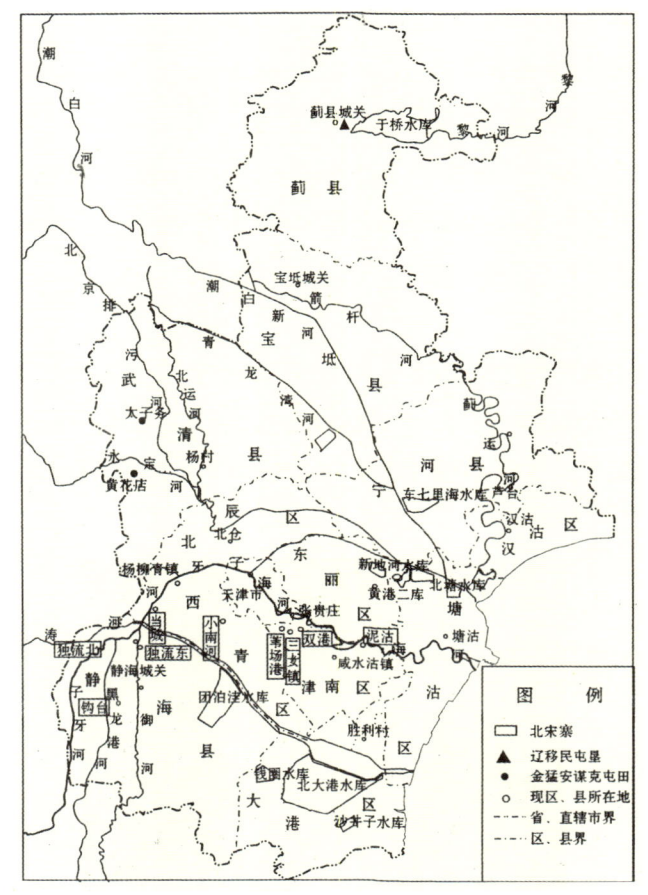

图 3-4 北宋、辽、金屯田示意图

（引自崔士光主编《滨海城市：天津农业图鉴》，北京：海洋出版社，2001 年版，第 173 页）

列郡有四，蓟门为上，地方千里，籍冠百城，红稻香粳，实鱼盐之沃壤。"[1] "幽燕"指的是包括今天北京以及蓟州、宝坻、武清、宁河在内的天津地区，而"红稻香粳"则是指耆谷舂米后的糙米呈现出红色，这说明红稻香粳是当时的名优产品，也意味着天津地区适合种植水稻。统和六年（988），辽政府选民300户，在檀、顺、蓟三州（今

---

1. ［清］厉鹗《辽史拾遗》，《景印文渊阁四库全书》第 289 册，第 1054 页。

密云、顺义、蓟州一带）择沃土，给牛种谷。

金朝遵循前朝政策，实行大规模屯田，有效增加了耕地面积。在太宗、熙宗、海陵王三朝，大批汉人移入华北北部，带来了新的品种，出现了高粱、水稻等中原常见的农作物。金朝迁都中都（今北京）以后，河北的经济发展更处于优先地位，农田水利得到了恢复与发展。金世宗统治时期，今天武清的黄花店和太子务便是屯垦的所在地。（参见图3-4）

2. 农耕史上的重大意义

（1）南稻北引试种成功

北宋是我国水稻种植规模和品质均有所提升的重要时期。南方的水稻种植此时已在国家粮食生产体系中占据举足轻重的地位。北方的自然条件相对恶劣，无霜期短，最短时仅有120天。受到水和气候的双重限制，北方本不适宜大范围推广水田种植技术。何承矩第一年试种，没有把握好北方的气候特征，错用了南方的晚熟品种，水稻尚未成熟便赶上霜冻，"稻值霜不成"[1]，引种失败。不过他没有畏难，第二年用江东早季稻的种子下种，使原应七月成熟的江东早稻在屯田地八月成熟，试种成功。尽管北宋政府种植水稻的初衷是作为"御边要策"，但在客观上初步实现了水稻的南种北引，写就了水稻种植史上浓墨重彩的一笔。北宋政府还专门设置了掌管水稻种植及土地垦殖的稻田务，类似于今天的农业局或农业技术推广站，主要设在泥沽寨、双港寨、三女镇寨、苇场港寨、小南河寨、百万涡寨、沙涡寨、独流寨、钓台寨、当城寨等。（参见图3-4）

北宋是我国水稻北传的重要时期，相关部门在北方大力推广水稻种植，使其种植面积得以迅速扩大。北宋政府在河北缘边屯田种稻时引入了江南的品种。据12种宋代江浙地区的方志记载，当时的水稻品种有210种之多，而栽培较普遍的有红莲稻、金城稻、占城稻。特别是红莲稻的种植还延续了很长时间，宋代以后的诗歌中也有很多记录。清道光年间天津诗人姚承丰在《十字围》中提及红莲稻说："秋色红莲

---

1. ［宋］李焘《续资治通鉴长编》卷三十四，第747页。

图 3-5 历史悠久的红莲稻

稻花吐,直使斥卤成膏土。"[1] 红莲稻不仅在小站地区种植,而且在天津周围也进行栽培,属于当时的名优品种。

(2)注入军事屯垦的基因

屯田制起源于汉朝的西北屯垦,后代多有沿袭,认可其在减轻国家经济负担、维护边疆安全和稳定方面的巨大贡献。历朝历代所行之屯田制虽不尽相同,但都带有较强的军事目的,具有军垦和戍边的双重功能。直至清末,名将左宗棠还说:"历代之论边防,莫不以开屯为首务。"[2] 由于河北北部正处于宋辽交界地带,是北宋的北方边境,因此出于军事防卫的目的,北宋政府"自顺安以东濒海,广袤数百里,悉为稻田,而有莞蒲蜃蛤之饶,民赖其利"[3],同时以水田作屏障,阻挡辽兵南下。河北屯田得到了北宋朝野上下的普遍关注和重视,可以说从这个时期开始,天津的水稻种植就注入了军事屯垦的基因。

---

1. 参见张金刚《天津农情诗选》,《天津农林科技》2008 年 10 月第 5 期。
2. [清]左宗棠《督办新疆军务敬陈筹画情形折》,《左宗棠全集》第九册,上海:上海书店,1986 年版,第 7305 页。
3. [元]脱脱等撰《宋史·何承矩传》,第 9328 页。

3.2.2 蒙元时期

1. 历史事件与文献记载

蒙古统治者本为草原游牧民族,进入黄河流域的初期,他们曾尝试用原先擅长的畜牧业代替农业。不过,在中原农业文明的影响下,以元世祖忽必烈为代表的统治者为强化经济根基,接受了"国以民为本,民以衣食为本,衣食以农桑为本"[1]的观念,使农业得到了较快的恢复和发展。农业生产工具不断改进并创新,农耕技术不断进步,粮食的单位面积产量也得到了大幅提升。

此外,元朝政府还推行了一系列重农政策,在一定程度上调动了农民的生产积极性。例如,禁止圈占农田为牧场,并派遣官员清理被侵占为牧场的民田,按籍悉归于民或听民耕垦;设立农业专管机构,派人到地方检查农业生产;招集流民,鼓励垦荒,第一年免税,第二年税收减半;组织军民屯田;中央与地方分别设都水监与河渠司,整治黄淮流域诸河道,疏浚大运河等。

(1) 元初郭守敬

郭守敬是我国古代著名的科学家,在天文、水利、数学等方面都作出过卓越的贡献。元世祖中统三年(1262),郭守敬向皇帝面陈水利六事,其中五项是关于华北平原引水灌溉的,另一项是有关京都漕运的。这些建议得到了元世祖的赞许,郭守敬被任命为提举诸路河渠,从此改变了隋朝大运河水陆并用、迂回曲折的不合理之处。至元二年(1265),郭守敬任都水少监,上疏言寻金朝分引卢沟河支流故道以重获其利:"金时,自燕京之西麻峪村,分引卢沟一支东流,穿西山而出,是谓金口。其水自金口以东,燕京以北,灌田若干顷,其利不可胜计。兵兴以来,典守者惧有所失,因以大石塞之。今若按视故迹,使水得通流,上可以致西山之利,下可以广京畿之漕。"[2] 另外郭守敬还指出此故道应与大河相通,以防水患:"当于金口西预开减水口,西南还大河,令其深广,以防涨水突入之患。"[3]

---

1. [明]宋濂等撰《元史·食货一》,北京:中华书局,1976年版,第2354页。
2. [明]宋濂等撰《元史·郭守敬传》,第3846—3847页。
3. [明]宋濂等撰《元史·郭守敬传》,第3847页。

（2）泰定年间虞集

元泰定年间（1324—1327），国子祭酒虞集提出在京东之地发展农田水利的主张。他认为京师所需全仰赖于东南漕粮，既劳民耗财，又不尽地利，一旦遭遇不测（如漕运阻滞、江南岁凶等情况），漕粮无法按时足额转输，京师便会陷入危机。有鉴于此，他与同僚上疏，建议发展京东水利，提升本地农业生产水平，以缓解京师对东南漕粮的依赖。虞集还提出一系列配套的鼓励水田垦殖的办法，包括招人垦荒，鼓励富民领种，两年之内国家不征税，第三年根据收成和土地的优劣确定征收税额，五年后如有积蓄，则正式授予官职，十年后颁发符印，子孙可以世袭为官。如此一来，好处颇多：一是数万名耕种者战时可成为民兵，近可以守卫京师，外可以抵御岛夷；二是可以减轻运河漕运的压力，从而纾解南方的疲民；三是可以满足富民当官的想法，人尽其才；四是流民盗贼之类，皆有安身之处。虞集的提议遭到了一些人的反对，称"一有此制，则执事者必以贿成"[1]，因而当时未被采纳。

（3）元末脱脱

为解决因江南漕运不畅造成的京师粮食不足的问题，元至正十二年（1352）十二月癸未，丞相脱脱仿虞集之议，提出发展北方水田的主张。他说："京畿近水地利，召募江南人耕种，岁可收粟麦百万余石，不烦海运，京师足食。"[2] 元顺帝同意后，"西自西山，南自保定、河间，北抵檀、顺，东及迁民镇，凡系官地及原管各处屯田，悉从分司农司立法佃种。合用工价、牛具、农器、谷种，给五百万锭。命乌兰哈达、乌克逊良祯并为大司农卿。又于江淮召募能种水田及修筑围堰之人，各一千，名为农师降空名，添设职事敕牒十二道，募农民一百名者，授正九品；二百名，正八品；三百名，从七品；就令管领所募之人。所募农夫，每名给钞十锭。由是岁乃大稔"[3]。与此同时，脱脱还在京畿东部，今天的宝坻、宁河设立稻田提举司，发展水稻种植。至正十五年（1355）十二月又在今保定、河间、武清、景县、蓟州设大兵农司，推进水利营田。元朝灭亡后，上述地区还存有部分水利工程的遗迹。

---

1. ［明］宋濂等撰《元史·虞集传》，第4177页。
2. ［明］胡粹中撰《元史续编》，《景印文渊阁四库全书》第334册，第575页。
3. ［明］胡粹中撰《元史续编》，《景印文渊阁四库全书》第334册，第575页。

2. 农耕史上的重大意义

（1）农耕技术的进步——围田技术

元代是我国古代农业科学技术推广得最为出色的时期，并为我们留下了三部重要的农学著作，即《农桑辑要》、王祯《农书》和《农桑衣食撮要》。这三部著作的内容非常丰富，对元代农业生产技术的提高和推广发挥了极为重要的作用。此外，元代的农学家还对农业生产工具进行了大量的创新与改进，无论是耕地、耘田、种植、收割，还是农田水利灌溉的种种工具都获得了新的发展，促进了元代农业生产技术的改进和生产效率的提高。

王祯的《农书》在中国古代农学遗产中占有重要地位。全书分为《农桑通诀》（六集）、《百谷谱》（十一集）和《农器图谱》（二十集）三部分，内容涉及传统农业的各个方面。特别是内含两百多幅插图（包括耕作、产品加工、仓储、运输、灌溉、蚕桑、纺织等），与文字相呼应，对后世影响巨大。徐光启的《农政全书》、袁黄的《劝农书》等农学巨著都曾借鉴王祯《农书》的相关内容和图文并茂的形式。该书在"田制门"中将元代土地开发方式作了归纳，除井田、区田、圃田外，还包括围田、柜田、架田、梯田、涂田和沙田六大类，这直接体现了元代农业的发展状况。围田亦称圩田，是筑造长堤短坝，内以围田、外以围水的水利田，属于湿地开发模式之一，广泛分布于水网密集、河湖交错之地，这也为日后小站稻的"十字围"奠定了基础。

（2）北方农业生产能力的提高

元朝中央的财政收入和大都的粮食供应主要依靠江南地区，运输则以海运为主，一旦运输通道被阻，很容易发生统治危机。因此为保障京师的粮食安全，郭守敬、虞集、脱脱等人都提出过在京东地区种植水稻的建议，以提高北方的农业生产能力，解决北方的粮食问题。从此设立、改造水稻种植区就成了元代乃至明清两代的一项重要国策。

在这一背景下，元朝统治者加大开荒屯田的力度，促进了农业生产的发展。至元四年（1267），元世祖在武清、香河设置中卫屯田；十一年（1274），将屯军迁至河西务、荒庄、杨家口、青台、杨家白等处。至元十六年（1279），设立宝坻屯；

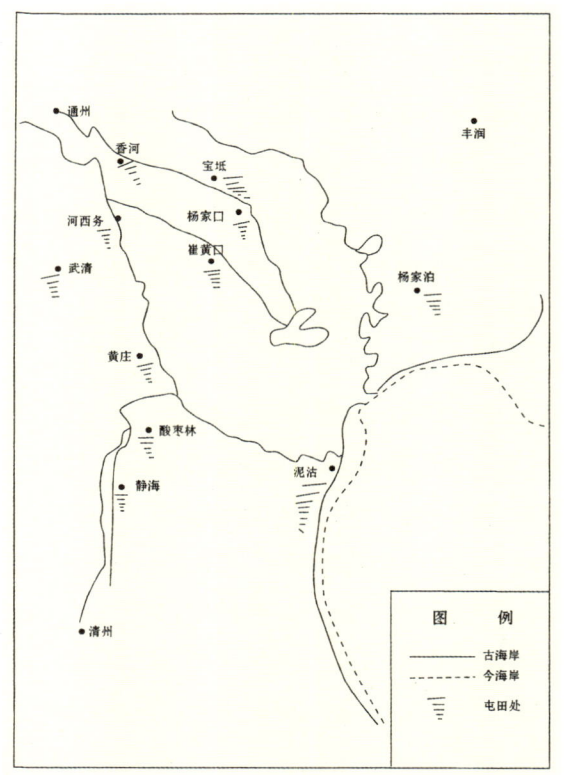

图 3-6 元代屯田分布略图
（引自崔士光主编《滨海城市：天津农业图鉴》，第 174 页）

成宗大德元年（1297），在武清崔黄口增置屯田。[1]（如图 3-6 所示）可以说此时天津地区的屯田活动已颇具规模。此后的元武宗海山在位时间虽不足四年，却是有为之君，进行了许多改革。至大二年（1309）夏四月癸亥，"摘汉军五千，给田十万顷，于直沽沿海口屯种"[2]。第二年夏四月庚戌，"以钞九千一百五十八锭有奇市耕牛农具，给直沽、酸枣林屯田军"[3]。这说明在 14 世纪初元朝政府在天津地区持续进行屯垦活动。

---

1. 参见［明］宋濂等撰《元史·兵三》，第 2559、2563、2560 页。
2. ［明］宋濂等撰《元史·武宗二》，第 511 页。
3. ［明］宋濂等撰《元史·武宗二》，第 524 页。

（3）水利工程的修建

元世祖定都北京之后，一方面着手开通南北大运河，以便南粮北运，供京城之用；另一方面在畿辅之地大兴水利、种植水稻以减轻漕运的压力。元朝政府希望通过两方面的努力，确保大都的粮食安全和统治稳定。

元世祖忽必烈重用杰出的科学家郭守敬，让他主管全国的水利工作，疏浚河道，开凿运河，以便利南北交通和物资交流。由于宋金的长期对峙，南北大运河到元初已多年失修，不少地方都已淤塞不堪。元世祖在位期间，为疏通南北漕运，先开凿了今山东境内济宁至东平的济州河，此河南与通往扬州、杭州的隋朝大运河相接；随后开凿了东平至临清的会通河，此河北与通往直沽（今天津）的隋朝旧运河——御河相连，从直沽则可经白河抵达通州；最后开凿了通惠河，从通州通往大都。这样从江南到大都的漕运就通畅顺达了。同时，这些水利工程的修建也为沿河两岸的水稻种植奠定了基础，充足的水源为水稻生长提供了保障。事实上，早在元朝初年在今天津蓟州就已经有长年种植稻谷的稻户了。《元史》所说"蓟州渔阳等处稻户饥，给三十日粮"[1]，便是例证。

3.3 成熟阶段：明清时期

明清两代均建都于北京，于是开发京畿地区的水利资源，治水营田，发展农业生产，以解决供需矛盾就显得至关重要了。相较于其他历史阶段，明清时期天津地区气候干燥、降水量偏少，农业面临着长期低温、多灾的不利局面，农业生产压力较大。同时复杂的水文条件也对农业活动的开展提出了较高的要求，史书多次记载天津有水患发生，这就需要投入大量的人力、物力去改善水文环境，才能发展农业生产。不过正是在对自然环境的适应和改造的过程中，明清两代的天津农业，尤其是在耕作技艺和水利基础设施建设两方面取得了长足的进步，这也有效推动了天津城市的形成和发展。

---

1. ［明］宋濂等撰《元史·世祖十三》，第335页。

3.3.1 明代

明朝统一全国之后，虽然大力恢复、发展北方经济，鼓励开垦，但国家财政大多依赖东南的现实并没有改变。朱棣率兵从直沽出发，偷袭沧州，并经过几年的战争，最终攻陷南京，即皇帝位。为了纪念开始发兵的"龙兴之地"，朱棣便把直沽这个"天子渡河之地"，赐名为天津。明成祖迁都北京后，政治中心北移，这对于稳固政权、守护中原、防御北方游牧民族起到了巨大的作用。明永乐二年（1404）天津设卫，大批移民也开始到津南一带开荒种稻。

明中期以后，水利失修，权贵豪势之家大量兼并土地，北方农业几近荒废。京津一带土地兼并之势更甚，农田荒废更为严重，加之社会动乱，外患频仍，运河淤塞，漕运阻滞，导致京畿补给不足，且南粮北运进一步加重了东南人民的负担。为了缓解经济压力，维护王朝统治，巩固政权，众多有识之士不断出谋献策，特别建议在京津一带广开农田，种植水稻。不过总有一些反对的声音，导致最高决策者对这一政策的态度反复无常，水稻种植也呈现出"旋兴旋废"的特征。

1. 弘治年间

丘濬，字仲深，广东琼山（今属海南省）人，景泰五年（1454）进士，历官翰林院学士、国子祭酒、礼部侍郎、礼部尚书兼文渊阁大学士、户部尚书兼武英殿大学士等职。他曾说："国家都燕，盖极北之地，而财赋之入，皆自东南而来。会通一河，譬人身之咽喉也，一日食不下咽，立有死亡之祸。"[1] 对于将京师的财赋收入完全系于漕运的做法深感忧虑，进而提出了解决之道："京师之东，皆濒大海，烟火数千里，而居民稠密，当全安极盛之时，正是居安思危之日，乞将虞集此策敕下，廷臣计议，特委有心计大臣，循行沿海一带专任其事。"[2] 丘濬提出采纳元代虞集的建议，利用京畿沿海地区河流、湖泊众多，水土、气候适宜的特点建立产粮区。王鏊也提出过类似的想法，他说："国家供三边之费最大，岁用银至四五十万，愚

---

1. ［明］黄训编《名臣经济录·户部·漕运议》，《景印文渊阁四库全书》第443册，第408页。
2. ［明］黄训编《名臣经济录·户部·屯营之田》，《景印文渊阁四库全书》第443册，第410页。

以为欲省转运之费,莫若兴屯田。兵法,取敌一钟,当吾二十钟,屯田一石,可当二十石。今三边之地固在也,而人以为不可行,何哉!"[1]

事实上,在成书于弘治初年的《大学衍义补》中,丘濬就提出了通过在京畿地区大兴水利工程,将盐碱地改造为良田的主张。他说:"故为海田者,必筑堤岸以拦咸水之入,疏沟渠以导淡水之来,然后田可耕也。……观其入海之水,最大之处,无如直沽,然其直泻入海,灌溉不多,请于将尽之地,依《禹贡》逆河法截断河流,横开长河一带,收其流而分其水,然后于沮洳尽处筑为长堤,随处各为水门,以司启闭,外以截咸水,俾其不得入,内以泄淡水,俾其不至漫,如此则田可成矣。"[2] 若沿海数千里皆用此法,则国家可坐享财赋之繁盛。不过明朝政府并未采纳这一建议,十分可惜。

正德五年(1510),刘六、刘七领导的农民起义在霸州爆发。起义军转战今河北、山东等地,在济宁烧毁漕运粮船1200艘,造成漕运梗阻,丘濬的预言成为现实。粮食供应日趋困难,京畿地区屯田的重要性日益显现,明朝政府也终于意识到了这一问题。嘉靖九年(1530),兵部尚书李承勋还提出:"雄、霸等州县及滨海以东地方,开通陂塘,筑堰引水,以种稻田,三年后视有成效,奏请起科。"[3] 李承勋还提出,为鼓励在滨海以东的地方引水种稻,应免税三年。

2. 万历年间

(1)徐贞明

徐贞明,字孺东,一字伯继,江西贵溪人,隆庆五年(1571)进士,万历三年(1575)征为工科给事中。他发现南方漕粮进京,要数石米的费用才能运来一石米,成本极高。于是,徐贞明前往京师各地调查民情,包括南北赋役、漕运现状以及河流泉水等,提出了在京畿地区种稻的可行性和必要性。他说:"神京雄据上游,兵食宜取之畿甸,

---

1. [明]王鏊《震泽长语·食货》,《景印文渊阁四库全书》第867册,第206页。
2. [明]丘濬《大学衍义补》卷三十五,《景印文渊阁四库全书》第712册,第448页。
3. "中央"研究院历史语言研究所校印《明世宗实录》卷一一二,1962年版,第2648页。

今皆仰给东南，岂西北古称富强地，不足以实廪而练卒乎？夫赋税所出，括民脂膏，而军船夫役之费，常以数石致一石，东南之力竭矣。又河流多变，运道多梗，窃有隐忧。闻陕西、河南故渠废堰，在在有之；山东诸泉，引之率可成田；而畿辅诸郡，或支河所经，或涧泉自出，皆足以资灌溉。北人未习水利，惟苦水害，不知水害未除，正由水利未兴也。盖水聚之则为害，散之则为利。今顺天、真定、河间诸郡，桑麻之区，半为沮洳，由上流十五河之水惟泄于猫儿一湾，欲其不泛滥而壅塞，势不能也。今诚于上流疏渠浚沟，引之灌田，以杀水势，下流多开支河，以泄横流，其淀之最下者，留以潴水，稍高者，皆如南人筑圩之制，则水利兴，水患亦除矣"。[1]

针对京畿地区的实际情况，徐贞明进一步献策说："至于永平、滦州抵沧州、庆云，地皆萑苇，土实膏腴。元虞集欲于京东滨海地筑塘捍水，以成稻田。若仿集意，招徕南人，俾之耕艺，北起辽海，南滨青、齐，皆良田也。宜特简宪臣，假以事权，毋阻浮议，需以岁月，不取近功。或抚穷民而给其牛种，或任富室而缓其征科，或选择健卒分建屯营，或招徕南人许其占籍，俟有成绩，次及河南、山东、陕西。庶东南转漕可减，西北储蓄常充，国计永无绌矣。"[2]徐贞明的建议利国利民，切实可行，不过工部并不认可，复议称："畿辅诸郡邑，以上流十五河之水泄于猫儿一湾，海口又极束隘，故所在横流，必多开支河，挑浚海口，而后水势可平，疏浚可施。然役大费繁，而今以民劳财匮，方务省事，请罢其议。"[3]工部尚书郭朝宾更以"水田劳民"[4]为由反对，此议遂告结束。

随后徐贞明被贬出京，任太平府（府治在今安徽当涂）知事。赴任途中经过潞河（通州至天津段的大运河），仍认为京畿地区发展水稻种植有着重要的意义以及一系列有利条件，乃著《潞水客谈》，又名《西北水利议》。这里所说的"西北"是指京畿地区，相对东南而言，不同于现在的西北。徐贞明认为"惟西北有一石之入，则

---

1. ［清］张廷玉等撰《明史·徐贞明传》，北京：中华书局，1974年版，第5881—5882页。
2. ［清］张廷玉等撰《明史·徐贞明传》，第5882页。
3. ［清］张廷玉等撰《明史·河渠六》，第2170页。
4. ［清］张廷玉等撰《明史·徐贞明传》，第5883页。

东南省数石之输，所入渐富，则所省渐多"[1]，"今地负山控海，负山则泉深而土泽，控海则潮淤而壤沃，水利尤易易也"[2]，并且阐述了在京畿地区治水种稻的十四条好处："惟水利兴而后旱潦有备，利一。中人治生，必有常稔之田，以国家之全盛，独待哺于东南，岂计之得哉？水利兴则余粮栖亩皆仓庾之积，利二。东南转输，其费数倍。若西北有一石之入，则东南省数石之输，久则蠲租之诏可下，东南民力庶几稍苏，利三。西北无沟洫，故河水横流，而民居多没。修复水田，则可分河流，杀水患，利四。西北地平旷，寇骑得以长驱。若沟洫尽举，则田野皆金汤，利五。游民轻去乡土，易于为乱。水利兴则业农者依田里，而游民有所归，利六。招南人以耕西北之田，则民均而田亦均，利七。东南多漏役之民，西北罹重徭之苦，以南赋繁而役减，北赋省而徭重也。使田垦而民聚，则赋增而北徭可减，利八。沿边诸镇有积贮，转输不烦，利九。天下浮户依富家为佃客者何限，募之为农而简之为兵，屯政无不举矣，利十。塞上之卒，土著者少。屯政举则兵自足，可以省远募之费，苏班戍之劳，停摄勾之苦，利十一。宗禄浩繁，势将难继。今自中尉以下，量禄之田，使自食其土，为长子孙计，则宗禄可减，利十二。修复水利，则仿古井田，可限民名田。而自昔养民之政渐可举行，利十三。民与地均，可仿古比闾族党之制，而教化渐兴，风俗自美，利十四也。"[3] 此论一出，原本反对京畿之地引水种稻的兵部尚书谭纶也为之美言说："我历塞上久，知其必可行也。"[4]

当时，顺天巡抚张国彦、副使顾养谦在蓟州、永平、丰润、玉田等地自发地兴办起一些小型水利设施并种植水稻，皆有实效。他们的工作甚至得到了戚继光的支持。王一鄂升任蓟辽总督后，借裁军的机会，挑选出南兵千余名，连同原来的田兵，用"遵化辎重营"的名称重新编制，治水营田，种植水稻，卓有成效。

万历十三年（1585），徐贞明被调回北京，任尚宝少卿。不久，又令徐贞明兼

---

1. [明]徐贞明《西北水利议》，[明]徐光启《农政全书》卷十二，《景印文渊阁四库全书》第 731 册，第 163 页。
2. [明]徐贞明《西北水利议》，[清]唐执玉等纂《畿辅通志》卷九十六，《景印文渊阁四库全书》第 506 册，第 294 页。
3. [清]张廷玉等撰《明史·徐贞明传》，第 5883—5884 页。
4. [清]张廷玉等撰《明史·徐贞明传》，第 5884 页。

监察御史,领垦田使,有司阻挠者有权劾治。为帮助徐贞明顺利开展工作,户部尚书毕锵还采纳徐贞明的奏疏,议为六事:"请郡县有司以垦田勤惰为殿最,听贞明举劾;地宜稻者以渐劝率,宜黍宜粟者如故,不遽责其成;召募南人,给衣食农具,俾以一教十;能垦田百亩以上,即为世业,子弟得寄籍入学,其卓有明效者,仿古孝弟力田科,量授乡遂都鄙之长;垦荒无力者,贷以谷,秋成还官,旱潦则免;郡县民壮,役止三月,使疏河芟草,而垦田则募专工。"[1]

徐贞明对京畿地区的农田水利治理有着明确的方案,他说:"盖先之京东数处以兆其端,而京东之地皆可渐而行也;先之京东以兆其端,而畿内而列郡皆可渐而行也;先之畿内列郡,而西北之地皆可渐而行也;在边陲则先之蓟镇,而诸镇皆可渐而行也;至于濒海,则先之丰润,而辽海以东、青徐以南皆可渐而行也。"[2] 其主要思路是由近及远地逐步开垦。徐贞明首先在京东州县勘察地形及土壤状况,查看河流的分布和流向,调查当地的生产习惯,进行具体的规划,随即进行开垦。在不到一年的时间内,就在"蓟州城北黄崖营,城西白马泉、镇国庄、城东马伸桥,夹林河而下别山铺,夹阴流河而下至于阴流。……至于濒海之地,自水道沽关、黑岩子墩至开平卫南宋家营,东西百余里,南北百八十里,垦田三万九千余亩"[3]。然而这些举措极大地影响了明朝一些靠漕运发财的权贵,这一大规模的种稻活动遭遇到了较大阻力。

在京畿地区发展粮食生产,就地解决京师的粮食供应问题,虽然利国利民,却阻断了权贵的发财之路。其一,京师及边疆所需要的粮食主要靠漕运供给,仅"三边"地区的军粮供应,岁用银最高可达四五万两,是一些当权者的"致富"来源。他们把持南北运河上的官闸、运输、粮仓等大权,借下属贿通关节之机,大肆压榨勒索,使大量粮食流入"私仓",然后或放高利贷,或加价官倒,中饱私囊。如果京畿地区成为产粮区,那么借漕运来牟利的机会则会大减。其二,京畿内各府的田地多为

---

1. [清]张廷玉等撰《明史·徐贞明传》,第5884—5885页。
2. [明]徐贞明《西北水利议》,[清]唐执玉等纂《畿辅通志》卷九十六,《景印文渊阁四库全书》第506册,第295页。
3. [清]张廷玉等撰《明史·河渠六》,第2170页。

王府和权贵所侵占，作为牧场或皇庄，坐收其利。一旦种稻计划得以实现，这些非法占用的土地就得清退出来，从而失去"致富"的门路，自然会遭到他们的强烈反对。一些人还唆使御史王之栋出面阻拦，王之栋便提出了"水田必不可行"的十二条理由："一谓水迅土沙难以修筑，征派分出地方滋扰；二谓堙塞无定，故道难复；三谓深川故道枉费无成，且水涝漂湃，流派难分；四谓挑浚狭浅，难杀水势，且淤沙害田，难资灌溉；五谓费少不敷必资剥削，恐生民怨；六谓群聚不遏，勤劳不息，恐致他变；七谓引流入卫，恐妨运道；八谓三辅库藏仓贮不可罄竭；九谓减价易地，夺民业生怨；十谓工夫鳞集，踩躏为害；十一谓不可侵扰附邑；十二谓供费浩繁，羽士募化，非体辨驳其悉。"[1]于是，明神宗众臣会商讨论。

万历十四年（1586），明神宗对申时行等人说："近开水田，人情甚称不便，不宜强行。"申时行说："京东地方，田地荒芜废弃可惜，相应开垦。京南常有水患，每大水时至，漂没民田数多，相应疏通，故有此举。昨御史既言滹沱河难治，宜且暂停。若开垦荒田，则蓟州等处，开成已五六万亩，不宜遽罢。"[2]尽管徐贞明引水种稻的计划获得了一定的成功，在蓟州等处开垦了近四万亩田地，但在明神宗的摇摆和其他朝臣的反对声中，徐贞明的种稻计划最终夭折了。如果该计划能够得到支持、推广，京畿地区就可以生产出充足的粮食，可以大大降低对漕运的依赖，国家的治理成本和民生负担都会大大下降。这本是一件关乎大明国运的好事，却草草收场，甚为可惜。

（2）袁黄

明代宝坻是名副其实的"九河下梢"，西部的通州、香河，西北的密云、三河及北部的蓟州，每遇大水泛滥，沥水多要经过宝坻入海，县内多有水患；且因离海较近，海潮时有倒灌，遂导致境内所存之水更加不能泄下。

袁黄认为"水利乃经世第一事，畿内乃天下第一地"[3]。为彻底解决京畿之地的水患问题，袁黄基于"堵"和"疏"的理念，着力构建排水灌溉河渠网，开沟渠、

---

1. ［清］傅泽洪《行水金鉴》卷一百二十四，《景印文渊阁四库全书》第582册，第70页。
2. ［清］顾炎武《天下郡国利病书·北直隶上》，《四部丛刊三编》第19册，上海：上海书店，1985年版，第51页。
3. ［明］袁黄《皇都水利》，《四库全书存目丛书·史部》第222册，济南：齐鲁书社，1996年版，第681页。

图3-7 位于宝坻的袁黄塑像

疏河道,亲自组织、指导百姓筑堤泄水,加筑三岔口河堤,阻止县北河水灌入;同时在林亭口京畿之地开挖几处河道,引导上游沥水直接入海,减少灾害。对于海水倒灌问题,他教导百姓沿海岸种植柳树,涨潮时海水裹挟大量泥沙上岸,遇柳树阻挡则会淤积,久之则形成堤坝,如此可阻止海水倒灌。为解决河道淤积的问题,袁黄结合历代治水经验和相关原理,在新河入海处建闸。海潮来之前关闭闸门以阻挡海水上行及其裹挟的泥沙;潮退后开闸泄水,以水流冲刷淤沙,大幅减少河道淤积。为彻底摸清宝坻及其周边地区的水利状况,袁黄还遍察燕赵大地的河流水系,涉及当时的易水、拒马河、通惠河、白沟河、卫河等流经华北东北部的主要河流,撰成了《北易水利》《南易水考》《二易合考》《涞水考》《督亢沟水考》《白沟河考》《卢沟河考》《滹沱河考》《大通河考》《论建都当兴水利》《论畿内田制》《论沿海开田》等著作,并将其合编为《皇都水利》一书。该书对京津地区的生态保护和水利建设,至今仍具有较为重要的参考价值。

徐贞明的种稻实践带给袁黄较大启发,不过袁黄也指出了他的问题:"徐尚宝

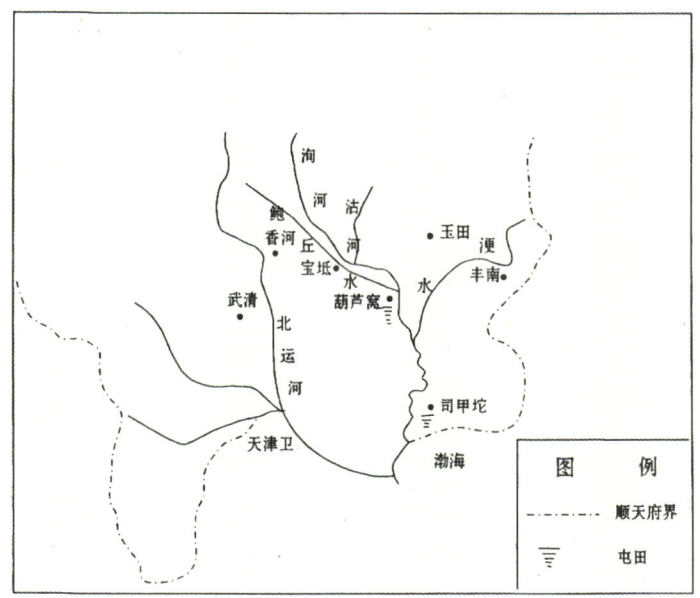

图 3-8 袁黄垦田种稻图
（引自崔士光主编《滨海城市：天津农业图鉴》，第 176 页）

（即徐贞明）谈水田凿凿矣，然不与天下共功而欲以一人之力相视倡导，岂不戛戛乎难哉？"[1]据此袁黄认为营田种稻必须要重视民间力量，要组织、发动群众垦荒。为此他选定葫芦窝村作试验点，把家乡浙江嘉善的优良稻种引入宝坻，并动员农民在耕作区开挖水渠，灌溉水稻，最终获得了成功。此后"民尊信其说，踊跃相劝"[2]，宝坻境内掀起了改水种稻的高潮，也奠定了水稻种植的群众基础。雍正《畿辅通志》在评价袁黄在天津推广水田时说："潮水性温，发苗最沃，一日再至，不失晷刻，虽少雨之岁，灌溉自饶。"[3]

袁黄意识到经验推广和种植技术培训有助于北方稻作文化的形成，对于水稻

---

1. [明]袁黄《皇都水利·论开田赏功》，《四库全书存目丛书·史部》第 222 册，第 700 页。
2. [清]吴邦庆辑《畿辅水利辑览》，[清]吴邦庆辑，许道龄校《畿辅河道水利丛书》，北京：农业出版社，1964 年版，第 401 页。
3. [清]唐执玉等纂《畿辅通志》卷四十六，《景印文渊阁四库全书》第 505 册，第 77 页。

种植至关重要，于是他在宝坻任职期间写成了《劝农书》（也叫《宝坻劝农书》）。全书分天时、地利、田制、播种、耕治、灌溉、粪壤和占验八个章节，共一万余字。作为一部农业技术专著，《劝农书》直接面向民众，讲授的内容通俗易懂，操作性很强。袁黄在《自序》中还特别提出，凡青壮劳力，"人给一册，有能遵行者，免其杂差"[1]，借以推广。《劝农书》是天津历史上最早的农业专著，倡导百姓采用先进理念和新技术来提高农业生产水平。

（3）汪应蛟

汪应蛟，字潜夫，婺源人，万历二年（1574）进士，曾以右佥都御史代职天津巡抚。《明史》上说："应蛟为人，亮直有守，视国如家。谨出纳，杜虚耗，国计赖之。"[2]1592—1598年万历朝鲜战争期间，明王朝为援助朝鲜需要就近解决兵饷、军需等问题，于是京畿地区水利营田之事又被重新提上日程。万历二十六年（1598），汪应蛟任天津、登莱等处海防巡抚，由此拉开了他大力发展天津地区水利营田的序幕。汪应蛟在《海滨屯田试有成效疏》中特别强调"天津当河海咽喉，为神京牖户"[3]。屯军驻守天津，一为海防备倭，即"天津三卫官军本为防海而设。……防海者，实祖宗之额制也"[4]；一为保障蓟镇边防，即"矧津门与通湾咫尺，可朝发夕至，其在津亦何以异于在蓟哉"[5]！可以说天津兼具海防与边防的双重特质，区位的重要性使得营田种稻的价值，在此营田种稻不仅可以实现兵饷、军需的自给，还可以增加国家财赋，有利于国家的长治久安。

汪应蛟在天津期间，"见葛沽、白塘诸田尽为污莱，询之土人，咸言斥卤不可耕。应蛟念地无水则碱，得水则润，若营作水田，当必有利"[6]。于是汪应蛟用军垦田，以田召民，使荒地渐辟。各军兵且屯且练，民间亦省养兵之费。万历二十八年（1600），汪应蛟于葛沽、白塘口两处垦种5000余亩（333.33公顷）土地，其中水田2000亩（133.33

---

1. [明] 袁黄《劝农书自序》，张树明主编《天津土地开发历史图说》，天津：天津人民出版社，1998年版，第247页。
2. [清] 张廷玉等撰《明史·汪应蛟传》，第6267页。
3. [明] 汪应蛟《抚畿奏疏》卷八，《续修四库全书》第480册，第505页。
4. [明] 汪应蛟《抚畿奏疏》卷八，《续修四库全书》第480册，第506页。
5. [明] 汪应蛟《抚畿奏疏》卷八，《续修四库全书》第480册，第507页。
6. [清] 张廷玉等撰《明史·汪应蛟传》，第6266页。

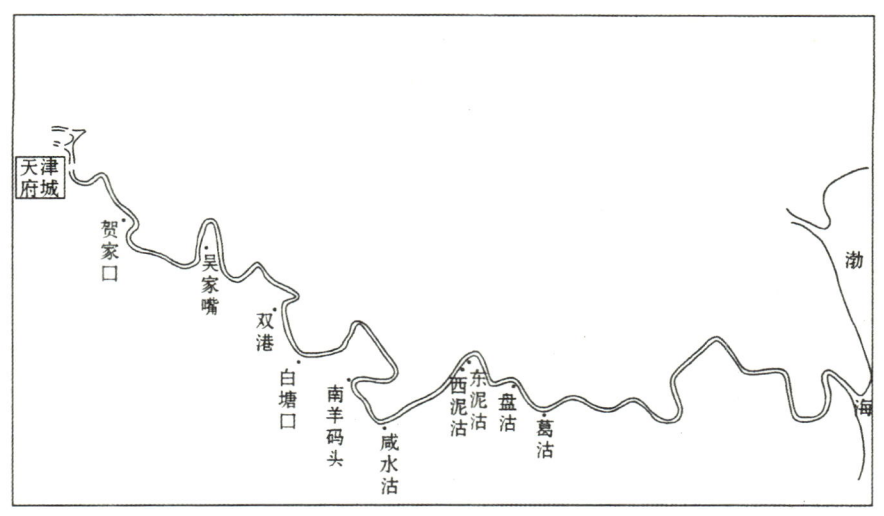

图 3-9 汪应蛟屯垦位置示意图
（引自崔士光主编《滨海城市：天津农业图鉴》，第 177 页）

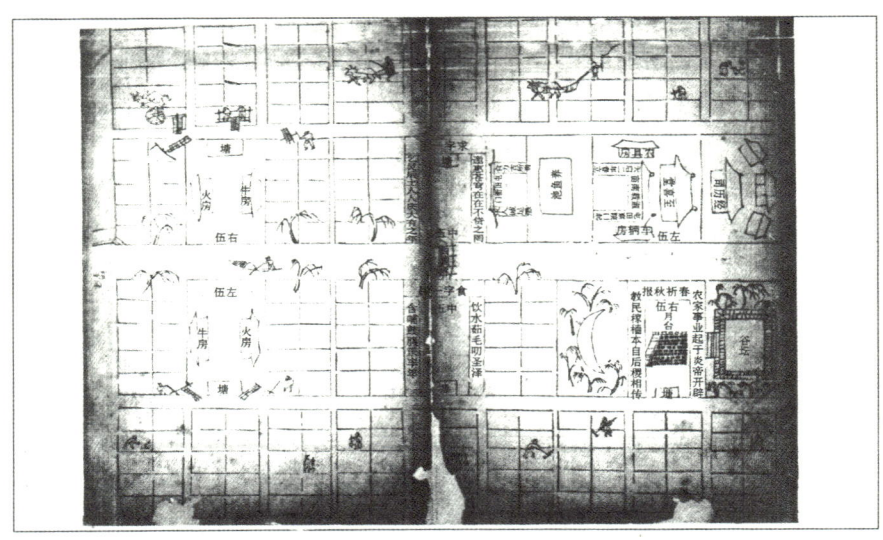

图 3-10 求字围与食字围
（引自崔士光主编《滨海城市：天津农业图鉴》，第 178 页）

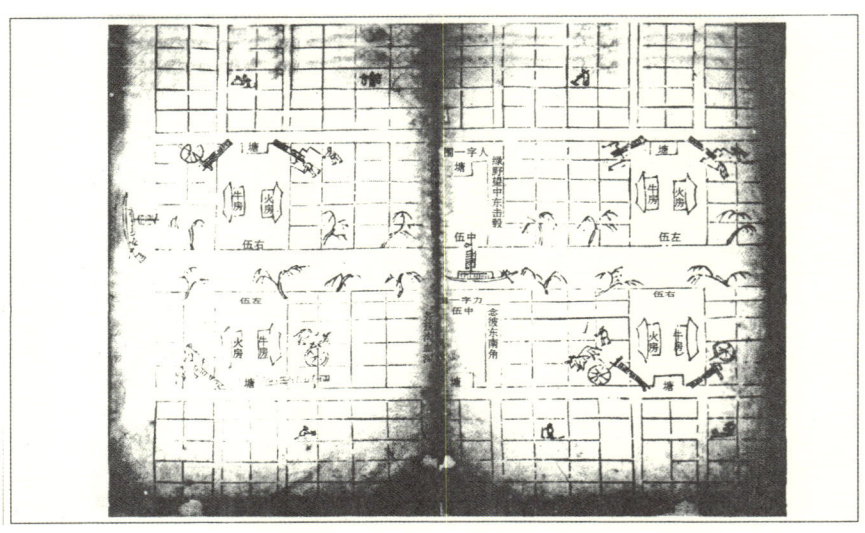

图 3-11 人字围与力字围
（引自崔士光主编《滨海城市：天津农业图鉴》，第 179 页）

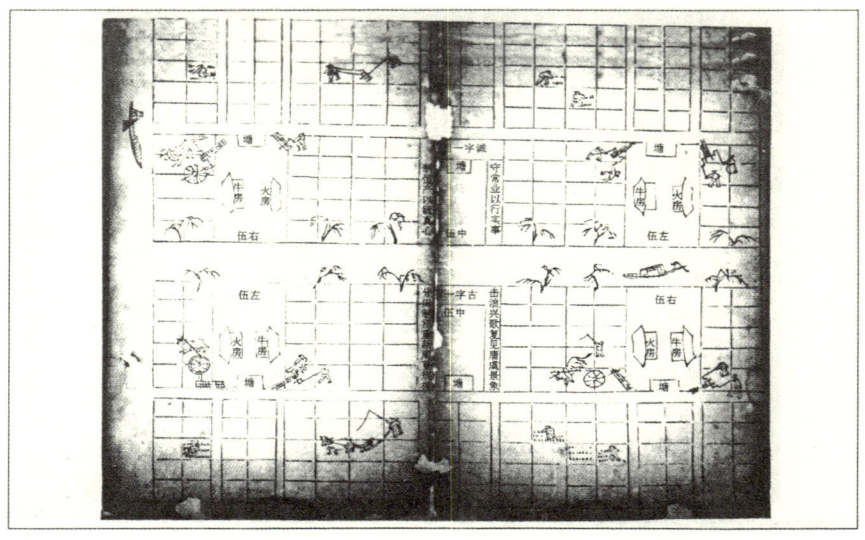

图 3-12 诚字围与古字围
（引自崔士光主编《滨海城市：天津农业图鉴》，第 180 页）

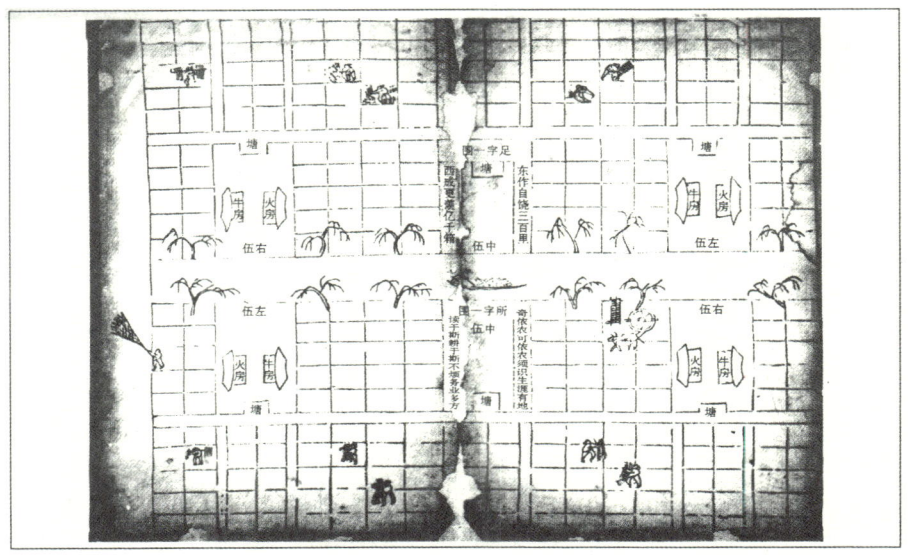

图 3-13 足字围与所字围
(引自崔士光主编《滨海城市：天津农业图鉴》，第 181 页)

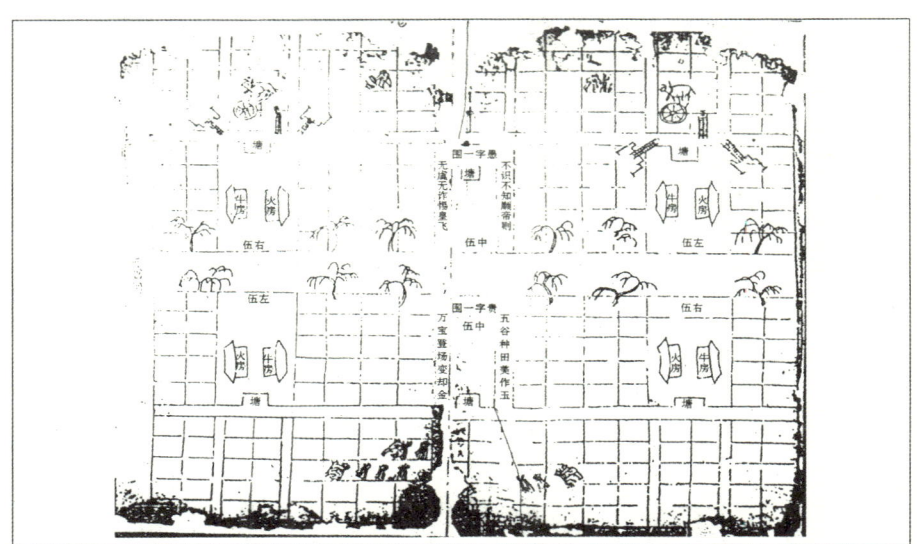

图 3-14 愚字围与贵字围
(引自崔士光主编《滨海城市：天津农业图鉴》，第 182 页)

公顷），每亩最多可收四五石（四五百升），余为旱田，多者每亩收一二石（一二百升）。此后，采用江南围田的耕作办法，在东泥沽、西泥沽、双港、辛庄、吴家嘴、盘沽等地开发围田（如图3-9所示），并以"求人诚足愚，食力古所贵"十个字为围田命名，如求字围、人字围等，人称"十字围"，均在海河右岸。（参见图3-10至图3-14）据徐光启《农政全书》记载，这种围田"一面滨河，三面开渠，与河水通，深广各一丈五尺，四面筑堤，以防水涝，高厚各七尺，又中间沟渠之制，条分缕析"[1]。围田主干渠深约五米，用以排涝、降低地下水位及土壤盐碱度。同时充分利用海河潮汐，涨潮引水灌溉，退潮排除尾水，如此循环往复，以不断降低土壤盐碱度。于是，"地方军民始信闽浙治地之法可行于北海，而臣与各官益信斥卤可尽变为膏腴也"[2]。不过围田法的主要缺点是对旱灾几乎无抵御能力，因为天旱时河水较浅，潮水可能顶托不上来，即使潮水上溯，也会因水少而导致咸潮，因此一旦水源不足，就很难保证有收成了。

汪应蛟见南方的兵士不仅习水战，而且能种水田，所以在"倭寇平，撤南兵"的时候，力倡留兵屯田。万历二十九年（1601）秋后汪应蛟升迁，营田事务由协守天津海防副总兵陈燮负责。陈燮"竭心率众，浚渠筑堤，辟数百年之草莱成数千亩之沃壤"[3]，万历三十年（1602）仍督兵围田垦稻，且愈开愈广。此后葛沽稻名声渐起。

汪应蛟开创了改良天津盐碱地及围田垦稻的先河，使天津"田利大兴"，大片盐碱地得以变为良田，每年获利饷银六万两，使天津财力大增，极大地改善了军粮的供给状况和百姓的生活质量，同时也建造了许多重要的水利设施，福及子孙后代。虽然汪应蛟在津种稻的高潮期只有五六年，到万历末平倭退兵后，"已垦之田，废十之七，见存成熟者，仅葛沽河五十顷而已"[4]，但葛沽的屯田收入到天启年间还一直为修船、巡抚衙门、廪粮等方面提供费用，节省了国家开支，也为后来的屯田提供了榜样。

---

1. [明]徐光启《农政全书》卷八，《景印文渊阁四库全书》第731册，第108页。
2. [明]徐光启《农政全书》卷八，《景印文渊阁四库全书》第731册，第107页。
3. [明]汪应蛟《抚畿奏疏》卷十，《续修四库全书》第480册，第535页。
4. "中央"研究院历史语言研究所校印《明熹宗实录》卷七，1962年版，第345—346页。

（4）徐光启

徐光启，字子先，上海人，中国古代著名科学家、"西学东渐"的代表人物之一，他既有以天下为己任的传统精神内核，又掌握了近代西方科学技术的精髓。在内忧外患的明代晚期，徐光启不涉党争，专注于民生，提出一系列经世致用的实学思想，对后世产生了深远影响。除了在数学、天文历法、军事等方面颇具贡献，徐光启在农业领域也堪称大家。农业是传统社会的命脉，农业的荒废无疑会导致国贫民弱。为了维护王朝统治，充实国家财赋，徐光启借鉴虞集、徐贞明等人的观念，极力主张发展西北农田水利，并特别赞同徐贞明倡导的发展西北水利应以京畿之地为开端的思想，正所谓"若如吴越人，田而耕之，则利十倍于苇"[1]。正因如此，徐光启与津沽大地结下不解之缘。万历四十一年至天启元年（1613—1621），他在天津从事农事试验，写成《粪壅规则》，并为他后来的农学巨著《农政全书》编撰了提纲。

万历四十一年，徐光启因修历书为朝臣所不满，遂托病来到天津，先后四次在今津南区葛沽镇一带屯田。与他人的营田活动不同的是，此时明朝政府内外交困，无力支持徐光启，他在津的治水营田属于私人性质的农业科学试验，然而其贡献卓著。

明代的葛沽包括现在的小站地区，当时这里还尽是荒地，徐光启曾在家书中说："其一在天津，荒田无数，至贵者不过六七分一亩，贱者不过二三厘。钱粮又轻，中有一半可作水田者。虽低而近大江，可作岸备涝，车水备旱者也。有一大半在内地，开河即可种稻，不然亦可种麦种秫也。但亦要筑岸备水耳。其余尚有无主无粮的荒田，一望八九十里，无数，任人开种，任人牧牛羊也。"[2] 于是，徐光启在葛沽购置了133公顷土地，疏渠引水，垦荒种田，进行农业科学试验。万历四十五年（1617），徐光启终于成功实现了南稻北移，这为他开发京畿地区农田水利的主张提供了实践经验。

在治水上，徐光启效法郭守敬，重视水利测量，同时强调对水资源的综合利用。针对北方旱田多的情况，他提出了"旱田用水五法"；为解决引水灌溉问题，他充

---

1. ［明］徐贞明《西北水利议》，［明］徐光启《农政全书》卷十二，《景印文渊阁四库全书》第731册，第166页。
2. ［明］徐光启《徐光启诗文集·家书七》，朱维铮、李天纲主编《徐光启全集》第9册，第307页。

分借鉴汪应蛟围田法的成果，不仅可以防涝，还可以庡海河水备旱，并利用海河潮汐进行灌排。

在垦种上，徐光启针对天津的实际，深入研究改造盐渍土问题。他特别注意走访海河沿岸的村庄，与老农、屯田兵交流农事经验。《粪壅规则》中记载："天津屯兵言，碱地不害稻，得水即去，其田壮亦与新田同。但葛沽屯又言，初年碱地不宜稻，苗下多不发，二年以后渐佳，后来更不复薄，不须上粪，尤胜不碱者。"[1] 可见天津屯田兵为徐光启在盐碱地种稻提供了宝贵的经验。在施肥方面，徐光启不仅提出了根据不同品种选用不同肥料，而且还对施肥量及施肥后的产量进行了精确计算。他在《粪壅规则》中提到："丁巳年，每亩用麻糁四斗。是年每亩收米一石五斗，科大如酒杯口。丙辰初到天津，用南稻种。田师孙彪用干大粪，每亩八石。是年稻科大如碗，根大如斗，而含胎不秀，竟不收。"[2] 这种对施肥种类和施肥数量的精准把控充分体现了徐光启尊重科学的品质。此外他还在天津推广长江流域稻棉轮作的经验，"凡高仰田可棉可稻者，种棉二年，翻稻一年，即草根溃烂，土气肥厚，虫螟不生"[3]。一水二旱的倒茬种植是节水改土，培养地力，防止周围地块返碱和消灭病虫杂草的有效方式。这种轮作制在新中国成立后尚有应用，不仅稻棉丰收，节水治碱，还可改种菜田。

徐光启在天津的实践是基于前人虞集和徐贞明农田水利思想之上的，然而又不拘泥于他们的学说，不断总结推进北方农业发展的方法与技术，为清代甚至当代北方的农业建设提供了宝贵经验和科学指导。

3. 天启年间

（1）董应举

天启初年，随着大明与后金在辽东的战事愈发紧张，百万难民通过水陆辗转迁

---

1. [明] 徐光启《农书草稿·粪壅规则》，朱维铮、李天纲主编《徐光启全集》第5册，第443页。
2. [明] 徐光启《农书草稿·粪壅规则》，朱维铮、李天纲主编《徐光启全集》第5册，第441页。
3. [明] 徐光启《农政全书》卷三十五，《景印文渊阁四库全书》第731册，第504页。

徙进关。天津本为京都门户,又是连接辽东的要道,因此出于安置流民和保障军粮的目的,天津再度出现了屯田的热潮。

天启二年(1622),巡按御史张慎言见静海、兴济、盐水沽(今咸水沽)一带原本的膏腴之田现在已尽数荒废,深觉可惜,故上疏请求仿效通判卢观象的方法,大力复垦土地:"今观象开窦家口以南田三千余亩,沟洫芦塘之法,种植疏浚之方,皆具而有法,人何惮而不为?"[1]进而他提出了垦田的五种方法,即官种、佃种、民种、军种和屯种。朝廷采纳了张慎言的建议,随即任命太仆卿董应举兼河南道御史,管理天津至山海关一带的屯田事宜和安置辽民的事务。天启四年(1624)董应举抵达天津之后开始进行实地考察,他在奏疏中写道:"臣近到天津,历何家圈、白塘口、双港、辛庄、羊马头、大人庄、咸水沽、泥沽、葛沽,见汪司农往日开河旧迹犹存,可作水田甚多。荒废不久,开之甚易,一亩农工,止用八钱,可得粟三石三斗;久荒者,亩用农工一两。其挑浚旧河,为力不多,只须挑浚数尺,明年万石之粮可必也。"[2]为此董应举提出民屯、兵屯、州县屯三种办法,开始了他的屯垦实践。《明史》上记载:"乃分处辽人万三千余户于顺天、永平、河间、保定,诏书褒美。遂用公帑六千买民田十二万余亩,合闲田凡十八万亩,广募耕者,畀工廪、田器、牛种,浚渠筑防,教之艺稻,农舍、仓廥、场圃、舟车毕具,费二万六千,而所收黍、麦、谷五万五千余石。"[3]天启三年至四年的两年期间,董应举用于屯田的屯本为26300两,而两年的屯田收入则高达64000两。

此外,董应举鼓励兵屯,奏令驻防天津葛沽一带的海防营水陆兵参与屯垦。在董应举的积极争取下,天启五年(1625),天津海防营水陆兵约2000人均划拨给他进行统筹管理。这主要是由于海防营熟悉屯田事务,早在万历四十三年(1615),海防营就有533.33公顷屯地。在此基础上,董应举分派每人6亩(0.4公顷)的指标任务,并折以现银(每亩0.6两)顶饷,由此减少了兵饷的支出。他在奏疏中说:"最

---

1. [清]张廷玉等撰《明史·河渠六》,第2172—2173页。
2. [清]孙承泽《春明梦余录》卷三十六,北京:北京古籍出版社,1992年版,第623页。
3. [清]张廷玉等撰《明史·董应举传》,第6289—6290页。

便莫如即以葛沽见在屯兵与臣，春耕可供浚筑，秋收可资搬运，洪水暴涨，更可借其护堤。所收麦米，可抵月粮，随收随给，不待久顿于晒场，且以所收抵饷，不待全仰于度支，未必非小补也。"[1] 此外，董应举还建议以屯官的垦田多寡、获利多少作为依据进行岁终考核，论及功过。这种办法可以在很大程度上激励屯垦的积极性，有益于屯垦规模的持续扩大。不过这一建议并未得到天津巡抚李邦华、黄运泰的支持，当地官员认为过多强调兵屯会导致操练荒废，官兵士气衰退，甚至会危及海防安全。针对这种普遍存在的观念，董应举进行了辩驳。他强调屯田不仅不妨碍操练，而且在集体劳作中更容易增强士卒的协同能力。屯田本身即是操练，"农兴力作，农隙操练，兵不坐食，心力齐一"[2]，"若夫屯兵，三时耕作则力齐，千耦合作则心齐，固已无时不练"[3]。随着董应举的离任，兵屯之事又毫无意外地逐渐停止了。

（2）左光斗

左光斗，字遗直，桐城人，万历三十五年（1607）进士，万历四十八年（1620）任屯田御史，力主开垦土地，富民强国。他还推荐河间府屯田水利通判卢观象主持开垦天津水田。左光斗之所以这样做，一是由于卢观象是坚定的屯垦派，曾先后任天津卫判官、河间府屯田同知、左军都督府经历等职，曾上屯政条议。二是因为卢观象曾在荒田数载，躬耕实践，熟悉屯田事务，"开寇家口以南田三千余亩，沟洫芦塘之法，种植疏浚之方，皆具而有法"[4]。

天启元年（1621），左光斗任巡按直隶兼提督学政，主张把农政作为考核地方官政绩的主要标准，这有助于天津的水利建设和屯学的建立。针对北方人不擅长种植水稻而北方赋税要比南方轻的特点，左光斗招募南方人来北方教人种水稻。他把屯田、办学和科举相结合，其宗旨是"储材积粟，以广文教，以训武备事"[5]。他兴

---

1. ［明］董应举《请兑麦请屯兵疏》，《崇相集》，《四库禁毁书丛刊·集部》第102册，北京：北京出版社，1998年版，第65页。
2. ［明］董应举《今古屯田利害》，《崇相集》，《四库禁毁书丛刊·集部》第102册，第122页。
3. ［明］董应举《屯田练兵省饷疏》，《崇相集》，《四库禁毁书丛刊·集部》第102册，第85页。
4. ［清］张廷玉等撰《明史·河渠六》，第2172—2173页。
5. ［明］陈子龙等选辑《明经世文编·左宫保奏疏》，北京：中华书局，1962年版，第5482页。

办屯学,即专门为屯军及其子弟设立的学校,设有秀才名额。屯童入学,给予武生衣巾,授之水田百亩,使其耕种,每亩收租稻谷一石(100升)。屯学开办时,规定"入籍屯童俱赴天津开垦"[1],各州县旧垦者不准算。若要进入屯学学习,需要学骑射;录取的屯生,还给予一定的土地让其耕种;屯学童生还可以免去县试,直接进行院试。结果,"人争趋如流水"[2],对天津农田水利建设和经济发展起到了推进作用。屯田、屯学还不需要国家财政支出,做到了自给自足。天津兵备副使王祖宏评价说:"昨岁六百亩,今为四千亩,向之一望青草,今为满目黄云,鸡犬相闻,鱼蟹举纲,风景依稀,绝似江南。"[3]

董应举、左光斗和卢观象虽分属不同的行政系统,但屯垦的目标是一致的,终于使围田垦稻在明末达到高潮。当时葛沽所产稻米品质颇佳,几乎与南方水稻优良品种"白玉堂"齐名。葛沽亦从"咸言斥卤不可耕"[4]之地变为土地膏腴之"小江南",曾有诗赞之曰:"做粥葛沽稻粒长,汁挹晶碧类琼浆。"[5]

明末,随着努尔哈赤进攻的加剧,京师居民及军需的用粮已到了公私俱困、南北皆乏的境地,仓场侍郎赵世卿大声疾呼:"太仓入不当出,计二年后,六军万姓将待新漕举炊,倘输纳愆期,不复有京师矣。"[6]严峻的形势让最高统治者不得不重启京畿地区兴办农田水利及水稻种植的工作。然而明王朝后期,围绕漕运形成大量利益集团,他们以"百万漕工衣食所系"为借口,阻挠屯田种稻。当权者只看重门户私利,有识之士也无法将国运扳回正轨。

---

1. [明]左光斗《请开屯学疏》,[清]唐执玉等纂《畿辅通志》卷九十三,《景印文渊阁四库全书》第506册,第214页。
2. [明]左光斗《请开屯学疏》,[清]唐执玉等纂《畿辅通志》卷九十三,《景印文渊阁四库全书》第506册,第214页。
3. [明]左光斗《请开屯学疏》,[清]唐执玉等纂《畿辅通志》卷九十三,《景印文渊阁四库全书》第506册,第214页。
4. [清]张廷玉等撰《明史·汪应蛟传》,第6266页。
5. [清]周楚良《津门竹枝词》,[清]郝福森《津门闻见录》,《天津图书馆孤本秘籍丛书》第2册,北京:中华全国图书馆文献缩微复制中心,1999年版,第66页。
6. [清]张廷玉等撰《明史·食货三》,第1921页。

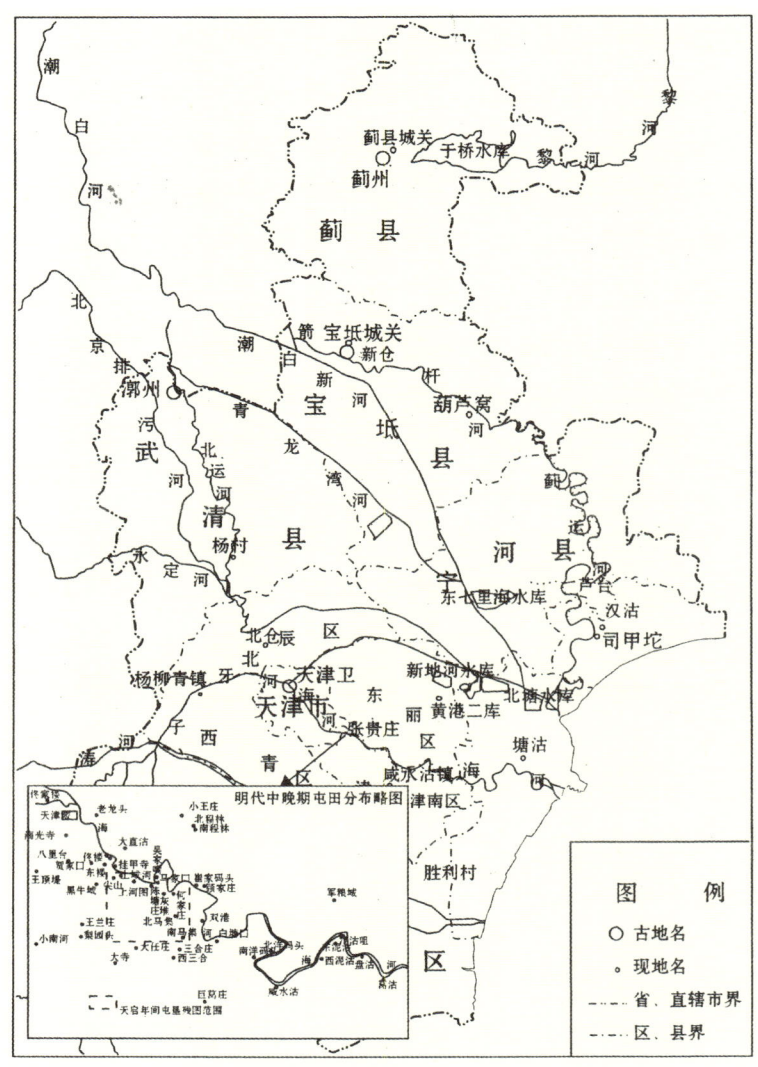

图 3-15 明代天津屯田示意图
(引自崔士光主编《滨海城市：天津农业图鉴》，第 175 页)

3.3.2 清代

清雍正二年（1724），天津改卫为州，雍正九年（1731）又升州为府，并另设天津县，天津城也成了地方行政中心。天津的屯田种稻贯穿整个清朝，并出现了三个高峰，即康熙、雍正以及光绪年间。通过分析蓝理营田、允祥营田和盛军营田的缘起、成效，我们可以看出清代天津水田耕种的一个突出特点是从沿河开垦逐渐发展成开垦离河较远的荒地，把防洪、排涝、洼地利用和水利营田等多项事业结合起来，由此也推动了天津城市的形成与发展。

1. 康熙年间

（1）蓝理营田

康熙皇帝在农业科学史上有不可磨灭的功绩，他曾在丰泽园亲自参与选育御稻米，又向长城以北地区推广御稻米种植技术，对我国北方稻作文化的发展起到了重要的推动作用。康熙四十三年（1704），为扩大御稻米的种植，清政府指令宝坻试种数百公顷，因稻种来自皇家苑田，故称为"御稻"。宝坻也是天津唯一种植这种稻谷的地区，意义非凡。

康熙三十七年（1698），直隶总督李光地上疏请求在直隶开垦水田。康熙帝认为"水田不可轻举"，因为北方水土不同于南方，水难以积蓄，不利于大规模推广。康熙四十二年（1703），康熙皇帝在承德避暑山庄亲自实践，开辟大片水田试种水稻，培育了京西稻，大获成功，"故山庄稻田所收，每岁避暑用之，尚有赢余"[1]。

承德试种成功后，康熙四十三年（1704），天津总兵蓝理题请在天津等处开垦水田。此时永定河已经得到治理，直隶水利状况得到改善，于是康熙帝同意加以考虑。后经奏准，从康熙四十四年（1705）起，蓝理开始在天津试种水稻。他是清代第一位在天津推广水田的官员，"城南蓝田及贺家口围田引用海河潮水仍泄水于本河……河渠圩岸周数十里，垦田二百余顷，招浙、闽农人数十家，分课耕种"[2]。蓝理是福

---

1. [清] 唐执玉等纂《畿辅通志》卷八，《景印文渊阁四库全书》第504册，第127页。
2. [清] 唐执玉等纂《畿辅通志》卷四十七，《景印文渊阁四库全书》第505册，第91页。

建漳浦人，开田之初，他曾招募福建有经验的农民 200 余人，开垦土地 660 余公顷。此后又招募江南等地被迫离开土地而又无他业的农民，"安插天津，给与牛粮，将沿海弃地尽行开垦"[1]。康熙四十五年（1706）三月，蓝理与直隶巡抚赵宏燮再次上疏康熙皇帝，要求"将直隶所属荒田及下洼地开垦为水田"[2]，还建议"不分旗民南北之人，有情愿开垦者，亦令照丁给与，如有用官员捐助牛种耕种者，三年后升科；如自备牛种耕种者，六年后升科，其田给与开垦之人为业"[3]，并提出江南等省的兵士和犯人，若有意愿到天津垦田，可以给他们分配土地和耕牛，以此鼓励南人来津。

（2）屯田成果

在垦田实践中，蓝理在天津城南垦田 1300 余公顷，用海河潮水，仍泄水于本河以灌田，同时招徕浙江、福建"农人数十家，分课耕种，每田一顷，用水车四部"[4]。蓝理对小站稻的贡献主要体现在对水利灌溉设施的改善上。他从海河及护城河开挖引河，把引河变成干渠。一是贺家口引河，自天津城南八里台经佟家楼（今佟楼）至海河边；二是华家圈引河，沟通城南护城河与贺家口引河。这两条河互相连通，贺家口引河可利用海河潮水灌溉，如潮水上溯不足，又可经华家圈引河从护城河引一部分水使用。蓝理还以这两条河为干渠，发展渠系，形成河渠圩岸数十里的水网。（见图 3-17）水网解决了所垦稻田的灌溉问题，过去只是沿海河干流南岸开垦稻田，后扩展到津南的大片洼地，为日后小站地区稻田的开发打下了基础。《畿辅通志》曾记述这片洼地"雨后新凉，水田漠漠，人号为'小江南'

图 3-16 蓝理画像

---

1. 《圣祖仁皇帝实录》卷二一八，《清实录》第 6 册，北京：中华书局，1985 年版，第 207 页。
2. 《圣祖仁皇帝实录》卷二二四，《清实录》第 6 册，第 254 页。
3. 《圣祖仁皇帝实录》卷二二四，《清实录》第 6 册，第 254 页。
4. [清] 唐执玉等纂《畿辅通志》卷四十七，《景印文渊阁四库全书》第 505 册，第 91 页。

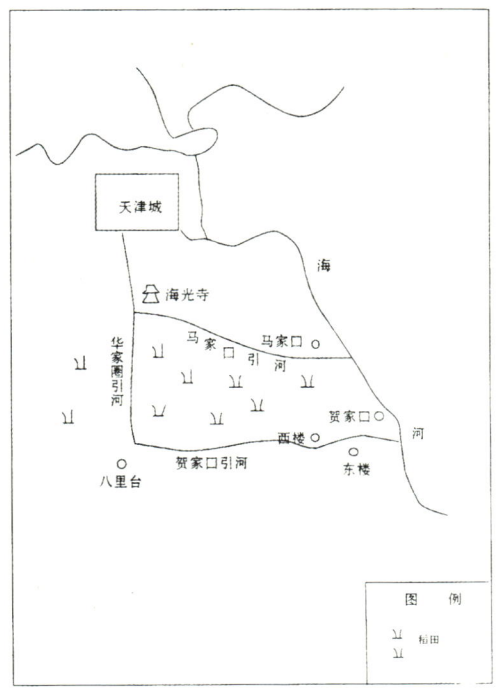

图 3-17 蓝理营田示意图
（引自崔士光主编《滨海城市：天津农业图鉴》，第 184 页）

云"[1]。蓝理在营田区内奏请建立海光寺，以僧人湘南为住持，湘南又为水田排灌兴建了一些配套工程。整体上，康熙年间蓝理在天津的营田只是初步尝试，恢复了历史上的稻田种植。

2. 雍正年间

雍正年间天津的水利营田取得了较大的成效。雍正初年，汪应蛟的"十字围"和蓝理营田的遗迹尚存，而且此时清王朝的内外府库也出现了亏空。于是，为避免出现明朝晚期的情况，在怡亲王允祥的主持下，清政府设立了水利营田府，并遵循

---

1. ［清］唐执玉等纂《畿辅通志》卷四十七，《景印文渊阁四库全书》第 505 册，第 91 页。

徐贞明的治水营田种稻思想，在直隶推广水稻种植。数年间，直隶地区就成功地大面积推广了水稻，且"岁以屡丰，穗秸积于场圃，粳稻溢于市廛"[1]，成为雍正皇帝治国的一大成就，也为乾隆皇帝一系列的"文治武功"打下了基础。

（1）允祥营田

雍正三年（1725），海河流域遭遇大水灾，清政府遂指派怡亲王允祥和大学士朱轼主持畿辅水利，"慨然欲复汪司农之旧迹，发帑委员寻求经理"[2]。第二年，陈仪随怡亲王、朱轼巡视、治理畿辅水利。雍正五年（1727），设水利营田府，分京东、京西、京南和天津四个营田。（参见表3-1）其中陈仪领天津局。

陈仪，字子翙，文安人，清代学者，治水专家。直隶大小70多条河流，他亲自勘察了十之六七。著有《直隶河渠志》，记述了渤海、海河、卫河、白河、淀河、东淀、永定河、清河、会同河、中亭河、西淀、赵北口、子牙河、千里长堤、滹沱河、滏阳河、宁晋泊、大陆泽、凤河、牤牛河、窝头河、鲍邱河、蓟运河、还乡河、塌河淀、七里海的相关信息，如名称（别名、俗称）、干流、支流、工程、存在的问题以及解决方案等。陈仪在长期的实践中形成了系统的治水思想，如治河首重下口、重视淀泊、主张分减水势等，这在其辅佐允祥垦田的过程中发挥了巨大作用。时人评价他："燕赵诸水，条分缕析，前有郦道元，后有郭守敬，公实兼之。"[3]他认为，天津"欲治河，莫如先扩达海之口。欲扩海口，莫如先减入口之水。入口之水减，则达海之口宽"[4]，从而使"北永定，南子牙，中七十二沽，皆得沛然入三岔口而东注矣"[5]。陈仪领垦天津府期间，兴修水利，教大家栽蒲插苇、植莲种稻，曾著《水利营田图说》，详细记载了他的营田经验，"筑十字围，三面通河，开渠与河水通，潮来渠满则闭之，以供灌溉"[6]。这次营田，海河干流右岸附近的大片土地得到了开发，总面积是明代

---

1. ［清］唐执玉等纂《畿辅通志》卷四十六，《景印文渊阁四库全书》第505册，第73页。
2. ［清］唐执玉等纂《畿辅通志》卷四十七，《景印文渊阁四库全书》第505册，第91页。
3. ［清］钱仪吉纂录《碑传集》，周骏富辑《清代传记丛刊》第108册，台北：明文书局，1985年版，第662—663页。
4. 赵尔巽等撰《清史稿·陈仪传》，北京：中华书局，1977年版，第10293页。
5. 赵尔巽等撰《清史稿·陈仪传》，第10293页。
6. ［清］钱仪吉纂录《碑传集》，周骏富辑《清代传记丛刊》第108册，第663页。

表 3-1 雍正年间所设水利营田局

水利营田局	界限	范围
京东局	白河以东	统辖丰润、玉田、蓟州、宝坻、平谷、武清、宁河、滦州、迁安等州县
京西局	苑家口以西	统辖宛平、涿州、房山、望都、唐县、安肃、新安、霸州、任丘、安州、行唐、新乐、满城等州县
京南局	滹沱河、滏阳河以西	统辖正定、平山、井陉、邢台、沙河、南和、磁州、永年、平乡、任县等州县
天津局	苑家口以东	统辖天津、静海（包括今天的津南区、河西区等区域）、沧州以及兴国、富国二场

十字围田的四倍，"白塘、葛沽间斥卤尽变膏腴"[1]。营田规模的逐步发展，使一部分围田逐渐扩大而连成一片，如蓝田与贺家口围田，东泥沽围田与西泥沽围田等。各围田的引水渠道逐渐向离河较远的洼地延伸，形成了互相连通的引河。

（2）屯田成果

自雍正五年（1727）清政府设立水利营田府，并分京东、京西、京南和天津四个营田局以来，屯垦表现出了规模较大、治水与治田相结合、官营与民营相结合等特点，为后世积累了宝贵的经验。以京东局为例，雍正五年，清政府大力开展挖渠引水，先后在蓟运河右岸及箭杆河两岸建石闸、砖涵23座，借潮汐通流串通沟渠，改碱垦荒，营稻田400公顷。雍正六年（1728）张头窝一带开发稻田555公顷，雍正七年（1729）下王各庄等处垦植稻田近350公顷。此时，京东局辖区的许多荒碱地都被改造成了肥沃的稻田。

雍正年间清政府在津营田种稻情况如下：

蓟州：引大小海子之水泄于淋河。淋河为蓟州主要河流之一，它接纳了州北各

---

1. 赵尔巽等撰《清史稿·陈仪传》，第10293页。

山泉，又与沟河汇流，颇有灌溉之利。怡亲王在蓟州城附近沮洳之地"疏导山泉，置闸开渠"[1]，营田330多公顷。

宝坻：怡亲王按当年袁黄在宝坻改水种稻的经验，"营田，引蓟运河潮水，仍泄水于本河。……疏涤旧渠，建置闸洞，汲引浇灌，濒海泻卤，渐成膏腴"[2]。

宁河：境内的蓟运河"涯广流深，潮汐最盛，沽道颇多。民间引岸以灌……浚渠置闸"，使得"沿河数十村俱成稻田，沟塍绣错，阡陌交通，宛似江乡风景"。[3]

武清：引凤河之水营田。凤河自南苑流向东南，至武清埝上村断流，河道渐渐淤为平地，一遇雨涝，漫流四野，运河堤岸亦受其浸啮。怡亲王治河，将凉水河分引至埝上村，沿凤河故道浚深，使凉水河经凤河故道入淀，并在桐林等村疏渠，分引凤河水，用以溉田。雍正五年，县治西北桐林村等处营治稻田120公顷。

天津（先为州，后为天津府并附县）：引海河潮水营田。雍正五年，怡亲王在城南蓝田旧址处"浚旧渠，引潮水灌溉滋培，秧苗蕃盛，于是官民竞劝，共营田三十余顷，俱获收获"[4]。第二年，营田观察使黄世发自营33公顷。贺家口围东濒海河，因桥建闸，周围筑埝，围内开渠，引海河潮水灌溉，共营田259.5公顷，官民自营60公顷。

静海（包括今津南区）：陈仪领垦，恢复了废弃的蓝田，又循明朝汪应蛟屯田旧迹，仿其围田之法，引海河潮水营田，此后官营、自营水田竞相扩展。何家圈围：雍正五年，循汪应蛟屯田旧迹营田554公顷，民间自营156公顷。吴家嘴围：雍正五年，在冯家口建闸引水，并设涵洞三座，分渠灌溉，营田186公顷，民间自营96公顷。双港围：循汪应蛟屯田旧迹开筑，东与何家圈围沟渠相通，营田255公顷，民间自营258公顷。白塘口围：其闸基是汪应蛟屯田旧迹，循其旧迹营田431公顷，民间自营31.5公顷。辛庄围：循汪应蛟屯田旧迹营田411公顷，民间自营4公顷。

兴国、富国二场（归天津县管辖）：循汪应蛟、董应举屯田旧迹开筑，东西围各建进水闸一座、泄水涵洞两处，营田235公顷，民间自营田42公顷。

---

1. ［清］唐执玉等纂《畿辅通志》卷四十六，《景印文渊阁四库全书》第505册，第77页。
2. ［清］唐执玉等纂《畿辅通志》卷四十六，《景印文渊阁四库全书》第505册，第77页。
3. ［清］唐执玉等纂《畿辅通志》卷四十六，《景印文渊阁四库全书》第505册，第78页。
4. ［清］唐执玉等纂《畿辅通志》卷四十七，《景印文渊阁四库全书》第505册，第91—92页。

表 3-2　雍正时期营田统计表[1]

区域	年份	地点	营田(公顷)	自营(公顷)	共营(公顷)	备注
蓟州	雍正五年	大屯庄、三家店、山冈庄等	137.6	196	333.6	山冈庄、郑各庄、马伸桥等处营田引大小海子等泉之水。雍正九年，改旱田89公顷。
	雍正六年	三家店、丁家庄、夏各庄等	30.3	12.99	43.29	
宝坻县	雍正五年	尹家圈、八门城等	170	228.6	398.6	建闸洞，汲引灌溉。雍正九年改旱田310公顷。
	雍正七年	下王各庄等	299	50.6	349.6	
武清县	雍正五年	桐林村	120	—	120	引凤河水灌溉
宁河县	雍正五年	西关、东关、东窝庄、南窝庄、岳旗庄、江潢口、崔成庄、齐家沽等	223	332	555	雍正九年改旱田247公顷。芦台一带民利鱼盐，不以沾涂自给，多改为旱田。
	雍正七年	芦台等	—	136	136	
天津县(先为州)	雍正七年	贺家口围	259.5	60	319.5	其西半部原为蓝田
静海县	雍正五年	何家圈围	554	156	710	原为汪应蛟屯田
		吴家嘴围	186	96	282	—
		双港围	255	258	513	原为汪应蛟屯田
		白塘口围	431	31.5	462.5	原为汪应蛟屯田
		辛庄围	411	4	415	原为汪应蛟屯田

1. 参见[清]唐执玉等纂《畿辅通志》卷四十六、卷四十七，《景印文渊阁四库全书》第505册，第77—79、91—93页。

续 表

区域	年份	地点	营田（公顷）	自营（公顷）	共营（公顷）	备注
沧州（归天津县）	雍正五年	葛沽、盘沽	4	32.7	36.7	原为汪应蛟屯田
		东泥沽、西泥沽	235	42	277	原为汪应蛟屯田，后为兴国、富国两盐场。

3. 咸丰、同治、光绪年间

（1）崇厚营田

雍正年间的京东营田活动主要集中在雍正四年到七年（1726—1729）之间，在怡亲王允祥和陈仪的主持下，京东种稻达到了高峰。乾隆二年（1737），随着乾隆皇帝听民之便诏令的颁布，许多地方都将水田改为了旱田。到乾隆二十七年（1762），皇帝诏谕："盖物土易宜，南北燥湿，不能不从其性。倘将洼地尽令改作稻田，当雨水过多，即可借以潴用，而雨泽一歉，又将何以救旱？从前近京议修水利营田，未尝不再三经画，乃始终未收实济，可见地利不能强同。"[1] 乾隆之后，京东营田种稻并没有什么亮点，清朝中晚期之后又陷入了明末的困境，无暇推广此事。咸丰和同治年间，先后有僧格林沁和崇厚在津营田种稻。光绪年间内忧外患，小站稻却在周盛传的苦心经营下达到了历史的高峰，为晦暗的时代增添了一丝亮彩。

咸丰初年，僧格林沁督兵大沽海口，并在咸水沽营田236公顷，葛沽营田50公顷，面积并不大。其营田方法仍是挑沟建闸，引潮水灌溉，并就地招募农民，发放资金，鼓励认种，不过因为水患，营田无果。其后，营田移交崇厚管理，其屯田思路仍然是依附于海河。

1.《钦定八旗通志》，《景印文渊阁四库全书》第667册，第542页。

崇厚营田，因排地而成名。排地位于今东丽区，因分地成排而得名。同治四年（1865），兵部尚书万青藜会同顺天府尹卞宝第上书称："宁河县与天津县交界地方有荒地六七十里，旷无居民，地方废弃可惜。查宁河县所属塌河淀、军粮城等处滨临海隅，若引水灌溉，可开稻田一千余顷，岁可税稻米十数万石。北地仓储、近畿民食，均有裨益。"[1] 十月同治皇帝诏谕曰："即着崇厚派委妥员会同地方官前赴军粮城一带履勘情形，酌议章程，会同顺天府府尹、直隶总督奏明，请旨办理，以兴地利而裕民食。"[2] 同治五年（1866）正月又下诏谕曰："兹据万青藜等勘明，海河北岸自邢家沽起，至卧河村止，开浚环渠。中开泄水渠一道，渠旁两岸可开垦稻地五百余顷，计须渠工约银八千数百两。此项银两准由崇厚借款兴办，即着督饬委员，招户认垦……"[3] 直隶总督崇厚遂于当年率军队在军粮城以西开渠三道，即今西河、中河、东河，辟稻田 500 余顷（3300 余公顷），分成 56 排，招民认垦。这 56 排军垦地即被后人称为"排地"。（参见图 3-18）。排地的范围有民谣为证："排地占地五百顷，南北分别到大堼。小红桥西五顷地，往东五里军粮城。"此外崇厚还拟定了认垦章程《同治年间军粮城试垦水田条款》，规定认垦初年，每亩纳水利银八厘，每年递增二厘五毫，加至十年，以三分水利银为止，永不增加，并发给"永远为业"执照，排地由此兴旺起来。《清史稿·崇厚传》记载："（同治）五年，贷款垦海河北岸，首邢家沽讫卧河村，中泄为渠，辟稻田可五百顷，手订试垦章程，于是两岸为沃野。"[4] 镌刻于光绪十一年（1885），现藏于天津东丽博物馆的《李鸿章德政碑》，对排地这段历史也有所记载。排地开辟后，由于开种稻田需要大批劳动力，因此众多来自各地逃荒、扛活、打短工的穷苦人到此地谋生，逐渐形成了排地 36 村（后合并为 18 个行政村）。

排地因地处海河下游，接近海口，河流南北相通，水源充足，因此成为盛产水稻、鱼蟹的鱼米之乡，素有"小江南"之称。"稻米香，瓜如蜜，棉花纤维长又细，螃

---

1. ［清］李鸿章等修《畿辅通志》卷七，《续修四库全书》第 628 册，第 278 页。
2. ［清］李鸿章等修《畿辅通志》卷七，《续修四库全书》第 628 册，第 278 页。
3. ［清］李鸿章等修《畿辅通志》卷七，《续修四库全书》第 628 册，第 279 页。
4. 赵尔巽等撰《清史稿·崇厚传》，第 12476 页。

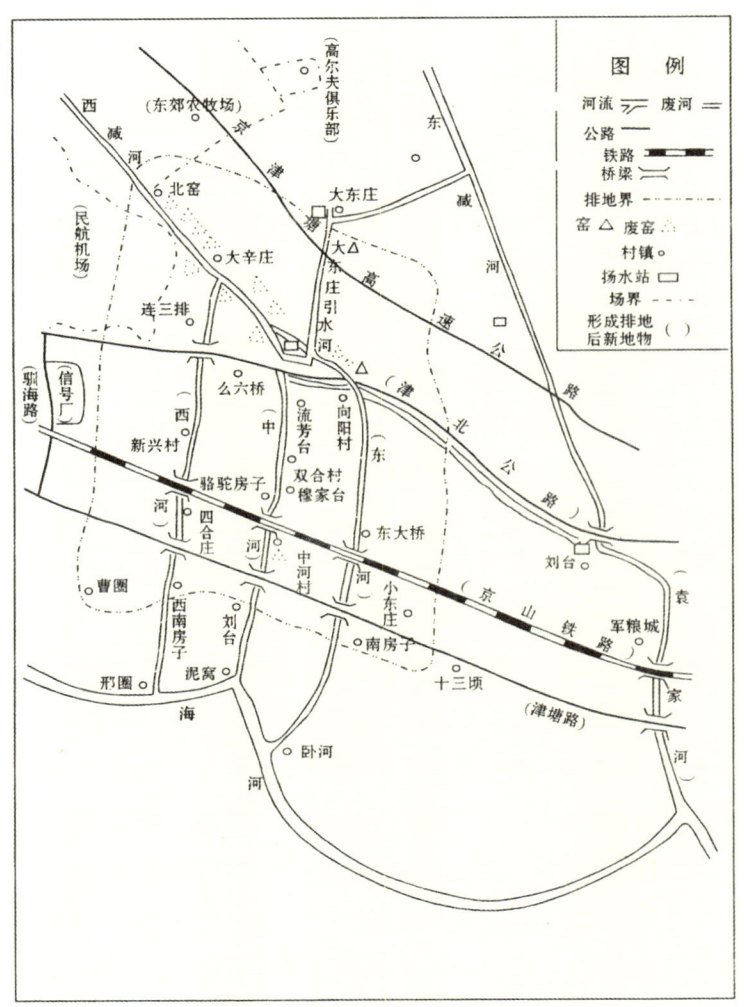

图 3-18 崇厚营田排地范围示意图
（引自崔士光主编《滨海城市：天津农业图鉴》，第191页）

蟹爬进饭锅里"也印证了排地的物产丰富。排地水稻品种优良，河水淡甜，肥料以有机肥为主，所产米粒大而圆，煮饭汁液稠而晶莹，米粒油亮润滑，香味浓郁，为米中上乘之品。排地瓜以皮薄籽小、香甜可口享誉津门。排地棉花因色白、纤维细长、手感柔软而备受天津纺织业的欢迎。排地居民多将三者轮作，获益颇多。不过在新中国成立前,由于排地的劳动人民深受地主和高利贷者的双重剥削,再加上各类天灾人祸,因此排地虽以物产丰饶著称,却也民不聊生。

(2)周盛传营田

周盛传,字薪如,合肥人,淮军主要将领之一,与其兄周盛波共同征战沙场,曾参与镇压太平军和捻军,后担任拱卫京师的重任,在天津练兵、屯垦。不仅积极提倡并学习近代先进的军事技术,而且兵农并重,功勋卓著。李鸿章评价周氏兄弟"璘玢齐名"。

同治九年(1870),李鸿章移督直隶,勘察得知津东一带大片荒地无人承种,甚感可惜,于是令直隶防军兴办屯田。同治十年(1871),周盛传及其率领的盛军移屯青县马厂。两年后,筹办大沽、北塘及新城防务,仅是军队的日常供给就十分繁重,因此周盛传及盛军在李鸿章的授命下开始办理屯田事宜。他反复查勘天津东南纵横百余里的荒芜之地,提出了以疏引河沟、开挖河渠、引淡排碱为主体的兴水利、改土壤、开稻田的方案。

光绪元年(1875),周盛传率马步十三营由马厂移驻小站,扎营18座,开始了"盛军营田"。他在东自新城,西至马厂的范围内,沟通海河与南运河,大兴水利,涤卤刷碱。虽然当时小站一带地势低洼,积涝成灾,芦苇丛生,盐碱斥卤,并不适合种植农作物,但在周盛传及盛军开挖马厂减河,垦荒种稻之后,濒河4000公顷斥卤之地被改造成了可耕之田,也直接促进了以小站为中心的稻田灌溉区的形成。屯垦不仅使盛军在很大程度上实现了自给自足,大大减轻了军需负担,而且在促进防区城镇建设方面也起到了重要作用。

当时小站附近的土地虽然荒芜,但仍是有主之地,顺治皇帝曾允许八旗子弟"跑马圈地",后又几经炒卖,分散在不同的业主手中。盛军要进行统一屯田,就必须赎买这些分散在不同

图3-19 周盛传像

人手中的土地。垦荒所需费用甚巨，开河建闸、挑沟筑圩、买耕牛、盖房屋、购农器、修建水车所需费用均先从盛军月饷内挪垫，等稻田收获之后再从中扣除。当时小站垦区和新城垦区共购地9100公顷，花费42690串零831文钱。[1]有耕地就不愁无耕民，开垦成功之后，周盛传募人领种，让富人认垦，或者发放给来归之流民，更招募南方精通种稻之人来此耕种，传播种稻之法。

《盛军屯田图》是绘制小站开垦布局的原始图，它由8轴6尺（2米）的条幅组成，藏于天津博物馆，据推测是光绪五年（1879）由盛字中军营务处绘制的。该图是周盛传统一改造津南土地时，从地户手中收购的土地绘图契约的总录，图上清楚地标明了小站垦区和新城垦区收购的每块土地。

完成土地集中之后，盛军开始兴建农田水利设施以解决水源灌溉问题。周盛传曾多次与李鸿章商议屯垦之法，并积极总结历史上垦田的经验教训。为了制定适宜的屯垦政策，周盛传留心观察地形，询问当地农民，搜集前人垦田和兴修水利的方法并分析出后来废置的两点原因：其一，引水河沟的规制太窄。海滨土质疏松，一遇暴雨，浮沙、松土便会流入河沟，若不加挑挖，河沟很快就会淤积成平地。其二，修建石闸不牢。以前修建的闸只用石灰铺砌，遇水则泻；再加上潮汐上下冲刷，日久必然导致倾塌。针对前人垦田的弊病，周盛传苦思变易之方，最终发现要使垦田发挥实效，必须采取"引甜刷咸"的方法，实行咸淡分流，才能为垦田区提供优质的灌溉水源。他提出仿照南方圩田的耕作方法，在可垦田地里选择居中之处开河筑堤，"广置闸涵，就上游节节引水放下，以时闭泄田中积卤，常有甜水冲刷，自可涤除净尽，变为膏腴"。[2]即在咸水沽建闸，增开引河河道朝东灌，并开减河（马厂减河）

---

1. 小站垦区共购地1138顷零63亩（7591公顷），花费35027串零200文。这里原为67户人家的土地，其中来自咸水沽的43家、葛沽的16家、杨岑子的6家、徐家坨子的1家、汪家圈的1家。小站屯垦最大的耕作单位仍叫"围"。1围长宽各0.5公里，合田540亩（36公顷），除沟、路占田127亩（8.47公顷），实垦413亩（27.53公顷）。每围实际所剩积田又分16等份，每份约1.7公顷，叫作一田。垦治一田的计划投资为牛水车1辆，合大钱20吊；车棚1间，合大钱16吊；庄房4间，合大钱120吊；车水造田牲口1头，合大钱30吊；犁、耙、锹、锄、杠、筐、绳索全副，合大钱8吊；耕牛放喂需人工3名，合大钱72吊；草料，合大钱21吊600文；总计需大钱287吊600文。

2. [清]周家驹编《周武壮公遗书》，《近代中国史料丛刊》第39辑，台北：文海出版社，1966年版，第672—673页。

图 3-20 盛军屯田

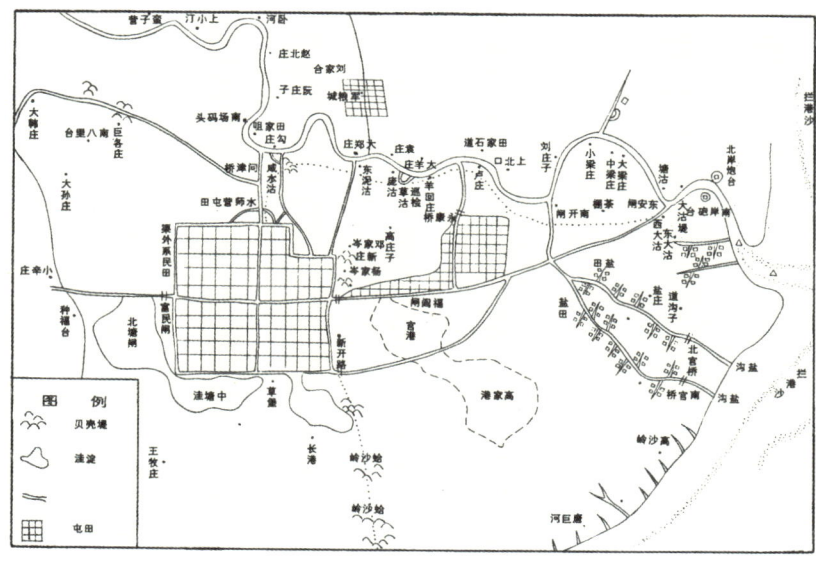

图 3-21 盛军小站一带屯田图
（引自张树明主编《天津土地开发历史图说》，第 137 页）

冲刷卤地，这样才能从根本上为大面积开垦荒地提供保障，"大抵减河去一分之势，如人之食饮有脏胃以融化，有尾闾以疏消，自不至食饱滞溢"[1]。周盛传通过开挖马厂减河，另辟灌溉水源，摆脱了对海河水的过度依赖。据《天津水利志》卷十《津

---

1. ［清］周家驹编《周武壮公遗书》，《近代中国史料丛刊》第 39 辑，第 749 页。

南区水利志》记载,光绪元年(1875),周盛传令淮军士兵移屯小站,开挖马厂减河,其首端在今静海区唐官屯镇靳官屯村,与御河(南运河)相通。作为小站地区种水稻的专用河,周盛传规定沿途不准兼作他用,从而保障了小站稻的灌溉水源。

  光绪二年(1876),盛军开挖减河下游,自新城至大沽入海一段,在今滨海新区南开村别开支流,并于西沽、南开、西小站各建石闸1座。光绪三年(1877),改咸水沽通天津的独孔木桥为铁柱三孔石板桥,增建咸水沽西南2.5公里处五孔木桥;开新城东南经北店子、南天门、宁家圈、黄家台至西小站减河(今八米河)20公里,建闸1座,以排咸水。又于新城小西河上游,傍减河右堤外,开支河20公里达西小站以进甜水,并在西小站左侧建石灰闸1座。光绪四年(1878),开泥沽通海河至东大站沟通马厂减河(今双桥河)10公里,建石灰木闸3座;咸水沽绕潘家沟至仁字营10公里,沟通海河与横减河,建石闸、灰闸各1座;咸水沽减河至小站

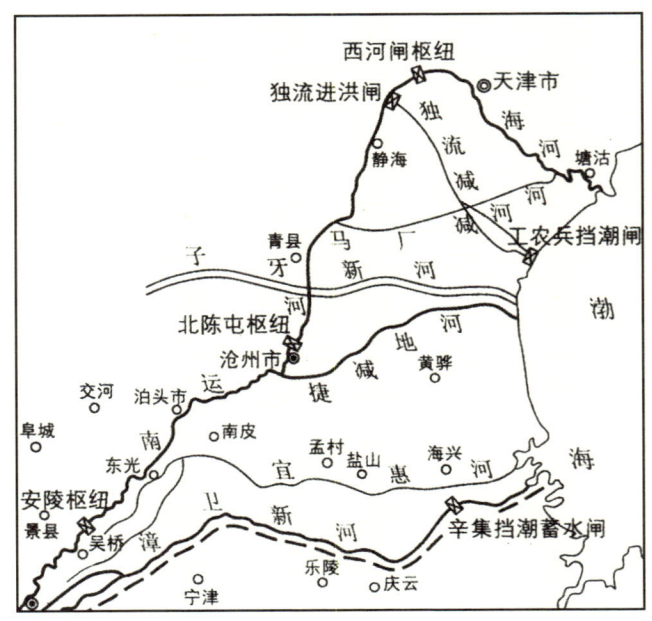

图 3-22 马厂减河流向

(引自海河志编纂委员会编《海河志》第二卷,北京:中国水利水电出版社,1998年版,第6页)

图 3-23　盛军开挖减河

街心河 10 公里，建石券闸 2 座；咸水沽减河至西小站减河（今四丈河）10 公里，建石闸、灰闸各 1 座；东大站至小站河 5 公里。光绪五年（1879），开泥沽、咸水沽一带咸水河（含今跃进河）20 公里。改建咸水沽、小站等地石闸，筑新城大闸，基础密排梅花桩，上覆三合土，盖青石板，以糯米汁调碎石子和蛤蜊灰粘合。闸板以铁条、螺钉连接为整体，或以生铁铸成，并装有滑轮，可任意启闭，并依此法改建、新建了多处石闸。

光绪六年（1880），马厂减河竣工，全长 75 公里。沿河分建石柱、铁柱板桥 4 座、大型闸 6 座，下游开横河 6 条（即今四丈河、月牙河、双桥河、跃进河、新城小西河、南开河），分注海河。马厂减河为主干渠，自静海靳官屯九宣闸导南运河河水向东北流至今滨海新区大沽口（新城镇），历经百年，至今仍在使用，代表了当时国内水利科学技术的最高水平。其中西小站富民闸与靳官屯闸互为表里，承担着汛期排洪和蓄水灌溉的任务，保证了小站垦区的灌溉水源。

图 3-24 九宣闸今貌

盛军在小站营田前后20多年，不仅拓植了小站稻、建立了小站（新农）镇，而且奠定了海河南岸农田水利的基本结构。小站垦区沟洫、汊河纵横交错，引甜水灌溉，排咸水刷碱，渠系分明，桥闸涵洞配套齐备，将4000公顷海滨沮泽变成了沃土良田。马厂减河的上游是南运河，黄河是南运河（德州到天津段）的主要水源，年平均含沙量达36.9千克每立方米，每年经黄河向下游输送的泥沙达15.7亿吨，而有4.2亿吨沿河沉积下来。这些沉积土富含稻谷所需的营养物质，故而出产的小站稻米粒洁白圆润、黏香适口、风味独特、品质特佳，成为清末的贡米，声名远扬。小站建镇、小站稻种植成功，是周盛传对津沽大地的两大贡献。

表 3-3　清代天津水稻营田活动

时间	人物	活动
康熙四十三年（1704）	蓝理	十一月二十二日，天津总兵蓝理请求在天津等处开垦水田。十二月一日，康熙皇帝批准在天津、宝坻开垦水田。于是，蓝理招募江南农民，在天津城南一带开垦荒地 200 余顷（1333.33 公顷），种植水稻，后被称为"蓝田"。蓝理又将绿营标兵依前朝屯工之制入籍种田。
雍正五年（1727）	允祥	八月二十六日，怡亲王允祥等疏报营田成效，其中蓟州、宝坻等六州县稻田 2233.33 公顷，天津、静海、武清等三州县稻田 4159.13 公顷，俱禾稻茂密，高四五尺（1.3~1.7 米），每亩可收谷 500~700 升不等。天津州新开水田所产水稻，一茎有两穗至三穗。
道光二年（1822）	颜检	五月三日，朝廷命直隶总督颜检在天津、宝坻等处开垦水田。颜检饬宝坻、丰润、天津三县及旧有稻田各州县察勘地情，如可设法引水、开种稻田，即派人经理。道光皇帝谕令，如一州一县试有成效，再行广为增垦。
同治二年（1863）	僧格林沁	四月十九日，清政府命僧格林沁部将在咸水沽、葛沽开垦的 280 公顷稻田交地方管理。
同治四年（1865）	崇厚	军粮城西荒马场中，开渠三道，分地为排，共分 56 排，计得地 500 余顷（3300 余公顷），招民认垦，耕种稻田。
光绪元年（1875）	周盛传	淮军总兵周盛传率马步十三营在小站地区扎营 18 座，挖渠开沟，营田种稻，先后开垦 730 余公顷。同年购置外洋火轮水车（燃煤动力水车）4 架，是为天津使用机械抽水机之始。

3.3.3 农耕史上的重大意义

明清两代,政府不遗余力地引进江南先进的稻作技术,在京畿地区推广水稻种植,形成了明清农业史上的一道风景。之所以出现这样的状况,其根本原因是京畿之地环境恶化、人口增长导致的人地矛盾与粮食匮乏,而江南先进的农业和水利技术与江南士人的推动是重要的外部动力。在这个改造自然的过程中,明清农业科学技术取得了较快进步,作物的种植与引进也在不断进行,直接推动了天津稻作农业的发展。

1. 北方稻作理论体系逐渐成熟

明清先贤在京津地区治水营田的实践中又逐步形成了成熟的北方稻作理论体系。

（1）《劝农书》

袁黄主政宝坻期间,针对宝坻的实际,结合家乡的先进技术和经验,编撰完成了《劝农书》。作为农业技术专著,该书分天时、地利、田制、播种、耕治、灌溉、粪壤、占验八章,主要介绍、推广关于顺应农时、辨别土质肥瘠、播种与中耕管理、沤制肥料、开垦荒地、兴修水利以及制作闸、涵、槽与汲水工具等方面的实用技术。根据宝坻地势低洼的特点,《劝农书》重点介绍了开渠引水和各种水具的制作方法。该书内容丰富,被后世称为"最全面的州县级农学书",是天津农学发展史上的重大进步,在中国农学史上也占有重要地位。为了推广水稻种植,也为了提高其他作物的种植水平,袁黄将《劝农书》刊刻下发到每个乡里,倡导百姓采用先进理念和技术来提高生产水平。该书刊出后,"民尊信其说,踊跃相劝"[1],农业生产呈现出前所未有的好势头,宝坻也出现了史无前例的种稻高峰。《劝农书》成为研究明朝万历年间宝坻乃至天津地区农业状况的重要资料。直到清代,该书仍然对天津农业生产发挥着重要的作用。

（2）《农政全书》

徐光启一生有两次比较长时间和大规模的农业试验,第一次是在家乡上海进行

---

1. [清]吴邦庆辑《畿辅水利辑览》,[清]吴邦庆辑,许道龄校《畿辅河道水利丛书》,第401页。

袁黄《劝农书》与农业生产知识

明朝万历年间,袁黄任宝坻知县,他在吸收前人经验的基础上,结合自身的实践,写成了《劝农书》(见张树明主编《天津土地开发历史图说》,第243—282页)。全书共八章,包括天时、地利、田制、播种、耕治、灌溉、粪壤、占验。这八章实际上是农作物生长过程中不可或缺的八个连续环节。袁黄在每章中,除了介绍前人的作法外,主要是向当地农民传播新的作物品种与耕作技术。为了更好地推广种植,袁黄还加强宣传引导,规定:"里老以下,人给一册,有能遵行者,免其杂差。"经过努力,当地"随地教民,积年荒地皆开成美田"。

在"天时章"中,袁黄倡导种秋麦,他说:"尔民狃于习俗,多喜种春麦,又皆蹉跎,多至二月种,所以收常薄也。"

在"地利章"中,袁黄倡导种粳稻,他说:"种黍亦不若种粳,但开井于陇首,旱则每月浇三四次,无不成熟者。"

在"田制章"中,袁黄倡导修台田,他说:"其田形,中间高,两边下,不及十数丈即为小沟,百数丈即为中沟,千数丈即为大沟,以注雨潦,谓之甜水沟。初种水稗,斥卤既尽,渐可种稻。"

在"播种章"中,袁黄提倡温水浸种育秧,他说:"北方地冷,遇阴寒,浥以温汤,候芽出,然后下种。……秧生五六寸,拔而栽之。"

在"灌溉章"中,袁黄除了讲述考察古时秦中水利的感想外,还特别指出昔兴今废、事在人为的道理,然后列举了旧农书中记载的灌溉十二法,并附以图,以便仿行。

在"粪壤章"中,袁黄介绍了多种制粪的方法和施粪的要领。

的,第二次则是在天津。在这两段比较集中的时间里,他从事农事试验与写作,为其日后编撰《农政全书》奠定了坚实的基础。特别是17世纪一二十年代在天津进行的大规模农业试验以及《北耕录》《宜垦令》《粪壅规则》和《农遗杂疏》等著作,都是其农政思想体系的重要组成部分。《农政全书》既大量收录考证了前代有关农业的文献,又有徐光启自己在农业和水利方面的科研成果和译述,堪称当时中国农业科学遗产的总汇。该书重视对传统农事经验的总结,而徐光启本人也身体力行地从事农事调查。其子徐骥曾这样说:"遇一人辄问,至一地辄问,问则随闻随笔。"[1]由此,徐光启获得了不少原本掌握在广大劳动人民手中的有关农业生产的鲜活经验。例如,为了深入研究施肥问题,他曾广泛进行过针对老农、老兵以及来往行人所传壅粪方法的调查。同时,由于徐光启系统地研究过西方科学,深受科学精神和方法的影响,因此在试验、观察和农学研究中贯彻并强调科学实证方法,不迷信前代农学家或农书中的观点,尽量以验而确知的经验事实来说明相关的农事机理。徐光启的《农政全书》,同《氾胜之书》《齐民要术》、陈旉《农书》、王祯《农书》合称为中国五大农书。此书先是传入日本、朝鲜,后又传入欧洲,在国际上产生了很大影响。英国科技史专家李约瑟曾称赞它是一部农业方面的卓越巨著。

2. 耕作技艺逐渐成熟

王建革在《传统社会末期华北的生态与社会》中提到,如果生态长期稳定,技术亦会随之稳定,并形成一套北方稻作技术形态。反之,如果生态环境发生较大的变化,则难以形成稳定的稻作文化。明清以来,天津水稻种植技术逐渐成熟,主要体现在以下几个方面:

(1) 土壤治理

天津乃退海之地,土壤黏重,盐渍化程度高,明朝时人们试种水稻就注意到了要改造盐渍土。古人一般通过人工放淤和洗淋的办法来改良土壤,这就是人类干预下土壤的水耕熟化过程。汪应蛟在天津期间,见葛沽、白塘口诸田斥卤不可耕,便提出"无水则碱,得水则润"[2],即水可降低盐碱度。徐光启在盐碱改良方面贡献最大,他在徐贞明等人的基础上,加强水田、旱地培育技术经验的总结,得出了北方旱地用水以及京东濒海一带盐碱地治理的策略,并在其代表作《农政全书》中提出治理盐碱化,必须要采用及时有效水利措施的主张。徐光启总结天津葛沽的屯兵经验,

---

1. [明]徐骥《文定公行实》,王重民辑校《徐光启集》,北京:中华书局,1963年版,第560页。
2. [清]张廷玉等撰《明史·汪应蛟传》,第6266页。

及时用水冲灌，降低盐碱度，或者开垦之初盐碱度高，可以第二年再种。之后他在《粪壅规则》中明确指出："天津屯兵言，碱地不害稻，得水即去，其田壮亦与新田同。但葛沽屯又言，初年碱地不宜稻，莳下多不发，二年以后渐佳，后来更不复薄，不须上粪，尤胜不碱者。"[1]

周盛传在处理土壤盐碱问题上也有独到之处，他认识到："南运河会漳河浊流，本有石水斗泥之喻，其肥尤可化咸而成腴也。"[2] 漳河流经黄土高原，携带大量泥沙汇入南运河。据有关部门测定，每吨黄土含氮0.8~1.5公斤、磷1.5公斤、钾20公斤。南运河河水沉积的土壤逐年渐厚，是保证小站稻优良品质的珍贵土壤层，是改良小站垦区盐渍土地的必要条件。其效果比肥料还要好，"肥自解化碱"是小站稻质优味美的重要原因。

生物有机肥对于盐渍化土壤的改良具有良好的效果，一般使用大粪干、豆饼以及高温堆肥、薅草还田等手段可以提高土壤肥力。传统小站稻的生长过程中，人们大量施用大粪和豆饼作为有机肥，改善土壤理化结构，提升土壤肥力。此外，盐碱地还要注意深耕晒垡，疏松黏重土壤，改善土壤结构，增加通透性，以利于溶盐和排盐。

（2）品种选育

历史上天津地区的水稻生产，品种的更新往往是通过引种来实现的，在津沽大地垦殖的南方有识之士都会从江南引进一些稻种，进行试种。可以说，引种对本地区水稻生产的发展起到了很大的作用。

稻种直接影响种稻的成败，由于北方无霜期短、生长期短，所以稻种的选择和改良对于水稻种植至关重要。早在何承矩在宋辽边境种植水稻时，他就在对早稻和晚稻相互转换的实践中，开始了水稻品种在北方的引种和驯化。前文所述蓟州《盘山千像寺讲堂碑》中记载的"红稻香粳"便是天津较早有文献记载的稻米品种，长期以来一直是天津的主栽品种，至今仍有红珍珠、红香糯等红稻米品种。

---

1. [明]徐光启《农书草稿·粪壅规则》，朱维铮、李天纲主编《徐光启全集》第5册，第443页。
2. [清]周盛传《详陈津东水利并拟开海运各处引河由营试办屯垦禀》，[清]李鸿章等修《畿辅通志》卷九十三，《续修四库全书》第632册，第644页。

明清时期，各地盛行编修地方志书，记载本地区的物产（土产），对包括水稻在内的各种农作物的种植类型、品种及性状也加以记载，为后世的研究提供了可靠的资料。光绪十二年（1886）的《遵化通志》中记载："玉田、丰润，怡贤亲王所创营田皆产水稻，有名红莲稻者，极佳。产于丰润王兰庄者，又名桃花稻，岁获贡为陵寝祭品，米色红润，味香而性坚，炊饭至三熟，犹如新者。"[1] 现在的丰润、玉田、蓟州、宝坻、武清、宁河、滨海新区当时均属京东局管辖，可以推测蓟州、宝坻一带大多都种植红莲稻。南宋时江苏昆山的《玉峰志》在记述红莲稻的米质时称："米半月有粒，碓时红粒先白，其味甚香。"[2] 占城稻是宋真宗大中祥符四年（1011）从交趾（今越南北部）引至福建的旱稻良种。由于占城稻不择地而生，适应性极强，所以从福建、浙江等地逐渐引种到华北。清乾隆年间《天津县志》卷十一记载，明末清初，葛沽所产稻米品质颇佳，几乎与南方水稻优良品种"白玉堂"齐名。[3]

清末周盛传在小站开垦时，其部下大都为安徽籍，深谙种稻技术。同时他们还从安徽等地引入一些水稻品种，包括大红芒、小红芒、大白芒、小白芒、齐头白等籼稻早熟品种及适应深水处栽培的葡萄红、葡萄黄等品种。这些品种抗逆性强，适合盐碱地栽培，也适应当时的生产条件。试种成功后，取得了良好的社会效益，吸引了附近农民改旱种稻。

这些地方的稻种资源是在本地区特定的生态环境下形成的，具有较强的适应性，如适宜的熟期、抗病、抗虫、耐旱、耐寒、耐盐等优良性状。表现耐旱性强的有蓟州的大红芒、大白芒、蚊子嘴、旱稻，宝坻的白芒、白芒粳子、大红芒、小红芒等。耐碱性强的有天津市郊的富荣、宝坻的白芒粳子、武清的小红芒、蓟州的蚊子嘴等。抗稻瘟病强的有小站的银坊江米稻、香蕉稻，宝坻的白芒、白芒粳子，宁河的小红芒、大红芒、大白芒等。即使随着时间的流逝，这些品种会出现性状退化，不再适应新

---

1. ［清］何崧泰纂修《光绪遵化通志》卷十五，《中国地方志集成·河北府县志辑》第22册，上海：上海书店出版社，2006年版，第284页。
2. ［宋］凌万顷《玉峰志》卷下，《中国方志丛书》华中地方第424号，台北：成文出版社，1983年版，第3825页。
3. ［清］吴廷华总修《天津县志》卷十一，《天津通志·旧志点校卷》（中），天津：南开大学出版社，1999年版，第109页。

的生产条件,却也能提供优异的种质资源,并在此基础上可能会进一步培育出高产优质、抗性强或多抗性强的水稻新品种、新组合。因此,这些流传下来的水稻地方品种已成为今后本地区水稻育种上的宝贵财富。

(3)水车机械

明朝万历年间,随着屯田种稻的兴起,自流灌溉已不能满足全部灌溉需求,于是水车技术也从南方传到了天津。大的水车采用畜力带动,小的可由两人手摇,"土人至今习知其利,插莳不绝,亦能自制水车,不以升挽为苦"[1]。天津海防巡抚汪应蛟在葛沽一带开发种稻,便开始利用龙骨车提水。徐光启在津屯田时,也特别推荐使用龙骨水车,认为"凡临水地段,皆可置用"[2]。

《天启三年天津屯垦条例残卷》中记载的主要灌溉工具有牛车(牛转翻车)、手车(手转翻车)和脚车(脚踏翻车)。文中说:"屯田农具,如牛车、手车、脚车、耕犁之类,必须造作,相机及时,方利于用,且可长久,又省人力。……每牛车一辆,包工价银三两,手车、脚车每辆包价六钱四分。"[3]

图 3-25 龙骨水车

---

1. [清]唐执玉等纂《畿辅通志》卷四十七,《景印文渊阁四库全书》第 505 册,第 93 页。
2. [明]徐光启《农政全书》卷十七,《景印文渊阁四库全书》第 731 册,第 237 页。
3. 《天启三年天津屯垦条例残卷》,张树明主编《天津土地开发历史图说》,第 285 页。

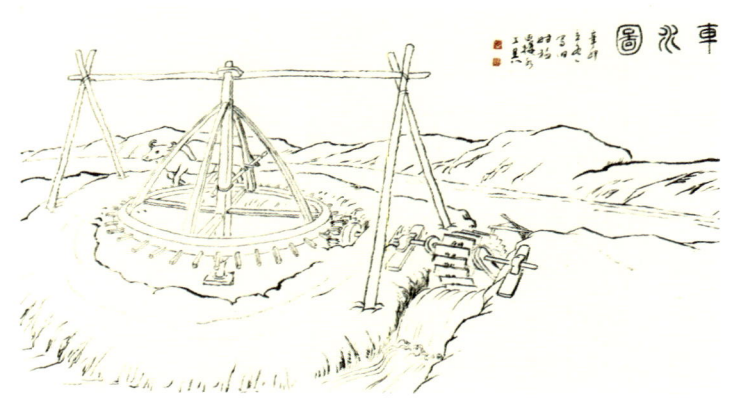

图 3-26　牛转翻车

清康熙年间，天津总兵蓝理引海河水种稻 200 余顷（1333.33 公顷），每顷配水车 4 部。"每田一顷，用水车四部，插莳之候，沾涂遍野，车戽之声相闻，秋收亩三四石不等。雨后新凉，水田漠漠，人号为'小江南'云。"[1] 清代诗人华长卿在《十字围》诗中有云："双港水车声婉转，蜻蜓飞起晴丝卷。"这也证明了自汪应蛟营田之后，水车在双港的普遍使用。

雍正五年（1727），怡亲王允祥主持设立水利营田府，大量制造水车。借用风力的水车也曾在天津短暂出现过，《续天津县志》中记载："雍正间有徐某者，自浙绍来津置买津南一带地，献为官军牧马之用，于葛沽自置水车之设，其法用大车轮一，周围用布棚四，每棚约布二、三幅，长五、六尺，风吹棚动，车轮旋转不已，而水自汲入田间。后徐某之裔南归，而此法遂绝矣。"[2] 道光二十四年（1844），宁河县令乔邦哲大力推广种稻，并改进了水车灌溉技术。同治四年（1865），宁河大规模开发稻田，到同治十年（1871），塘沽生员井煦由江苏盐城引进风车提水，"布帆八面，上有铁柱，下有铁碗，随风而行，不烦骡马"[3]，效率大增。

---

1. [清] 唐执玉等纂《畿辅通志》卷四十七，《景印文渊阁四库全书》第 505 册，第 91 页。
2. [清] 吴惠元总修《续天津县志·河渠附水利营田》，《天津通志·旧志点校卷》（中），第 314 页。
3. 《宁河县志》，《天津区县旧志点校》，天津：天津社会科学院出版社，2008 年版，第 325 页。

光绪元年（1875），盛军到小站屯田时从国外购入了4架蒸汽动力水车，同时自造风力水车、手摇水车、脚踏水车及畜力水车2000余架，耕种季节可以随时引淡水灌溉，排碱水洗碱，极大地提高了小站盐碱之地的提升改造效率。

随着南方移民的到来，水车技术也随之引入天津，促进了水稻种植。不过水车并没有成为稻田灌溉的主要力量，相反，自流灌溉才是天津引水种稻的主流。汪应蛟和蓝理利用海河潮汐的力量灌溉，涨潮时抬高河水水位，水位升高则可自流入稻田。周盛传在小站营田时，通过仔细考察，发现马厂高出新城将近15米，"自高趋下，势若建瓴"[1]。马厂减河开挖成功之后，人们通过靳官屯和富民闸控制河水流量，可以实现自流灌溉。实际上这也是技术本土化的过程，水车成本较高，且颇耗人力，只有根据地方实际情况作合适变通，稻作文化才能真正在津沽大地扎根。

3. 农田水利灌溉

近千年来，众多先贤开发利用天津这片土地，使其从盐碱之地发展成一片沃土。前人的贡献，首先在于农田水利的开发。明清两代持续的水利营田活动取得了一系列的成绩，使天津的农田水利技术在持续学习中不断进步，使人们积累起了丰富的区域农业发展经验。到清末，天津已经修建了大量减引河水利工程，利用天然河道或人工开辟的新河道，分泄江河超额洪水，为减轻洪涝灾害、发展农业生产奠定了基础。（参见图3-27）

（1）"十字围"

随着水利营田思想的传入与实施以及水利营田活动的不断开展，天津的农田水利技术水平也在不断提高。水利工程方面最典型的代表就是"十字围"在天津的推广。围田始自南方，亦称圩田，用于南方沿江、滨湖、濒海等地的围垦区耕作稻田。因这些地区地势低洼，或低于汛期水位，或低于常年水位，故垦殖时，须筑堤防御江湖洪水或海潮侵袭。南方圈围筑堤，形成了多种大小不一的围田。

1.［清］周盛传《详陈津东水利并拟开海运各处引河由营试办屯垦禀》，［清］李鸿章等修《畿辅通志》卷九十三，《续修四库全书》第632册，第644页。

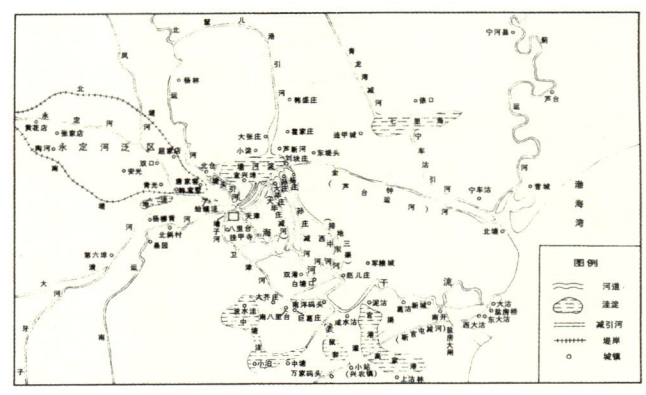

图 3-27 清末天津减引河图
（引自张树明主编《天津土地开发历史图说》，第 30 页）

为了应对天津沿海多咸水的情况，汪应蛟借鉴闽、浙濒海地区的治地之法，积极在海河右岸的葛沽、白塘口引入"十字围"，"一面滨河，三面开渠，与河水通。深、广各一丈五尺，四面筑堤，以防水涝，高、厚各七尺，又中间沟渠之制，条分缕析"[1]。田地周围的主干渠挖到 5 米深，利于排涝和降低地下水位，减轻土壤盐分，并利用海河一日两潮，引水灌溉和排出尾水，使土壤盐碱成分降低。汪应蛟留取随海潮上涌的上层淡水，即为"引潮灌溉法"，利用天津海潮一日两次的特点，以"地在三岔河外，海潮上溢，取以灌溉，于河无妨"[2]。海水重而河水轻，海潮内侵时河水上涌，淡水浮在上层，引上层淡水灌田种稻。同时在围田中置闸，"潮来渠满则闸而留之，以供车戽，中间沟塍地梗宛转交通，四面筑围以防雨涝，皆前明汪司农应蛟遗制也"[3]。这种方法在当时的天津较为先进，到清代天津营田时仍然在使用，城南蓝田以及贺家口、何家圈、吴家嘴、双港、白塘口、辛庄、葛沽、盘沽、东泥沽、西泥沽等处的围田均采取"引用海河潮水，仍泄水于本河"的方式进行灌溉。汪应蛟在天津首创的"十字围"也被人们争相传颂。

---

1. [明] 徐光启《农政全书》卷八，《景印文渊阁四库全书》第 731 册，第 108 页。
2. [明] 徐光启《农政全书》卷八，《景印文渊阁四库全书》第 731 册，第 108 页。
3. [清] 唐执玉等纂《畿辅通志》卷四十七，《景印文渊阁四库全书》第 505 册，第 90 页。

其后，董应举、左光斗以至清代水田也多采用围田方式。董应举于天启初年在天津屯田时自言："今门生所屯双、白、陶辛等田已成大围，以兵少止耕得六千亩。葛沽亦筑长围，以兵少止耕得二千亩，遗地甚多。"[1] 左光斗则主张北方效仿南方，兴修水利，开河建闸，围田垦稻，并向朝廷呈交了《足饷无过屯田疏》，提出"三因""十四议"，即因天之时、因地之利、因人之情，议浚川、议疏渠、议引流、议设坝、议建闸、议设陂、议相地、议池塘、议招徕、议择人、议择将、议兵屯、议力田设科、议富民拜爵。[2] 这些意见使明代"水利大兴，北人始知艺稻"[3]。邹元标曾说："三十年前，都人不知稻草何物，今所在皆稻，种水田利也。"[4]

袁黄于宝坻围田垦稻，至今宝坻箭杆河、蓟运河沿岸仍保留这种围田种植方式。围田种稻之法，对天津水稻种植的发展起到了重要作用，直至清朝中叶仍沿用这种方法。袁黄的《劝农书》也记载说："今须各如葫芦窝水田之制，及近日四衙所创城边洼地种稻之式，各为长堤大岸，以成大围，岸下须有沟以泄水，则外水可护，而内皆为稼地矣。"[5]

在前人的基础上，徐光启在《农政全书·水利》中总结出了"用水五法"，他不但使用上层淡水，而且用闸坝遏制咸水。徐光启说："职所见迎淡水而用之者，江南尽然；遏咸而留淡者，独宁绍有之也。"[6] 这样双管齐下，其效倍增。这种方法非常适于低洼及地上水丰沛地区种植水稻。

清代，随着水利营田活动的开展，农田水利技术得到了进一步普及。康熙年间，蓝理在天津传播水利技术，并为雍正年间的天津水利营田树立了榜样。蓝理在海光寺附近以闽法营治水田，《畿辅通志》中记载："雍正五年（1727），营田天津，津农不习水种，率逡巡观望，乃作秧池于蓝田以倡导之。浚旧渠，引潮水，灌溉滋培，

---

1. ［明］董应举《奉朱座师书》，《崇相集》，《四库禁毁书丛刊·集部》第102册，第559页。
2. 参见［明］左光斗《足饷无过屯田疏》，［清］唐执玉等纂《畿辅通志》卷九十三，《景印文渊阁四库全书》第506册，第210—213页。
3. ［清］张廷玉等撰《明史·左光斗传》，第6329页。
4. ［清］张廷玉等撰《明史·左光斗传》，第6329页。
5. ［明］袁黄《劝农书》，张树明主编《天津土地开发历史图说》，第255页。
6. ［明］徐光启《农政全书》卷十六，《景印文渊阁四库全书》第731册，第230页。

秧苗蕃盛，于是官民竞劝，共营田三十余顷，俱获收获。六年（1728），营田观察使黄世发自营五顷，耕耨得宜，亩收至五六石，刈获之际，传集各围地户共观之。贺家口围，其西半即蓝田也。东濒海河，因桥建闸，周围筑埝，围内开渠，纵横贯注。"[1]

（2）运河水灌溉

在盛军开通马厂减河以前，水稻灌溉的方法大部分是利用海河干流潮汐的特点，涨潮时引水灌溉，退潮时排出尾水。如此循环往复，其主要缺点是未能达到灌、排分开，往往排出的尾水（即水稻田淋下来的水）会随着潮水又灌回田里，不能使土壤所含盐份很快降低，由此也会影响水稻生长。特别是干旱年份，河水浅涸，潮水将河水顶托不上来，潮水顺渠而上，俗称"闹碱水"，水稻不仅得不到正常灌溉，而且生长受到损害。周盛传总结了明代以来屯田的教训，特别是前人水利工程的症结，开始改进施工技术，修建马厂减河，把灌、排系统的干、斗渠分开，毛渠相间排列，解决了稻田的排与泄问题。另外周盛传分析了历代屯田失败的原因大概是"引水河沟规制太窄，海滨土质松懈，一遇暴雨横潦，浮沙松土并流入沟，惰农不加挑挖，不数年而淤为平地，此沟洫所以易废也"[2]。且前人建闸不牢固，"海土硝土，遇水则泻。……潮汐上下坍刷，日久必致倾圮垫淤，此闸洞所以易废也"[3]。汪应蛟围田，沟渠深广各5米，周盛传则宽掘深挖马厂减河，用掘出的土筑成河堤，形成复式河槽，从而加大了河本身的水流量和储水量，也减轻了河水对堤岸的冲刷压力。马厂减河河面部分宽十至十二丈（33~40米），河底处宽四丈五尺至七八丈（15~26米），河水深八尺至一丈二三尺（2.6~4.3米），挖出的土于两岸十丈（33米）外各堆成堤，堤坝内留出三十丈（100米）左右的河道容纳河水，形成复式河槽，既扩大了容水之地，又能防止主堤岸受涝水坍刷。其次是做好闸、桥、涵洞的施工，以附近丰富的蚌壳掺入碎石，拌以糯米汁，经锤炼浇灌于闸底，以抵御水流的冲荡。闸板以铁条、螺钉连为整体，或用生铁浇铸；上板装有滑轮，下板固定。上板开启，水流通过，泥沙被下板挡住，既便于捞泥肥田，又能避免灌渠淤塞，此法一直沿用至今。

---

1. ［清］唐执玉等纂《畿辅通志》卷四十七，《景印文渊阁四库全书》第505册，第91—92页。
2. ［清］李鸿章等修《畿辅通志》卷九十三，《续修四库全书》第632册，第644页。
3. ［清］李鸿章等修《畿辅通志》卷九十三，《续修四库全书》第632册，第644页。

小站稻区以马厂减河为主干、海河干流为依托，马厂减河与海河之间水网纵横，既可引南运河河水灌溉，又可引海河潮水灌溉。通过密布闸堰，灌溉尾水经海河排入海中。主干渠中如有多余积水也可从西大沽排入海河；如遇南运河供水不足，海河可以为灌区提供一部分潮水。然而这种方法也有问题，由于南运河水量在时间上分布不均，因此很大程度上限制了小站营田的扩大。南运河四五月份伏汛未来时，马厂减河闭闸，保证南运河的水位以供漕运，此时正值小站稻的插秧时节。到六七月份泄涨东趋，此时雨水倍多，潮汛正旺，水多得用不了，还需要闭闸遏潮，不能造成满溢。

总之，从明朝中后期到清朝中叶，除袁黄依托箭杆河、蓟运河种植水稻之外，其他的屯垦基本都是围绕海河下游进行的。他们在海河沿岸兴建农田水利设施，解决水稻的种植、排水和治碱等问题。其中围田利用海河干流的潮汐，涨潮时引水灌溉，退潮时排出尾水，满足灌溉和排盐的需要，却也存在两方面的问题：首先是灌排水系统没有分开，往往排出的盐水又回到稻田里；其次是旱情严重时，潮水顶托不上淡水，很难保证灌溉用水。清朝后期，围田逐渐被更先进的水利工程所取代，小站周盛传营田创造性地开辟了以南运河河水灌溉的新途径。他们认为南运河与漳河浊流相汇，河水有"石水斗泥"之说，即可灌溉，又能提供肥料，弥补了依靠海河水灌溉的不足与缺陷。

4. 军事屯垦文化成熟

（1）军事与屯垦的互动

《天启三年天津屯垦条例残卷》中记载了五种官方屯田方式，即熟地出租、招人包揽、雇人垦荒、兴屯学助屯以及雇人开种旱地。《条例残卷》中说："闲时出为操演，务令武艺精熟，以护屯粮，以御海寇。"[1]这表明当时耕种的人员身兼多职，同时负责耕种和操练。

《天启三年天津屯垦条例残卷》附图所载十围名称为："求、人、诚、足、愚、

1.《天启三年天津屯垦条例残卷》，张树明主编《天津土地开发历史图说》，第287页。

食、力、古、所、贵。"[1] 即此时屯田统称为"十字围",位于海河右岸,自上游而下,按顺序排开。求字围与食字围隔河相望,求字围在渠南,食字围在渠北,依次相对排列,求、食二围之间有西城桥相通。天启元年(1621)开垦600亩(40公顷),天启二年(1622)开垦4000亩(266.67公顷),得米万余石(100余万升)。当时,自何家圈至葛沽、杨家庄(今津南区杨惠庄)25公里,可为水田不下数万亩,旱地则无数。其中董应举在双、白、陶、辛屯田6000亩(400公顷),葛沽2000亩(133.33公顷),共8000亩(533.33公顷)。左光斗、卢观象的屯田则主要在何家圈一带(今河西区上河圈、下河圈一带),大约为12000亩(800公顷),与汪应蛟当年屯垦的数量相当。

出自《天启三年天津屯垦条例残卷》的屯垦残图含有大量与屯田相关的信息,生动、直观地反映了当时的情况。从中我们可以清晰地看到以单个汉字命名的"出""作""入""息"四字围,可见在"十字围"之外,还有其他的围田。此外,

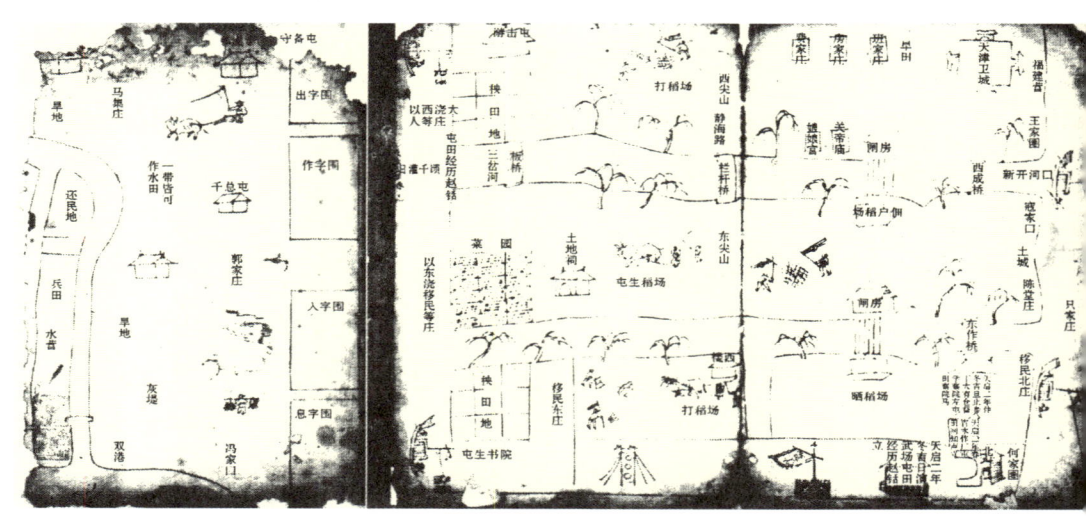

图3-28 明天启年间屯垦残图
(引自崔士光主编《滨海城市:天津农业图鉴》,第183页)

1.《天启三年天津屯垦条例残卷》,张树明主编《天津土地开发历史图说》,第290页。

图上还绘有秧田地、晒稻场、屯生书院、土地祠等设施和部分旱地、兵田,透露了大量单纯文字记载难以替代的信息。此外,图中还对屯田附近的地点如寇家口、土城、陈堂庄、冯家口、双港等进行了标识,对考察当时屯田的实际方位有重要作用。

(2)兵米小镇建设

明隆庆元年(1567),戚继光任蓟辽总督,练兵戍边,防御倭寇入侵中国。当时明政府专门设立督司,负责南从山东杨家沟起,经天津小站地区,北至芦台一段的防务,并沿海岸建设村庄,设驿站,传递军情。驿站大小则根据路途远近而设置,规定大站用10匹马,小站用5匹马。歧口到马尾口(今马棚口)用5匹,马尾口至上古林用10匹,上古林到落水套(俗称老鼠套,今小站索子地)用5匹。小站地区在当时便已成为驻兵重地。

同治九年(1870),周盛传驻扎青县马厂,防戍大沽海口。当时青县马厂至塘沽新城之间十分荒凉,积水纵横,既不能乘船,又难以步行。为便于调动军队、传递军情,周盛传率部修筑了青县马厂至塘沽新城的大道,高出平地数尺,并在沿途设置驿站,即5公里一小站,20公里一大站。这些驿站以后逐渐演变成了村落。

光绪元年(1875)二月,盛军移屯小站垦区。新驻营地本是海滨沮洳之地,居民寥寥,负贩绝迹,士兵购物需到数十里以外。为此,周盛传在潘永安坟地之小站的东侧建城池,购材筑屋,命名为新农镇,或称兴农镇,此即今日小站镇的由来。新农镇三面开城门,或称东门、西门和小北门,城内大街叫作"行营买卖街"。随后,迁民来垦区领种稻田,行营买卖街便成了盛军和领种农民的贸易中心。同年,由于开屯兵勇来自各处,需要一个同乡际会的场所,因此周盛传将镇西南方一公里左右的全神庙改建成了新农寺,修筑盛军屯田会所,凡80余楹房间,作为市集和娱乐场所。光绪十一年(1885)周盛传病故,清政府赐予谥号,并建专祠供奉,新农寺即兼做周公祠,至今仍存,成为小站稻田的历史纪念所。

周盛传病故后,周盛波统领盛军,继续办理屯垦、训练事务。他在街市设立招商局,一面拓植稻田,一面扩建小站镇,把原来的东、西、北三门改为九门。从《盛军屯田图》可知,行营买卖街两端有东西城楼,南北各三个出口,共为八个门径,另在兴隆街小站大桥交口处建栅栏门一座,立有牌坊。兴隆谐音"新农",是淮南语音的特色。

新农镇除行营买卖街之外,河上街市也颇具特色。由于马厂减河沟通南运河,因此水路运输比陆路更为便捷。街内河渠由西门外开至今文化路,折向东去,流出镇街。河西即今利民道,河东即今德胜道,利民道设鱼菜市、柴火市,今文化路设粮食市。鱼菜船、柴船、粮船即在河道及岸边交易,颇似淮南风光。

总之,盛军在小站地区屯田前后20年,取得了开发沿海盐碱地的宝贵经验,并利用运河水"石水斗泥"的特性冲压盐碱,递出积卤,改良土壤,又修建闸桥,使咸淡分家,排咸水入海。稻田吸引了多个地区的人群来此定居,凭借历史文化的积淀、农耕文化的辉煌以及军事文化的成就,小站成为中国历史名镇,因兵而兴,因米而名。

附一:周盛传《议复津东水利禀》[1]

窃盛传前奉中堂照饬,以津沽一带,地多斥卤,旱苗以咸而槁,水田自较合宜,屯田深合古法,前人及近日条陈多建此策,饬盛传等察酌情形,次第妥筹试办,以尽地利而裨防务。盛传自从事新城,往来津静南洼之交,见海河两岸空廓百余里,地废不耕,弃为沮洳,窃尝咨嗟太息,以为海潮一日两至,天然穿引溉田之资,而土人不知借引,深为可惜。及奉饬察看,复逐处留心履勘。讯问乡农,博访昔人成法,略识历次兴修之绪,兼究后来致废之由。请略为中堂陈之:

海上营田之议,自虞文靖集始发其端,至徐氏贞明而大畅其旨。元脱脱丞相、明左忠毅公皆尝试办,著有成效。万历中,汪司农应蛟遂建开屯助饷之议,并水利、海防为一事,与今日情势略有同者。当日以津营驻防兵丁创试于葛沽、白塘二处,后逐年增垦,开成十围。设闸穿渠,悉用海河淡水。所垦实在顷数,津志已无可考,围河形址亦多不可辨识。然仰窥当日创办之难,亦可谓苦心经营,不辞辛瘁矣!我朝康熙年间,蓝军门理为津镇倡兴水田二百余顷,皆在城南就近处所,海河上游。至今,海光寺南犹有莳稻者。雍正年间,怡贤亲王修复闸座引河,多循汪公旧迹。乾隆十年及二十九年、三十六年修治水利案内,叠次从事疏浚,而稻田迄未观成。

---

1. 引自[清]李鸿章等修《畿辅通志》卷九十三,《续修四库全书》第632册,第643—644页。

仅葛沽一带，民习其利，自知引溉种稻，至今不绝。窃查津东南一带斥卤之区，非惟旱谷苦咸，即前人锐意兴治水利亦旋修旋废，为时不久。其故盖缘引水河沟规制太窄，海滨土质松懈，一遇暴雨横潦，浮沙松土并流入沟，惰农不加挑挖，不数年而淤为平地，此沟洫所以易废也。南方置闸，只须嵌用灰石，铺砌牢固。海土硝土，遇水则泻，非用三合土锤炼镶底丈余，不足以御冲荡。闸板须置两层，则水不能过，泥亦易捞。前人建闸，或亦未尽如法，潮汐上下坍刷，日久必致倾圮垫淤，此闸洞所以易废也。熟揣历年兴废之故，因思目前变易之方。虽工费较巨、创始为难，而以现在情势度之，海沽已成重地，防军非可遽撤，水灾积患，仍岁不息，若任其土旷民散，不思彻桑未雨，补救将来，非我中堂永奠海疆、规利百世之意也。盛传窃尝就海河南岸略加测步，除去极东滨海下梢，由咸水沽至高家岭，延长约百里、广十里计算，可耕之田已不下五十余万亩。就中疏河开沟，厚筑堤埂，略仿南人圩田办法，广置石闸涵洞，就上游节节引水放下，以时启闭，宣泄田中积卤，常有甜水冲刷，自可涤除净尽，渐变为膏腴。惟屯田开河，土工最巨，即以百里计方，不下千万。阜部有众万人，力役之劳，义应偕作，其建闸、盖屋、买牛、置器，在在需款，如中堂以为可行，拟请俟试办有效，奏定指项，陆续抽拨，期以五年，功效当可大著。至田熟之后，募人领种，或富民认垦，或流民来归，或兼募南人为之倡导，则须因时立制，设法招徕，激劝经理得人，安置妥善，似不虑有耕地无耕民也。

附二：周盛传《详陈津东水利并拟开海运各处引河由营试办屯垦禀》[1]

窃盛传前将本年拔队，诣新城拟量、移营基、开挑引河各情形面禀。回防后，据量地委员回称，自岁内携带水平尺、长竿，由运河沿起，顺新辟大道左近节节较量，计马厂高于新城四丈七尺五寸。盛传复亲行逐段履勘，见夫津静之交，俗所称南洼水乡，今年悉已涸出，而弥望荒废百里，内外尽为石田，益慨然于土旷民稀，非所以卫津辅，而屯政与海防相为表里，诚不可以一日缓矣。查海河引潮灌田，用淡水刷咸，去年城工之暇，试垦万亩，虽布种不多，获稻不下数千石，成效已有可观。

1.引自［清］李鸿章等修《畿辅通志》卷九十三，《续修四库全书》第632册，第644—645页。

窃尝咨考旧闻，相度形势，以为欲溉新城附近之田，非在咸水沽建闸，增挑引河，导之东下，以资浇灌不可；欲大垦海河南岸之荒，非由南运建闸，另辟减河，分溜下注，以涤积卤不可。盖水势太平，则游波缓缓，冲荡之力亦微。惟自高趋下，势若建瓴，引溜之势捷，故刷咸之力猛，乃能去咸留淤，渐成沃壤，此水土之性固然。而南运河会漳河浊流，本有石水斗泥之喻，其肥尤可化咸而成腴也。惟前人屡议添开减河，皆于静海所属权家口，其意在多一支流，杀伏秋盛涨，保运堤使无溃决而已。此次盛传愚见，则拟马厂之北、唐官屯之南，遥傍新垫大道，裁直河形，径引而东，于河头建立大闸，以时启闭，再于下流分灌处所节节建闸，束水以取冲力而免停淤，似于昔贤成议稍有不同。所以然者，前人只议分流以疏水患，故必就迤北洼下之地施工，使用力省而销路畅。盛传兼欲引甜以兴水利，故不妨就迤南平衍之地开浚，使河槽高于低洼，水小则便引溉，即遇积潦暴涨，就中塘洼略一挑浚，使自行入海，亦不难疏销。万一海潮泛溢，即于二十里外遥筑拦潮土坝，亦可抵御。此盛传两年来往还津静相度已审之情形，以为欲兴水田，非得海河、运河两水纵横贯注，荡涤澄清，不能大著成效者也。至减河宜闸而不宜坝，则沈联芳《邦畿水利条议》中分析言之；河身宜直而不宜曲，则潘季驯"逢湾取直，遇嘴切沙"之说确凿不爽。盛传体察至再，窃以历年津静积苦水灾，南粮多归海运，似无事蓄水送漕，引河之开，略无窒碍。其波水、留轴等洼，即可因势相制，圈为圩田，永除巨浸，为利更非浅鲜。惟平地生开一河，延长百余里，即以宽八丈计之，土方不下五六百万，工役烦巨。卑军月半后拔至新城，拟先将咸水沽下引河先行挑挖，达于新城外河，分注各沟。宽约五丈，深约丈余，拉长四十余里，每营摊作二里许，约须五十余日竣工。又附城营垒，上年仓猝布扎，但取便于做工，逼城而势局促。现在拓地渐南，就耕不便，拟于距城十余里，贴新道小站旁，择定空廓大营基一所。现派弁分投搬运砖木料物，拟到新城后，即率诸将踹定地址，分筑墙垒营房，星棋联布，与新城遥连一片，以张远势。新开引河，甜水萦绕于旁，设立行营买卖街，以便约束。将来春去秋还，岁以为常，即为久驻之基，期于一劳永逸。计各项布置就绪，亦约近一月。加以展拓，新垦粪治已成熟田，一切土工层出，南运引河本年似无余力兴办。若夏秋腾挪有暇，或可在下游再行试挑一段，以后分年代挑，不求速成。幸而防军无他更调，或可因端竟委，以竟全功。

此区区愚虑，不得不先事陈明，以求裁定于中堂者也。历考畿省河道水利，所以屡兴辄废，其难约有数端：一在经费。国帑岂能数颁？民捐亦难久继，则筹款难也。一在人工。雇之于官，则计方授值，为费过多；派之于民，则间左为虚，其势易扰，则集众难也。一在土质浮松。积潦所趋，泥沙随之而下，大汛甫过，河身因而垫淤，则抉壅去滞难也。一在风水牵制。本河道应行之地，愚民以伤损坟脉妄肆阻挠，势家以吝惜田庐，腾为浮议，致美利隳于一旦，大计阻于片言者，何可胜道？则力排众惑，以求济事之尤难也。盛传以为，四者虽难，而尤难于久任，前明徐尚宝贞明、汪司农应蛟皆以任事未久罢去，致抱志而不克竟行。今卑军以防海之暇，试行屯垦，借勇力以代役夫，人工之难既可徐办。至土松沙淤一节，尚有逆制补救之法：若挑河悉用坦坡，即少崩陷，浮土不堆河干，可免垫壅。至水行以湾缓而沙停，直捷则沙随水去，亦少积淤。今河形即取直，径再于闸之启闭视水高下，审定章程，更定为水涸时挑取闸旁浮泥以引溜，则泥沙之患亦鲜矣。惟经费一节，现库款既艰，饷源亦绌，再四筹维计，惟于卑军下年米价银内先请挪济，除置办农器、耕牛、修闸料物各件业于上年先行垫办外，此后工料，动辄需款，拟请札饬扬州粮台分局银钱所，赐将卑军来年米价酌提数成，于二三月内分批拨解，俾得通融挪办，俟秋收有获，即将子粒分年抵还。仍搭购南米，军士可无乏食。每岁提前借给，均于头年二三月解津。俾得逐渐经理，设法招徕，地辟民聚，或收功于数年后耳。至风水牵制一节，海岸漫衍寥辟，本无风水可言，愚民自私其土，恐亦不免。恭读雍正五年上谕云"自古治水之法，惟在因其势而利导之，但恐径直之路湮塞，年久或民间既已起造室庐，开垦田亩，或且安葬坟墓，人情各顾其私，不知远大之计。今见于此，开浚河道，则因循规避，百计阻挠，遂致迁就纡回，别开沟洫，苟且从事，此治水之通弊也。今江南兴修水利，若水势必由之路有破坟墓，即于兴修水利钱粮内动支银两给与本人，令其改葬"等因。大哉王言，实能洞烛至隐。卑部拟挑南运引河，如蒙批准兴工，拟请中堂先行奏明立案，预杜浮言。此次所开咸水沽引河，约有民田二里许段落，将来丈清折价，以后拟垦，俯赐拨发，以顺舆情，而示体恤，或亦破除群疑之一道乎！

附三：李鸿章原批[1]

据禀，测量新城地基低于马厂四丈七尺有奇，欲溉附近之田，非在咸水沽建闸、增挑引河导之东灌不可。如大塈海河南岸之田，非由南运建闸，另开减河分溜涤卤不可，规画甚为远大。惟拟就唐官屯之南、新垫大道之旁裁直河形，河身太直，运河盛涨下注时，恐非逐节建闸所能束住。且遇积潦暴发，若就中塘洼略浚，疏销入海，似彼处距海尚远，东南闻有蛰砂隆起，坚结异常，仓猝挑通，亦颇不易。宜再察夺利病，详加审慎为要。该军望后拔至新城，先挑咸水沽引河，并分筑墙垒营房，展拓新旧营田。布置稍定，夏秋再由下游试挑南运减河一段，节节而上，以后分年代挑。仰即次第妥细筹办，绘呈图说，查核候行。天津吴道暇时前往该处，会同履勘定议。畿辅水利不兴，民物日益凋敝，海防亦难周密，四难之说，极为中肯。诚以该军试行屯垦，经费工力较省，久而勿懈，可底于成，实于国计民生，两有裨益。但一切作用，务须博访周咨，谋定后动。善始者尤贵善终，庶可经久不废。现拟南运引河一路俱系荒地、闲田，坟庐较少；若有坟庐，当与妥商迁徙，酌给迁费。

3.4 没落与振兴阶段：20 世纪以来

3.4.1 19 世纪末至新中国成立前

1. 19 世纪末至七七事变前

光绪十年（1884）周盛传去世；十年后，盛军奉调开赴甲午战争前线，与日军在朝鲜作战，全部壮烈牺牲。盛军离开之后，小站垦区失去管理，日渐荒废。之后清政府设立小站营田管理局和昭忠祠小站经租处，重新核查、丈量小站屯田，招集农民和遣散士兵，筹措资金，疏浚桥闸河道。同时，重新开始了以招佃、租种为方法的招民领种工作。按照地亩的肥瘠情况，定出不同等级的租价。当时规定每户可领种十亩，每亩年租银六钱至一两不等。其余没有人租种的稻田，由营田局招佃户承种，三七分成，佃农获取七成，并劝谕小站稻区附近的农民积极垦种周围荒田，

---

1. 引自［清］李鸿章等修《畿辅通志》卷九十三，《续修四库全书》第 632 册，第 645 页。

准予他们增设涵洞引水灌溉,略收取一点水利费。一般平民怕官方言而无信,中途提租,又怕无力出钱修河挑沟,不敢领地,于是大部分土地被退职官员和退役士兵领取。光绪二十六年(1900),八国联军侵华,小站一度被德国人占领,生产受到严重破坏。光绪三十一年(1905),小站地区荒地日趋增多,清政府又设立了小站垦务局,办理招垦事宜,后与营田局合并。

光绪二十一年(1895)袁世凯选择在小站练兵,开启了北洋时代,后续有冯国璋、曹锟、段祺瑞等人,小站镇自此扬名四海。之后军阀张敬尧之女在小站成立勋记公司,收买田地2873公顷。1917年,皖系军阀徐树铮等人在茶淀一带购买土地2667公顷,建立农场,改造盐碱地,从日本引种水稻,获得成功。1920年,他们开办了天津开源垦殖公司,在茶淀、大兴南苑建立农场,并在军粮城大桥东设立工作站,进行科学种稻试验。1925年,改组后的开源公司由茶淀迁至军粮城,原工作站改为军粮城试验站(天津市农业科学院的前身),成为华北地区重点稻作试验基地,开源公司东移后所产稻米也称"小站稻"。

1928年,小站营田由天津警备司令部营房营田管理局管理。1930年,当局将小站稻区赠送给南开大学做校产,并设校田管理处,征收地租做教育补助费。1937年,小站稻区由冀察绥靖公署营田管理处接管。

这一时期小站垦区的稻田管理流于形式,农田水利建设停滞不前,产量较低且效益较差。不过,北洋政府农商部农村司曾对全国稻种进行过检查汇总,并提交了《稻种检查报告》。其中天津的知名稻种包括蓟州的"洋白糯"、天津的"大黄芒"、宁河的"大白芒"等。

2. 天津沦陷时期

七七事变之后,日本侵略者占领华北,加大了其在河北省沿海地带掠夺性开发的力度,大肆勒索军粮以支撑侵略战争。日寇在天津周围开设了120多座农场,约占当时天津、宁河两县耕地面积的一半,随后大面积改造盐碱地种植水稻,并成立华北垦业公司、精谷公司、米谷统制委员会等机构,对天津的农业资源大肆掠夺,供其战争所用。在这一背景下,小站地区原土地所有者张敬尧将稻田卖给日本人,华北垦业公司统辖原小站、军粮城、茶淀三个稻区，由随军日本人或朝鲜人管理，雇用当地农民为苦力进行生产。

1938年，日本钟渊纺绩株式会社强占茶淀、营城的8000公顷土地，建立钟渊启明农场，征集几千名擅长种水稻的朝鲜农民前来开荒、洗碱、种水稻，掠夺当地的农业资源。1940年之后，又招雇垦荒户在今茶淀宝田村内首次开荒种稻，称之为"保田"，新中国成立后此地建立村落，名"宝田村"。1941年，日寇继续在今汉沽一带扩大开垦荒地的范围，组织垦荒农民集中居住，命名为"垦华村"，新中国成立后改为"新立村"。1944年，钟渊启明农场收获面积达423.87公顷，产稻谷68.5万公斤，全部运往全国各地的侵华日军驻地。此外日寇还在津郊的其他地方强占良地，如在六里台、八里台、小孙庄、东局子一带建立小型水稻农场，在杨柳青、长泰及南洋码头、张贵庄、新立村、芦台建立大型农场。其目的是以天津为核心，沿渤海湾建立军粮基地，保障侵略活动的继续。

1943年7月，天津米谷统制委员会成立，强化了日寇对天津及附近地区稻米生产和收购的控制。各区均设有米谷事务管理所，津南有五区咸水沽、六区葛沽、七区小站以及新桥四个管理所。以小站为例，日寇跑马圈地，强占民田，对农民进行疯狂掠夺，并且先后建立了藤井、香川、大安、东一、东二等电力扬水场（站）。伪天津市公署规定津郊所产稻谷一律由米谷统制会统一征购，由天津军谷仓库储存，严格控制，不准私人买卖、食用。米谷统制会征购时，每户发给一张配给卡片，上写农户户主姓名、家庭人口、稻田亩数、出售稻谷数等。农民凭卡片一月一领配给粮、洋火、胰子、煤油等必需品，一年配给一两次棉布、棉花、煤炭、肥田粉等。名为配给粮，实际是由豆饼渣、变质的军马料、多年霉变的杂粮，再加上沙土磨制而成的混合面，难以下咽，食后中毒亡命者不计其数。小站辛庄稻农蒋富贵一家五口食用混合面中毒，全家腹泻不止，两儿一女丧命，老两口子走投无路，投河自尽，酿成了轰动津沽的"配给粮惨案"。当时所有基地生产的稻谷要悉数交给日军，不准农民食用，如发现吃稻米者，即遭拘禁、鞭斥或由警犬咬杀，至今小站农民谈起，仍痛恨不已。当时农民也采取了一系列的抵抗措施，如"温汤浸种"不发芽、决堤放水淹稻秧、少施化肥等。天津沦陷时期，稻田面积虽然成倍增长，单产也有所增加，但所得全部上缴，作为日军物资，稻农生计十分艰难。

3. 抗战胜利至新中国成立前夕

1945年8月日本投降后，河北省政府在小站成立营田管理局，管理营田和大安农场。国民政府农林部则在天津接管原河北垦业局，改为河北垦业管理处，在津郊设八里台、小站、军粮城、张贵庄、茶淀五个农区，负责扬水场（站）建设、机械维修保养、统一用水和洗碱种稻技术、发放农贷、秋后评产、收稻谷作租子等。

解放战争开始后，由于国民党当局只重视征收而不注意发展小站稻，因此小站稻生产停滞不前，栽培技术落后，水稻品种混杂退化，稻瘟和其他病虫害猖獗。当时小站稻产量很低，亩产仅100~150公斤，而小站稻农还要面对名目繁多的摊派，大部分稻农只能依靠借"稻包子"或"米包子"，即每年借一还二的高利贷生活，以致多数稻农不得温饱。

3.4.2 新中国时期

1. 天津市小站稻产业的发展

新中国成立以来，在党和政府的关心和领导下，小站稻的科研、生产取得了辉煌的成就。不过由于水稻受水源和城市发展的影响较大，因此天津的水稻种植面积经历了增加、减少、再增加的曲折过程。（参见图3-29、图3-30）天津人民对小站稻怀有深厚的感情，又有多年的种稻经验，使得小站稻能够一次次涅槃重生。

（1）1949—1971年

1949年年初天津解放后，小站稻迎来了兴盛时代。农林部接管了河北垦业农场管理处和河北省农田局，合并改建为农林部渤海区农垦管理局，同时将原华北农事试验场军粮城试验站改建为渤海区农垦局军粮城稻作试验站，专门从事小站稻种子的研发工作。渤海区农垦局与天津市政府积极配合进行土改，颁布了合作农场管理办法，解放了生产力，提高了稻农的生产积极性。同时实行扬水场（站）管理办法，加强科技管理，改收水利管理费。在新中国经济恢复时期，相关部门重点进行复旧工程，积极恢复小站、张贵庄、军粮城、茶淀等一批小型农场的小站稻生产，并在

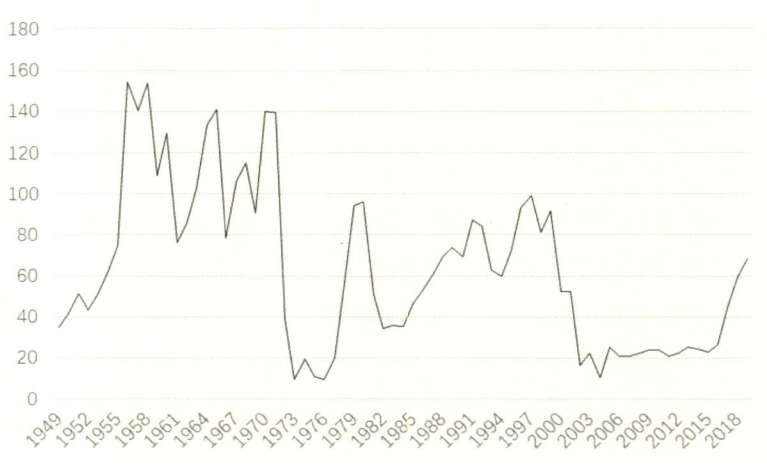

图 3-29　1949—2018 年天津市水稻播种面积（单位：万亩）

图 3-30　1988—2018 年天津市水稻播种面积（单位：万亩）

遭到严重破坏的杨柳青、芦台、清河（由公安部重建）等大型农场兴修水利，同时开垦东郊、汉沽两处水稻农场。这一时期渤海区农垦局为小站稻的发展奠定了基础。

1953 年，中央把原天津县划归天津市领导，同年国家农林部将渤海区农垦局也划归天津市领导，改称天津市农林水利局。当时除继续在东郊、南郊、西郊、北郊和塘沽区开垦种稻之外，还重点进行西大洼、津南洼改造工程、扬水场（站）建设工程与洗碱灌排系统工程；值得一提的是在西大洼新建了工农联盟农场，在津南洼建立了双林农场。

这一时期，为了加强对小站稻的种植技术研究，相关单位在军粮城稻作所进行小站稻育种与栽培技术试验，对中生银坊主、水原85等优良稻种进行提纯复壮，并在此基础上选育出了水原300粒，同时建立稻种的良繁体系与良种圃。在技术推广方面，天津市农林水利局设立技术推广总站，东郊区、南郊区、西郊区、北郊区、塘沽区设分站，重点推广优良小站稻品种，并大力推广水稻增产八大栽培技术经验，解决当时的技术难题：

——育苗方面，推广尼龙湿润育秧，改良水床、陆床育苗方式，取代原有的归式水床育秧，解决长期存在的水床烂秧的大问题。

——植保方面，全面实行三缸连环灶变温浸种，抑制了稻瘟病，消灭了干尖线虫病，变疫区为非疫区。

——栽培技术方面，着重推广合理密植、合理施肥、合理管水等技术。

在这些措施的共同作用下，小站稻的种植面积不断扩大，从1949年的2.3万公顷逐步扩大到10万公顷以上，达到了一座高峰。其中1956年种植面积最大，达到了10.3万公顷，此后虽偶有波动，但也能维持在6.7万公顷以上。此外还出现了千斤村——新立村，创造了单产600公斤的记录，毛主席曾亲临视察。

此后，小站稻种植受到了"大跃进"和三年严重困难的消极影响，又因上游各地大兴水利，层层作坝，拦蓄水源，从而导致南运河、马厂减河干涸，使小站稻区和某些稻田不得不改为旱田，水稻种植的总面积、总产量和单产都有大幅度下降，小站稻种植进入了低潮期。随着政策的调整，从1962年起相关部门以实事求是的精神，因地制宜地在稻区实行品种更新换代，以黄金、白金和小站101等更新原有品种，推广与之相适应的栽培技术，并在部分地区控制乃至消灭了稻白叶枯病。到1965年，小站稻种植面积达9.3万公顷，平均单产提高到320公斤，总产量30万吨，当年出口优质稻15万吨，同时还出现了杨柳青千斤场和塘沽千斤区。此次种稻高潮无论从面积、产量，还是出口等方面都创造了历史记录。这也使小站稻在全国产生了较大的影响力，相关部门不仅支援四川、湖北等南方各省籼稻改粳稻更新品种，而且还对河南、山东等新稻区予以人力、技术、品种等方面的大力支持。

（2）1972—2001 年

这一阶段小站稻的种植面积起伏较大。客观上，20 世纪 70 年代初期的降水量低于历史平均水平，旱灾频频出现。同时受"文革"的影响，小站稻遭到了空前的浩劫，没水也要种稻，导致部分地区颗粒无收，接着又搞"一刀切"，一律改旱田，不许种稻，已经种上的要全部拔掉。结果到 1973 年全市稻田仅剩 6200 公顷，这是小站稻有史以来的最低潮，也是新中国成立以来出现的第二个低潮期。1973—1976 年，小站稻仅维持在 6700 公顷上下。之所以出现上述情况，除直接的政策失误外，还有一个重要原因是天津的水稻生产主要依靠上游来水，而新中国成立后天津上游沿河各地都在发展农田水利，这势必造成下游水量减少，再加上华北东北部旱涝不均，旱年争水，涝年泄洪，结果造成了天津水稻有水则兴、无水则衰的被动局面。不过，"文革"结束后，相关部门建设拦水、蓄水工程，不仅储存上游来水，而且在汛期以蓄代排，从而使天津小站稻的种植面积逐步得到了恢复。到 1986 年，种植面积扩大到 3.53 万公顷，占粮食种植面积的 7.7%，产稻占粮食总产量的 13.4%。

1979 年，天津市农业科学院成立，水稻研究所也得以恢复重建，小站稻的科研工作迎来了春天。1985 年农牧渔业部在湖南长沙召开优质米座谈会，再次把小站稻列为名特产品。引滦入津和引黄济津工程改善了小站稻的水源条件，帮助人们培育出了红旗 23、花育 1 号、津稻 1187、津稻 1189 等众多优质小站稻品种，旱种稻和两季稻技术也日趋完善。

（3）2002—2022 年

这一阶段受水资源短缺、农业结构调整以及城镇化快速推进的影响，水稻的播种面积大幅度下降，一般维持在 0.67~1.67 万公顷之间，2003 年仅为 0.7 万公顷左右。2002 年以后，在行政区划、发展规划、产业结构等多方面调整的影响下，天津市的水稻区域发生了较大变化。津南区的种植面积不断下降，种植区域不断向宝坻、宁河等地区转移。2017 年以来，国家和地方领导高度重视小站稻的发展，习近平总书记以及天津市的主要领导都曾就小站稻的振兴作出过重要指示或批示，有效推动了天津市水稻产业的发展，特别是种植面积的迅速恢复，到 2020 年水稻的种植面积已达到5.3万公顷以上。小站稻种植面积最大的是宝坻区，其次为宁河区，两者占全市水稻播种面积的80%以上，此外在津南区、蓟州区、西青区、武清区、静海区、北辰区等地也有种植。

经验和教训告诉我们，要恢复和发展水稻生产，首先要解决水源这一根本性问题，必须树立不等（不等上游来水）、不争（不与城市和菜地争水）、不靠（不靠国家给水）的指导思想，利用可能条件搞好雨季蓄水，开采地下水和利用净化的活水。其次要因地制宜地采取种植制度和栽培方式，推广节水种稻，推广旱播技术，提高水源利用率。总之，新中国成立70年以来，天津的水稻生产波动较大，有进有退，但从没有在津沽大地绝迹，也反映出了天津人民与自然作斗争的不屈不挠的奋斗精神。

为落实十九大乡村振兴战略，天津市在五大领域大力推进小站稻的全面振兴，包括小站稻精品育种技术，精品小站稻新品种，绿色保健高端栽培技术，收获、储藏和加工技术，小站稻产业化策略，积极推动构建集高效生产、生态保护、观光休闲、示范服务等多种业态于一体的现代都市型农业模式，重振天津小站稻的辉煌。

2.津南区小站稻产业的发展

近代以来，津南一直是小站稻生产的核心地区，小站稻的兴衰与津南的农业发展紧密相连。不过从整体上看，津南区的小站稻在天津市的占比表现为逐渐下降的

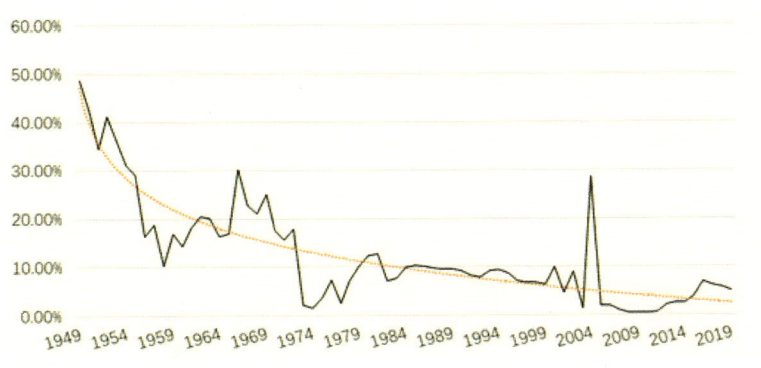

图3-31 津南区水稻播种面积在天津市所占的比例

状态。这主要是由于津南区腹地有限，城镇化的速度非常快，挤压了小站稻的发展空间，因此水稻生产逐步向北部的其他农业区扩散。

（1）1949—1999年

新中国成立后，小站稻产区的农民种稻热情高涨，生产力得到解放和发展，种植面积不断扩大，种植技术不断改进，水利设施不断增加，产量不断提高，促进了小站稻生产的大发展，形成了小站稻发展的高峰期，小站稻种植面积最高达到1.76万公顷。这一时期的土地改革、水利工程建设以及农村合作化运动的蓬勃展开对水稻生产起到了巨大的推动作用，大量荒地被开发，水稻播种面积不断扩大。

土地改革之后，政府对贫苦农民提供贷款，有效保证了小站稻的正常生产。农业互助合作化使大批劳动力集中组织起来，又解放了大批妇女劳动力，打造了一支庞大的、有组织的劳动大军，使挑河挖渠等公共水利设施的用工问题迎刃而解。1949年以来，津南区政府修整闸涵1588处，新建4座大型扬水站，提高了排灌能力，也使全区水稻产业迅速发展起来。

1951年小站黄营村邹玉彬互助组经营水田17.3公顷，亩产千斤，成为当时天津5个水稻千斤组之一。小站坨子地村姜德玉互助组推广选种、施肥、灌溉的先进技术，平均亩产410公斤，荣获全国水稻丰产互助组称号。1953年，政府改造津南洼地；1956年天津市公安局在小站建立板桥农场，垦植稻田1300余公顷。1957年全区稻田面积达1.76万公顷，比1949年增加53.4%，接近全市水稻种植面积的四分之一；平均亩产328.4公斤，平均亩产增加近50%，总产量超过全市的三分之一，开创了津南区小站稻种植的辉煌时期。

在栽培技术和选育良种方面，这一时期小站稻也取得了很大成绩。新中国成立前，群众习惯"稀苗大穗"，每亩仅播插8000墩左右，到20世纪50年代中期增加到每亩18000~20000墩。各级政府大力扶持小站稻发展，推广普及科学技术，水稻品种不断更新更换，栽培技术逐步改进，稻米品质和产量大大提高，并以"特二级优质米"的品质出口日本、古巴和东欧国家，换取外汇，支援国家建设。1956—1957年，全国20多个省市引调小站稻良种，各地远来学艺，老农频出指导，年调籽种数万公斤，带动了山东、宁夏等省区水稻产业的发展。1957年，农业部将爱国（金刚稻）、银坊、

表 3-4　新中国成立以来津南区小站稻种植情况表

年份	面积（公顷）	亩产（公斤）	总产（吨）	年份	面积（公顷）	亩产（公斤）	总产（吨）
1949	11466.67	225.1	38786	1969	15133.33	259.3	58863
1950	11733.33	240	42257	1970	16533.33	405.6	100581
1951	11800	248.3	43949	1971	14600	326.6	71206
1952	11933.33	276.9	49569	1972	4666.67	42	2947
1953	12266.67	350	64400	1973	133.33	233.5	467
1954	12866.67	384.1	74125	1974	200	287.5	862
1955	14400	369	79706	1975	266.67	338.3	1353
1956	16933.33	316.1	80286	1976	466.67	220.7	1545
1957	17600	328.9	86830	1977	333.33	254.2	1271
1958	10466.67	232.5	36507	1978	2600	190.3	7420
1959	12266.67	248.6	45749	1979	6266.67	326.3	30674
1960	12400	171.8	31961	1980	7866.67	269.2	31762
1961	9200	231.5	31950	1981	4266.67	120.4	7706
1962	11666.67	274.5	48032	1982	1600	174.8	4195
1963	13800	312.7	64737	1983	1800	328.2	8861
1964	14533.33	339.3	73963	1984	2333.33	356.6	12482
1965	15933.33	456.9	109203	1985	3133.33	378.4	17785
1966	15666.67	313.5	73680	1986	3533.33	410.8	2177
1967	16200	407.6	99048	1987	3866.67	416.7	24116
1968	16266.67	376.9	91957	1988	4333.33	468.3	30440

续表

年份	面积（公顷）	亩产（公斤）	总产（吨）	年份	面积（公顷）	亩产（公斤）	总产（吨）
1989	4666.67	507.8	35498	2004	2000	399.2	12005
1990	4133.33	469.9	29134	2005	333.33	515.3	2456
1991	4733.33	306	21622	2006	266.67	487.4	1952
1992	4333.33	532	34474	2007	133.33	446.73	898
1993	3800	513	29126	2008	66.67	379.07	290
1994	3666.67	494.9	27222	2009	66.67	416	337
1995	4066.67	513.5	31518	2010	66.67	424.6	465
1996	4346.67	453.4	29545	2011	66.67	457	610
1997	4333.33	421.8	27424	2012	333.33	514.2	2080
1998	3600	481	25902	2013	400	450	2750
1999	3800	494.9	28214	2014	400	470	2900
2000	3466.67	399.6	20644	2015	600	490	4368
2001	1600	463.6	11140	2016	1200	534	9591
2002	1000	289.53	4204	2017	1866.67	460	12729
2003	200	355.47	1029	2018	2266.67	485	16427

水源300粒各5磅（2.27公斤）经外交部赠给巴基斯坦。1958年，中国农业代表团以水源300粒稻种9.25万公斤、银坊稻种6.25万公斤作为礼品赠送给苏联。

20世纪60年代中期以后，马厂减河和海河上游各河道被拦河截流，建库蓄水，作为九河下梢的天津，水量逐渐减少。1968年，独流减河切断了马厂减河，南运河

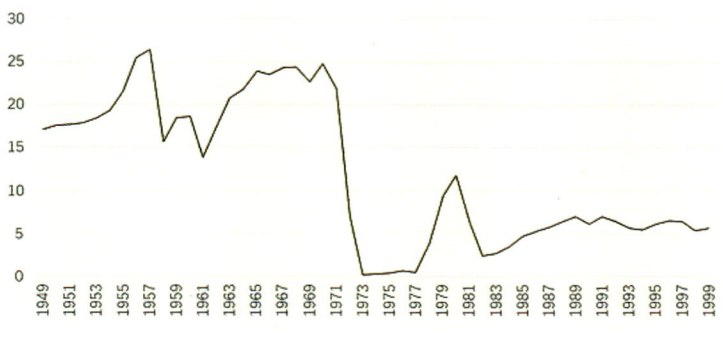

图 3-32　1949—1999 年津南区小站稻种植总面积（单位：万亩）

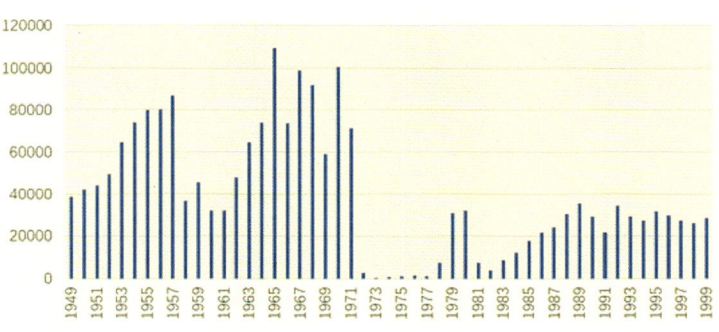

图 3-33　1949—1999 年津南区小站稻总产量（单位：吨）

河水绝源，仅靠海河水维持。到 1972 年，上游水基本断绝，又遇上数十年罕见的特大干旱。1973 年，当时的南郊区"稻改旱"，小站稻仅剩 133 公顷。1975 年以后，境内局部开始恢复小站稻种植。（参见图 3-32）

改革开放后，天津市委、市政府提出了开源节流、自力更生、自备水源、恢复和发展小站稻生产的指导思想，津南农民积极响应，利用坑塘洼地、沟渠河网在雨季蓄水，为种植水稻提供了一定数量的水源。另一方面，因地制宜地采取不同方法，扬长避短，节水种稻，小站稻生产从 1979 年开始有所恢复。

1980 年开始实行以家庭联产承包责任制为突破口的农村改革，极大地激发了农民的生产积极性，也为小站稻生产带来了活力。各级财政每年都拨出专用资金支

表3-5 津南区水稻种植面积分布情况（2018年）

镇	村	面积（公顷）	备注
小站镇	新开路村	26.7	—
	会馆村	35.3	李鸿章部淮军的会馆周公祠所在地
	操场河村	38	周盛传率军操练之处
	营盘圈村	80	—
	坨子地村	35.1	—
	迎新村	20	—
	前营村	13.3	—
	四道沟村	136.8	—
	东闸村	4.9	—
	东西庄房村	17.3	—
	镇管地（名洋湖、二道沟村、黄台村）	195.3	—
北闸口镇	翟家甸村	79.2	—
	大芦庄村	15.3	—
	西右营村	140	小站练兵周盛传驻军兵营所在地
	北义心庄村	89.8	—
	正营村	90	—
	后营村（吕坨子村）	75.8	淮军开垦的稻田
	老左营村	50	—
	前进村	45.3	—
	月桥村	10	—
	义和庄村	36.7	—
	东右营村	100	—

续 表

镇	村	面积（公顷）	备注
葛沽镇	九道沟村	12	—
	南辛房村	99.2	—
八里台镇	北中塘村	138	—
	西小站村	16.7	—
	镇管地（八里台村、大孙庄村、潘家洼村）	452.7	—
双桥河镇	西官房村	400	—
	东泥沽村	1.1	—
	西泥沽村	1	—
	小营盘村	17.3	—
	闫家圈村	7.3	—
辛庄镇	柴辛庄村	26	—
	张满庄村	3.3	—
	上郭庄村	44.7	—
	高庄子村	63.7	—
	白塘口村	0.3	—
全区		2618.1	—

持农田水利基本建设和农田改造。农业、科技、水利等部门也在节水种稻技术及工程上进行攻关，并积极推广。1980年小站稻种植面积恢复到7867公顷；1981—1999年，小站稻种植面积维持在2333~4667公顷之间，平均亩产400公斤左右，高产地块亩产达500公斤以上。1999年7月28日，"小站稻"成为全国第一个粮食作物地域性证明商标。

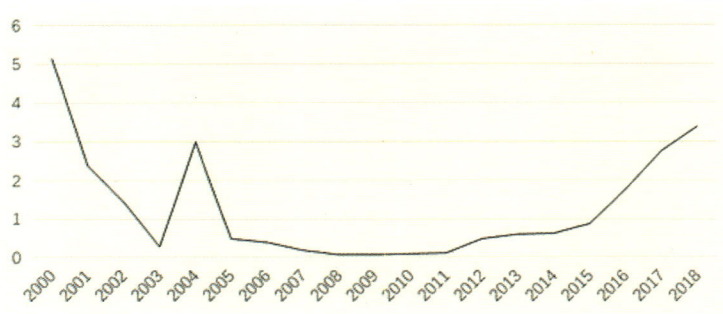

图 3-34　2000—2018 年津南区小站稻种植总面积（单位：万亩）

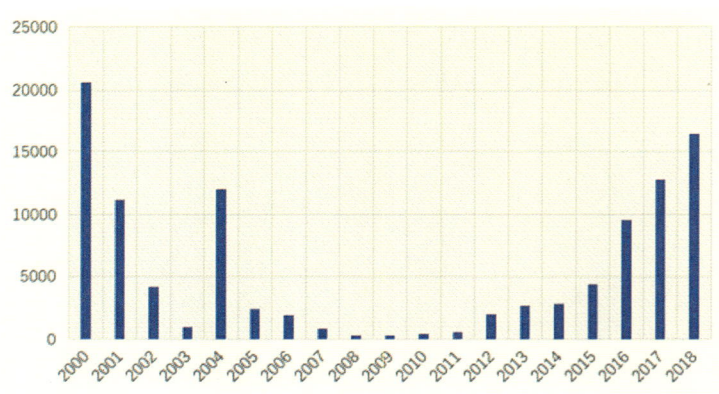

图 3-35　2000—2018 年津南区小站稻总产量（单位：吨）

（2）2000—2018 年

2000 年后，随着水资源的匮乏、农业结构的调整以及城镇化的大幅推进，津南区小站稻的种植空间受到严重压缩，2008—2009 年期间，面积仅为 46.7~53.3 公顷，几近消失。近年来，津南区下大力气恢复小站稻这一优质品牌。2016 年全区小站稻种植面积达到 1193 公顷，2018 年达到 2253 公顷。（参见图 3-34）

3.4.3 农耕史上的重大意义

1. 水稻品种的提升

（1）新中国成立前日系品种的引进

民国初期，小站一带仍然种植水稻，不过品种较多，混杂退化严重，主要为从日本引进的葫芦头等品种，无芒、籽粒小、光泽差、产量低，不过抗逆性较强，适宜天津滨海的盐碱地种植，也适合当时农村无肥、少肥的生产条件，一般每亩收50~100公斤，多则可达150~200公斤。

20世纪30年代以后，随着日本帝国主义在华北地区扩张的加剧，其水稻新品种也逐渐引入了京津地区。1938年，日本人中野宗一在军粮城试验站选地30公顷，试种日本爱国、水源等品种水稻。后日军为解决军粮问题，将军粮城试验站移交给北京农事试验场作分场，1940年改称"华北农事试验场军粮城支场"并且试种成功。此后日本军粮城精谷株式会社引入银坊、陆羽132、水源52、水源85、金刚稻等水稻优良种，在海河流域稻区推广种植。其中尤以引进银坊最为重要，堪称天津小站稻品种的一次重大更换。这些品种表现出了产量高、抗逆性强、米质好的特点，使小站稻的产量与米质得到了大大的提高。

图 3-36　银坊

银坊，原名中生银坊主，1907年日本富山县寒江村农民石黑岩次郎从当地栽培的水稻优良品种爱国中选出一枚单株，培育成了银坊主，发现其产量高、米质好，之后又从中选育出不少优良品系。1924年，人们从银坊主中选育出了中生银坊主。一直到20世纪五六十年代，天津的水稻品种都以日本、朝鲜等地的引进品种或系选品种为主。由于优良种性得到了充分发挥，产量及米质皆大大提高，其推广种植面积也迅速扩大，因此银坊等一度成为了天津水稻的主栽品种。

（2）新中国成立后品种的培育更新

新中国成立后，人民政府治理海河，消弭水患，兴修水利，提高排灌能力，解除咸水危害，积极推广有效的水稻栽培技术，开展施肥、造肥运动。1951—1954年，银坊亩产达到500公斤以上，超过了日伪及国民政府时期。为防止品种退化，相关部门还不断开展群众性的选种活动，如采用"一穗传"的办法进行选种，投入生产，今西青区王稳庄的农民还从银坊中选育出了新品种连元稻。

20世纪50年代，银坊在我国华北地区迅速推广，成为了水稻重要的种质资源和育种亲本，人们从中选育出了诸多水稻优良品种。此后，随着生产条件的不断改善，银坊等水稻品种在高肥、密植及生育后期遇不良气候的情况下，易发生严重的穗颈稻瘟病，减产较多，已不能适应小站稻高产的需要，因此国内开始逐步引入抗病、高产的新品种。到20世纪60年代，银坊等水稻品种逐渐被淘汰。

1948年，小站镇老农潘富荣从水源52中选得一枚优良变异株，经过几年的培育，到1953年育成，因穗大粒多、高产优质，故命名为"水源300粒"，成为津南第一个自己选育成功的小站稻品种。渤海农垦局要求单打单收，积极繁育，扩大种植面积。国家及天津市劳动模范、小站镇坨子地农业生产合作社主任姜德玉适时地把这些种子单独播种育苗，单独进行田间管理。为了保证品种的高纯度，他提前在村里一个叫"松树底"的地方开垦了一块约0.13公顷的种子田。此处距大面积稻田有三四百米，可以避免水稻扬花时，因花粉的风力传播而造成杂交。同样为了保纯和提纯，姜德玉采取了"单株栽植"的方法，一则便于观察其分蘖情况，二则可以及时、准确地剔除"异类"。经抽样核准，近一半的单穗颗数达到或超过了300粒。尽管是单株栽植，亩产却能达到514公斤，突破了水稻亩产的千斤大关。随即水源300粒开始在全村

图 3-37 水源 300 粒

及小站部分地区试种。至1958年，京津唐等地区大面积种植水源300粒，均取得了较好的收成和较高的经济效益。这是新中国成立后津南小站稻品种的第一次更新。20世纪50年代是小站稻的辉煌时期，也是水源300粒的鼎盛时期。水源300粒因高产、优质而得到各地稻农的普遍欢迎和高度赞扬，当时有人称赞它说："银坊香稻传千里，水源三百是珠玑。"

20世纪60年代，随着银坊的逐步淘汰，小站稻品种又开始了更新。1965年，引入了野地黄金（农垦39）、白金（农垦40），同时又选育出万两（小站101）、京引33（福稻），它们占小站稻种植总面积的90%，尤其是野地黄金，占到了60%以上。这些品种对增加稻谷产量、提高稻米品质起到了很大作用，实现了小站稻品种的第二次更新。

20世纪60年代末70年代初，393、红金、红旗8号、红旗12号、津辐9号、东方红1号、京引33等品种的种植面积较大，占小站稻种植面积的80%，特别是东方红1号占到了50%，实现了小站稻品种的第三次更新。

20世纪70年代后期，天津的气象条件发生变化，干旱缺水成为常态，从而导致小站稻品种的变化比较频繁。为保证小站稻的品种质量，相关部门建立了水稻品种基地，先后引进了天津市相关科研院所选育的红旗16、红旗23、花育1号、6702等29个品种。1980年，评选出红旗16号、红旗23号、花育1号、垦丰5号、中丹 2 号、喜峰、京引 47 作为主要推广品种。1980—1984 年，这些品种占小站稻种植面积的 67%，成为 1978 年以后恢复和发展小站稻生产时的主要种植品种，实现了小站稻品种的第四次更新。

1985 年推广的中花 8 号和中花 9 号丰产性、抗病性好，品质优良，推广面积占小站稻种植面积的 80%，实现小站稻品种的第五次更新。

1988 年开始推广中花 10 号、中花 11 号、中系 8215、中作 321、津稻 1187、津稻 8311 等品种。到 1990 年，其种植面积占小站稻种植面积的 87%，实现了小站稻品种的第六次更新。其中津稻 1187 株型紧凑，成穗率高，抗倒性、耐肥性和耐旱性强，从 1986 年开始示范种植，到 2000 年仍有少量种植。该品种在 1992 年种植面积达到了 3.75 万公顷，占当年天津水稻种植总面积的 71.3%，为天津水稻生产作出了巨大贡献。1990 年以后，中系 8215 和中作 321 因抗稻瘟病能力减退导致种植面积下降。1995 年，以种植津稻 1187 为主，并有少量的中花 12 号和京花 101。到 20 世纪 90 年代后期，又普遍推广了中作 17（9017）、津稻 779 和金珠 1 号等品种。

2000 年以后，小站稻品种培育进入了以杂交育种为主的新时期。科研人员采用三系杂交粳稻育种技术，不断筛选适宜天津种植的水稻新品种，并加快试验、示范、审定和推广的速度，开始了小站稻品种的第七次更新。2004 年，天津市正式启动小站稻食味提升工程。数十位中外水稻专家联合攻关，从日本引进水稻品种，与天津小站稻杂交，通过多年选育，培育出了既有高产特性，又能达到较高食味水平的小站稻新品种。其中津稻 179、津原 E28、津原 45、津川 1 号等品种具有优质、高产、抗病等优良特性，推广效果较好。2010 年以后，育成的津原 89、津原 U99、金稻 777、金稻 919、天隆优 619 等特优质水稻品种充分表现出了优质、耐盐碱、高产、抗病虫的特性，正逐步在天津推广。

2. 兴修水利工程

（1）水利工程

民国时期，战乱不断，水患频仍，国民政府无力对农田水利等基础设施进行系统维护或提升。新中国成立后，人民政府对海河等重要河流进行治理，完善了提水、排水设备，1958年兴建了海河大闸，解决了海水倒灌问题，同时不断开挖中小型灌、排河流，健全了灌水、排水系统。津南各村农田都建成了自成体系的斗渠、毛渠，实现了河网化，形成了沟沟相通、灌水有来路、排水有出路的水利系统。

新中国成立初期，小站地区用水南有马厂减河，北有海河。关于马厂减河，当万家码头的水位达到5米（大沽高程）时，小站一带80%以上的稻田都可自流灌溉，而且马厂减河比海河来水早15天左右，水质也好。北边的海河纳潮灌溉，用水条件也很不错，不过由于1968年中断了南运河的来水，因此小站地区只剩海河一个水源了。为了解决马厂减河缺水的问题，相关部门采取北水（海河）南调的措施，保证小站稻区的灌溉，同时改进提水工具，实行电气化灌溉，扩大灌溉面积，从而促进水稻生产。1970年以后，水源更加困难，为解决农业用水问题，人们开始打机井，井水加上二级河道的蓄水成了小站稻灌溉的主要水源。

小站渠田排灌设置都是采用排、灌相间方式。小站稻田水渠的设置，大的灌区采用干渠、支渠、斗渠和毛渠四级或干渠、斗渠、毛渠三级灌水，扬水站建在河流上，直接从河里取水送到干渠，通过支渠、斗渠、毛渠灌入田内。稻田废水通过排水毛渠、斗渠、支渠的逐级落差汇入大型干渠。马厂减河以南有外边河的排咸系统，经大沽入海；减河以北利用海河落潮之际排入海河。到1958年海河水量减少，天津市政府为解决用水不足问题，提出清浊分流、咸淡分家，开挖了大沽排水河以承受城市污水和农田咸水。1970年开始在各排水干渠修建排水站，以便将各路咸水排入大沽排水河。

干渠的长短与大小根据灌区面积的大小及灌水水源、排水出路的远近而定。斗渠的长短也依每条斗渠的稻田面积来确定，斗渠的间距一般为300~400米。排毛沟距要根据土壤盐碱程度和排水性能而定，土壤盐碱轻、排水性能好的，毛渠间距一般在30米左右，盐碱重、排水性能差的一般为20米左右。排水毛渠的深度都在1米以下。

（2）水源保障

在正常年份，小站稻的水源保障主要依靠河道、水库等蓄水工程来充分调蓄水资源。此外各区需通过农业产业结构调整，加强农业节水灌溉工程建设，采用节水灌溉技术，充分提高农业灌溉水利用效率，在现有的灌溉水量中调剂部分水量用于新增稻田用水。同时各区应按照《天津市水资源统筹利用与保护规划》，加快调蓄水工程的建设落实，主要包括宁河区潮白新河乐善橡胶坝的更新改造、宁河区蓟运河李台橡胶坝新建、北京排水河扩挖增容、宝坻区黄庄洼水库改建等工程。各调蓄水工程建设完成后，新增调蓄水量优先用于增加稻田供水，力争保障全市5.33万公顷稻田用水。

按照新时期国家"节水优先、空间均衡、系统治理、两手发力""以水定城、以水定产"的治水方针要求，在缺水地区要调整农业种植结构，发展高效节水农业。水稻属于高耗水农作物，而天津又属于资源型缺水城市，应根据水源分布情况，合理布局稻田种植，将发展规模控制在6.67万公顷左右。在丰水年份，相关区应充分利用新建及现有河道、水库工程调蓄水量，提高稻田用水保障率。环城四区稻田用水不足部分可通过中心城区水环境循环退水补充解决，宝坻和宁河两区稻田用水不足部分需视于桥水库自产水状况，适时予以补充。通过上述措施，力争保障2022年6.67万公顷以内的稻田用水需求。

3. 现代生产组织模式

水稻作为劳动密集型产业，更适合规模化、组织化生产，这不仅有利于降低生产成本，提高市场竞争力，还便于管理和实现现代化生产。即使在传统社会，天津水稻种植所采取的军屯模式也是一种规模化、组织化的生产形态。进入现代之后，这个特征更加明显了。

（1）现代农场

民国时期，虽有军阀大量购买土地，建成万亩规模的农场，但整体上农业生产仍然以小农户种植为主。日寇占领天津时期，为了更多地掠夺小站稻米，由米谷统制会投资，在天津茶淀、杨柳青、小站、军粮城、张贵庄等地大量建设农场，改变了原来以小农户为主体的生产模式，客观上实现了规模化和集约化生产，在给当地农民带来巨大灾难的同时，一定程度上也推动了天津农业的现代化。以津南为例，当时建立了十大米谷农场，分别是新桥附近的卫津河农场、大韩庄子以西的示范农场、中塘以南的三井农场、石闸以北的相川农场、西小站以西的大农农场、大芦庄以西的藤井农场、翟家甸以西的香川农场、大安周围的大安农场、东大站以东的东一农场和东大站以西的东二农场。

卫津河农场始建于1942年，占有土地306.7公顷，是津南十大农场中机械化程度最高的，拥有大型拖拉机13台、汽车5部，基本实现了电力化。农场的管理人员和机械手都是日本人，农工有300多人，多是从当地招来的有经验的稻农。在育秧、栽秧、收割等农忙时，农场还从津南各地招集大批短工。

大韩庄子示范农场是十大农场中规模最大的，占有土地866.7公顷，农工千人

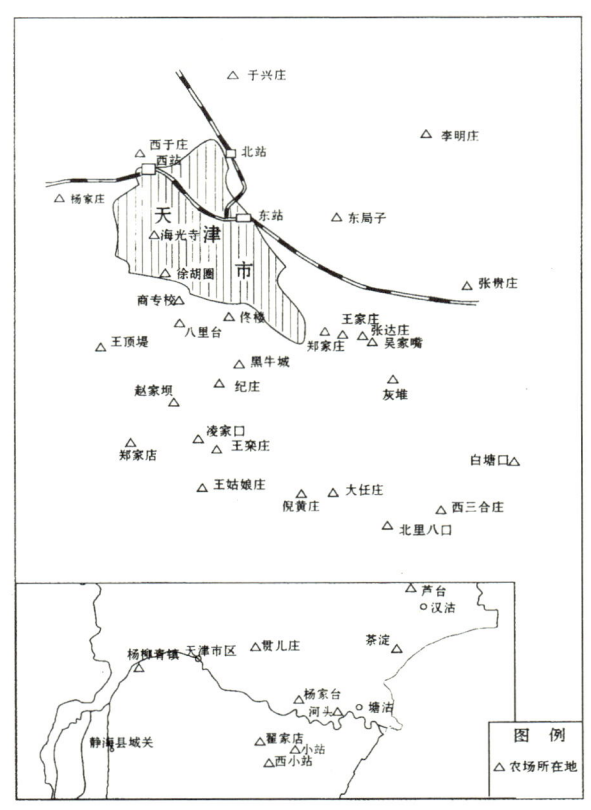

图3-38 抗战时期日本人控制的农场
（引自崔士光主编《滨海城市：天津农业图鉴》，第210页）

左右。其"示范"性主要在两个方面：一是管理严格。对职工强调纪律性、科学性，且无论是育种、栽秧，还是其他种植活动，都是在日本科技人员的指导下，按照日本皇家稻作研究所的规定进行的。二是负责培育银坊、水源等优良稻种，作为米谷统制会华北驻屯军粮食基地所有大型农场的良种产地，其他农场场长以及技术人员需要到这个"示范农场"来参观学习。

其余八个农场的占地面积大小不一，较大的三井农场占地1066.7公顷，有农工800人左右，小的东二农场占地233.3公顷，农工200人左右，农忙时从周边村庄招募农工。这十大米谷农场共有稻田5733.3公顷左右，平均亩产350公斤，每年产稻谷3000万公斤左右，全部由米谷统制会运往军粮城的军谷仓库，作为侵华日军的军粮。

（2）合作组织

新中国成立后，随着土地改革运动的发展，农民分得土地，形成了以个体经济（小农经济）为主体的经济体制。随着国民经济的恢复与发展，农村的个体经济与社会主义计划经济的矛盾日益显露出来，必须对农业实行社会主义改造，从而把个体、分散的小农经济逐步改造成集体所有制经济，建立了社会主义新型生产关系。

早在解放战争时期，蓟州、宝坻等革命老区的农民分得土地之后，便自动组织了劳动互助组发展农业生产。到1949年年底，老区农村的互助组已达到6519个，入组农户2.6万。新中国成立后，天津农村互助组得到蓬勃发展，到1952年年底，全市农村互助组发展到3.5万个，入组农户18.7万，占总农户的41.4%。1953年中共中央颁布了《关于农业生产互助合作决议》，广大农民在互助合作组的基础上又组建了农业生产合作社。到1955年年底，全市农村建立初级社4217个，入社户14.9万，占总农户的32%。在初级社大发展的过程中，大多数地方较好地贯彻了党的政策，发展是健康的，加之注意按社章规定，搞好经营管理（计划、劳动、财务、物资四大管理），因此对调动入社农户的积极性和提高农业生产能力，起到了显著作用。

1955年秋，天津农村互助合作运动掀起了第二次高潮，即由初级社进入到高级社阶段。时称南郊区的农业合作化进程在天津市乃至全国处于领先地位，涌现出诸多先进组织和个体，在全国独树一帜，极大地促进了小站稻的发展。

李吉顺，白塘口村人。1950年，组织17户农民成立了天津县第一个互助组，相继发展40多户农民，开挖"六线河"，开荒40多公顷。作为全县首批成立的农业生产合作社，1956年1月12日得到了毛主席的接见。

姜德玉，坨子地村人。1951年，他带领8户农民组成互助组，水稻亩产达410公斤，被评为全国水稻丰产模范互助组。1952年成立了由17户组成的初级农业合作社，1953年发展到23户，采取定额管理，实行包工制，当年平均亩产445公斤，丰产田亩产514.5公斤，全社共收获稻谷15.4万公斤，社员收入显著提高。1955年12月，成立幸福之路集体农庄（即高级社），当选农庄管委会主任，实行按劳取酬，取消土地分红，推动了农业发展。1957年，全社种稻803.47公顷，总产511.3万公斤。幸福之路被评为全国水稻丰产社，姜德玉先后被评为天津县模范社代表，天津市劳动模范和全国劳动模范。

陈德智，前营村人。1954年在3个互助组的基础上，组织起一个23户的初级农业合作社，秋季喜获丰收，稻谷平均亩产403.5公斤，被评为全国丰产社，受到中央人民政府的嘉奖。1955年，成立109户的迎新生产合作社，全社共97.13公顷稻田，单产410公斤，总产59.7万公斤，获市、区水稻丰产奖。陈德智先后3次被评为天津市劳动模范。合作社的事迹被《中国农村的社会主义高潮》一书收录，毛主席亲自拟题为《一个作风很好的合作社》，并亲撰按语："这个合作社的领导干部，具有社会主义的工作作风，值得各地参考。"

图3-39　合作社上交粮食（坨子地村姜德玉）

十一届三中全会之后，以家庭联产承包责任制为基础的农村产权制度得以确立，极大地调动了农民生产的积极性，不过也面临着小农户对接大市场所带来的诸多风险与不确定性。特别是进入新世纪以后，随着中国加入世贸组织以及城市化的持续推进，这种矛盾变得更为突出，对中国农业的发展提出了新的挑战。要促进小农户与大市场之间的有效对接，就要建立现代化的农业经营体系，要鼓励小农户探索按户连片耕种、土地经营权流转、股份合作、代耕代种、联耕联种、土地托管等多种形式，发展适度规模经营。天津地处京津都市圈，土地资源、水资源和劳动力资源是制约天津小站稻产业发展的三大因素，因此通过各种新型农业经营主体、种植大户、合作社和龙头企业，实现规模化种植和全程机械化生产，是提高土地产出、提升生产效率的必由之路。

4. 水稻新生产技术

近代以来，尽管世界科学和技术取得了极大的进步，但贫穷落后的近代中国在水稻种植的技术创新方面并没有太多的突破，仅仅体现在一些试验场进行了水稻选种试验以及引入了蒸汽机、柴油机等动力设备方面。例如日本侵华时期，由于传统的人力、畜力水车不能满足大型扬水站的需要，因此日本侵略者先后引入蒸气机、柴油机等先进动力设备以驱动涡轮式、轴流式铁质大型水泵，从而提高扬程，加大了排水量。新中国成立初期，一些农户仍用畜力提水，个别运用小马力柴油机。农业合作化以后，随着电力的发展，一些社队开始配备12英寸（30.48厘米）和20英寸（50.8厘米）的机电水泵。1960年以后，津南的水利部门在重要河流上装设600~900千瓦的机电水泵，完全取代之前的人力龙骨车，使灌溉进入了新的发展阶段。

新世纪以来，对粮食安全的高度重视推动着产业技术方面的不断创新，相关部门逐步建立起了与水稻产业发展相匹配的产业技术体系，如包括从田间耕整、水稻种植、田间管理、水稻收获、稻谷干燥到秸秆利用的小站稻全程机械化、智能化作业技术体系。对天津而言，土地资源、水资源和劳动力资源是制约天津小站稻产业发展的三大因素，因此有必要推广简化栽培技术、智慧农业技术、多功能综合种养技术，以降低生产者水稻栽培的成本，实现水稻增产增收。

第四章
小站稻演化发展的特征及其对当代的启发

4.1 演化与发展的主要特征

4.1.1 曲折波动的发展过程

中国历史上气候的变迁具有明显的时间差异性和空间差异性,对社会历史的发展产生了多方面的深刻影响。例如五代至北宋时期,华北地区的气候温暖湿润,而元、明、清三代处于小冰期,华北的气候寒冷干燥,湖泊、沼泽数量减少,今河北境内"河道半皆壅滞,沟渠亦多荒废"[1]。加之元、明、清三代均建都北京,对京畿地区的资源消耗大幅增加,从而导致生态环境的压力也较大。在这样的环境下,整个华北的水稻种植业举步维艰,产生了极大的波动。在水资源缺少的京畿地区,水田被牢牢局限于河、湖、泉的旁边,而在广大的干旱地区,由于水源严重不足,即使在行政命令的强迫下改种了水稻,当地农民也难免遭受灌溉之苦,加之恶劣的气候条件与水土环境,最终大多数稻田又不得不改为旱田(小麦)或蔬圃,所剩稻田只有十之三四。这种现象曾多次且反复出现,天津营田种稻事业的发展同样呈现着时起时落的特点,正所谓"其兴也勃焉,其亡也忽焉"。卜正民(Timothy Brook)在评价雍正年间营田效果时说:"(营田)一个世纪以后,一些最初种植水稻的土地仍在种植水稻;而在另外一些县,水稻种植迅速消失,就像它当初迅速来临一样。"[2]

明清时期,经过多方艰苦的努力,水稻生产得到了恢复,一定程度上增加了粮食产量,满足了部分社会需求,缓解了社会矛盾。万历年间,袁黄任宝坻县县令,教民种稻,刊《劝农书》,详言插莳、灌溉之方。汪应蛟任天津海防巡抚期间,

---

1. 赵尔巽等撰《清史稿·河渠四》,第3851页。
2. [加]卜正民著,陈时龙译《明代的社会与国家》,北京:商务印书馆,2014年版,第130页。

用军垦田，以田召民，且屯且练，引入并推广"十字围"技术。徐光启在葛沽、小站一带购置133.33公顷荒地治水营田，引进南方优良稻种，采用围田之法防涝，并屏海河水备旱，也利用海河潮汐进行灌排。尽管属于私人试验活动，但贡献卓著。不过受该地区自然条件的制约，尤其是水资源缺乏，再加上当时社会的局限性，水田又成了遗迹。

雍正时期清政府在天津的水利营田取得的成效最大，设立了水利营田府及分立的京东、京西、京南和天津四个营田局。此次营田的规模是明代"十字围"的4倍，海河干流右岸的大片土地得到了开发。不过在雍正之后，天津的营田植稻事业很快就衰落了。清末政局不稳，为解决军需粮秣问题，清政府又开始在天津经营水田。光绪元年（1875），直隶总督李鸿章以海防紧要为名，命令周盛传在海河南岸新城一带试垦稻田。到光绪七年（1881），盛军开垦稻田达4000多公顷，加上民营稻田，共9066.7公顷。随着周氏兄弟的病故和甲午战争爆发后盛军被调入朝鲜与日本作战，以及民国之后战乱频仍，小站地区水利设施逐渐废弃，农田管理不善，稻谷品种退化，小站稻逐步衰落。新中国成立后，相关部门大力开展水利基础设施建设，并推广新品种和新技术，使小站稻遍布天津多个区域，高峰期曾达到10万公顷。然而一旦遇到干旱少雨，面积就低至不足6666.7公顷，几近消失，播种面积波动幅度巨大，这也再次印证了小站稻曲折波动的发展特征。近年来，随着天津"小站稻振兴计划"的实施，小站稻重获新生。2020年津南区小站稻种植面积达到了2333.33公顷，天津市的面积则达到了5.3万公顷。此后小站稻的种植规模将稳定在6.67万公顷左右，小站稻将迎来崭新的时代。

总之，这个曲折波动的发展过程是多方面因素共同作用的结果。一方面来自自然生态因素的限制，与大的气候变化周期和中国北方的生态环境直接相关；另一方面与社会的发展状况直接相关，社会稳定上升往往会带来技术进步，推动水稻种植业的发展。

4.1.2 南北融合的发展特征

明代永乐年间天津设卫建城，最初的任务主要是屯田、驻守和保障漕运。当时的人口较少，人地矛盾不突出。随着北京的发展，为了寻求足够的粮食以养活京师及附近地区的人口，政府积极通过漕运把粮食从富饶的江南运送到京师。由于水稻的产量高，不仅支撑着中国南方百姓的口粮需求，而且通过漕运进入北方，维持着整个国家的基本运转，因此得到了从统治者到民众更多的重视。冯桂芬曾在《校邠庐抗议》中指出："夫一亩之稻，可以活一人，十亩之粱若麦，亦仅可活一人。……西北地脉深厚，胜于东南涂泥之土，而所种止粱麦，所用止高壤，其低平宜稻之地，雨至水汇，一片汪洋，不宜粱麦。夫宜稻而种粱麦，已折十人之食为一人之食，况并不能种粱麦乎？然则地之弃也多矣，吾民之夭阏也亦多矣。"[1]一亩稻田可以养活一个人，不过之所以把水稻作为振兴畿辅农业最主要手段的原因，并不单纯因为水稻高产，而是由于当时京畿地区可利用的耕地只有沮洳、低洼之地，因此只能选择水稻来提高土地利用率。

此外，漕运不仅不能成功地解决畿辅地区的粮食问题，而且还会引发一系列的社会问题。比如运河的清淤维护耗费巨大，还会影响运河沿岸的农业灌溉，其中最严重的后果即是漕粮制度使江南地区地竭民贫。明清以来，江南地区粮食尚不能自给却还要缴纳漕粮，这使许多南方籍官员和学者对漕运政策很是不满。他们之中有些人到北方为官，见到了大片荒废的农田，从而促使他们把江南的稻作技术引入畿辅地区，开启了明清两代京畿地区水稻种植与水田开辟的新一轮热潮，实现了"四百万石之漕粮，可取足于辇毂之下，而长运可息，民力可苏矣"[2]的目标。历史上的代表人物袁黄（浙江嘉善）、徐光启（上海）、徐贞明（江西贵溪）、汪应蛟（江西婺源）、左光斗（安徽桐城）、董应举（福建闽侯）、周盛传（安徽肥西）、蓝理（福建漳浦）等均来自南方，他们能够深切体会压在东南人民身上沉重的赋税以及漕运带来的弊端，同时也给天津带来了稻作技术与文化，平衡了粮食外来输入与本地生产的关系，既缓解了国家的财政危机，也减轻了东南人民的负担。不过必须指出的是，与漕运相比，京畿之地所提供的粮食只占十分之一，漕运的地位仍然

---

1. ［清］冯桂芬《校邠庐抗议·兴水利议》，《近代中国史料丛刊》第62辑，第62—63页。
2. ［明］袁黄《劝农书》，张树明主编《天津土地开发历史图说》，第253页。

不可撼动，统治者也深知这一点。

北方并非没有稻作技术，当江南的耕种还停留在火耕水耨的粗放阶段之时，北方的稻作技术就已经达到了相当高超的水平。西汉时期的《氾胜之书》就有对北方水稻栽培的专门论述，对稻区选择、播种用量与稻田温度等问题都有所涉及。其后，贾思勰的《齐民要术》系统地总结了6世纪以前黄河流域的稻作技术，在"水稻第十一"节中详细记载了华北地区的稻作技术。到了明清两代，畿辅地区由于环境恶化而失去了原本在中古时代拥有的高超的稻植技术。随着人口的增长，人地矛盾凸显，粮食短缺，只剩下不宜耕种的沮洳之地，人们迫切希望以农业技术的变革来缓解人口带来的压力。此时，江南地区拥有先进的稻作技术和水利灌溉技术，具备向北方畿辅地区传播先进农业技术的条件。南方籍官员借治水利、消积水之机，引入江南的稻作技术，水稻又重新从南方传入北方。在这样的背景下，来津的士人进行了大量的农事试验，有成功也有失败，但无疑促进了南方稻作文化在北方的扎根，并使之传播扩散。天津有文字记载的农事试验始自明朝万历年间。当时，宝坻县县令袁黄在县内的葫芦窝和司甲坨试验种稻。继之是科学家徐光启，他先后四次来津，进行过多次农业试验。徐光启在津郊垦田，试种南稻，并在《粪壅规则》中提到了施肥的试验情况：第一年因施肥不当，水稻"含胎不秀"，没有收成；第二年调整粪肥比例之后，每亩收米"一石五斗"，南稻北移的试验终于取得了成功。[1] 可见，由于南北方在水文、气象、土地等自然资源方面存在巨大差异，因此南方稻作技术必须在天津本地进行改良，才能成为适应北方的稻作技术。

4.1.3 军事政治色彩浓厚

小站稻诠释了小站"因水而生，因兵而兴，因米而名"的历史发展脉络，"兵"与"米"是小站的"根"与"魂"。古人早有"兵马未动，粮草先行"的说法，屯垦在古代得到了极大的重视和发展。军事和农业相辅相成，实现兵农合一，既能减轻军事活动带来的财政压力，又能保障国家的军事力量。古代军粮运输主要使用畜力和人力，

---

1. 参见［明］徐光启《农书草稿·粪壅规则》，朱维铮、李天纲主编《徐光启全集》第5册，第441页。

效率极其低下，只有采取就地生产军粮的方法，才有可能支撑长期的军事驻扎，并在一定程度上促进边疆经济的发展。

早在西汉时期，汉武帝就在西域"置校尉，屯田渠犁"[1]，标志着屯垦的正式开始。唐代，"隶州镇诸军者，每五十顷为一屯"[2]，"凡天下诸军、州管屯，总九百九十有二"[3]。屯田的大力发展为节度使的军粮供应提供了保障，节省了财政开支。至此，屯垦已经成为具备御敌、拓边等多种功能的军事—经济综合体。唐中宗神龙三年（707），姜师度任沧州刺史，出于军事防御的目的，曾屯田种稻。"沧州刺史姜师度于蓟州之北，涨水为沟，以备奚、契丹之寇，又约旧渠，傍海穿漕，号为平虏渠，以避海难运粮。"[4]即在今天津宁河与东丽军粮城之间，向东北方向开凿了一条与海岸大体平行的运河，以沟通海河与蓟运河的航道，使漕船不必再取海路进入蓟运河，避免了海上的风险。这样，漕船由军粮城经平虏渠，入鲍丘水（蓟运河），溯流而上，即可直抵蓟州渔阳。因筑渠为备奚、契丹之寇，故名"平虏渠"。

宋辽时期，双方以白沟为界河，沧州节度副使何承矩在界河以南东西狭长的洼地（今白洋淀）引导军民兴建堤堰，引水灌溉，处处蓄水为陂塘，"大兴屯田，种稻以足食"[5]，目的是阻遏辽国骑兵的南侵。当时因宋辽之间战事不断，因此辽在其统治的南京道（今北京、天津北部及长城以南的唐山、秦皇岛一带）为便于骑兵驰驱而禁止种水稻。这也从侧面反映了当时以粮食生产为辅，以军事防御为主的稻作指导思想。元朝的郭守敬、虞集等极力疏言开展京畿地区的治水营田，元至正年间丞相脱脱曾把虞集的建议付诸实践，改善了当地的农业状况。

明清两代，屯垦作为重要的边疆政策得到延续。明代著名军事将领戚继光对于水田用兵曾这样论述说："南服之地，水田畦径，至或青草萦纡，途路宽者不过五尺，小者一尺，仅容侧足，皆水田茂禾，深稻难行，三五人即塞。往往用兵，千数百人密相蚁附，一路而行，一遇败衄，前后拥迫蹂践，落田中者复为田港水泥所阻，

---

1. [汉]班固《汉书·西域传下》，北京：中华书局，1962年版，第3912页。
2. [唐]杜佑《通典·食货二》，北京：中华书局，1988年版，第44页。
3. [唐]李林甫等撰《唐六典》，第223页。
4. [后晋]刘昫等撰《旧唐书·食货下》，北京：中华书局，1975年版，第2113页。
5. [宋]李焘《续资治通鉴长编》卷三十四，第747页。

往往失事甚大，盖由不知分合故耳。"[1]

　　清朝在应对北方、西北的入侵、叛乱中，逐步形成了一套封建时代最完善、最行之有效的屯垦制度，道光皇帝曾说："屯田一事，实为安边便民、足食足兵之良法。"[2] 同治十三年（1874），淮军盛字军统领周盛传开挖马厂减河垦荒种稻，到袁世凯小站练兵期间，小站稻成为主要的军粮来源。"小站练兵"在中国近代史上影响深远，小站也被誉为"近代中国第一镇"，它是编练新军的要地，促成了冷热兵器的转换，造就了中国第一支近代陆军。小站稻与小站练兵早已融为一体，更使得小站稻名扬海内外，形成了特有的兵米文化交融的稻作文化系统，是中国北方稻作文化的一座高峰。

　　抗日战争时期，日本侵略者建立米谷统制会，把小站稻列为军粮。津南人民和地下抗日武装力量，在中国共产党的领导下对日寇的米谷统制进行了顽强的、多种多样的斗争，给日本侵略者以沉痛打击。这一时期涌现出一系列感天动地的英雄人物和可歌可泣的英雄事迹，使小站稻文化景观上又增添了一抹浓重的革命色彩。

　　总之，天津的水稻种植大多属于官方发起的屯垦活动，并由军垦带动民垦，这个过程甚至与天津的城市发展融为了一体。军事政治色彩浓厚也成了小站稻骨子里的烙印与特色。

4.2　对当代经济社会发展的启发

　　工业革命以来，工业化越来越多地重塑着其他行业的运行模式。农业也不例外，它越来越多地呈现出工业化、商品化和市场化的特征。在农业现代化进程加速、先进技术应用、农业剩余价值增加的同时，农业也由于过于追求"效率"，因此导致传统农业文化逐渐淹没在工业文明的浪潮中，并诱发了很多其他社会问题。要解决这些问题，就要回过头来从传统农业和传统文化中汲取智慧和力量。我们可以从更广阔的社会结构与文化的角度去理解小站稻千年以来的演化规律，从中提炼出对当代社会发展有价值的理念和启发。

---

1. [明]戚继光《纪效新书》卷首，《景印文渊阁四库全书》第728册，第498页。
2.《宣宗成皇帝实录》卷一九七，《清实录》第35册，北京：中华书局，1986年版，第1110页。

4.2.1 以农为本的治国理念

农业是关系国计民生的重要产业。在传统社会,围绕农业生产所形成的人与人、人与国家、人与社会的关系,直接影响着整个民族的生存和发展。在以农业为主要生产方式的传统社会里,以农为本意味着农业将对整个社会发挥着压舱石的作用,农业无疑是经济发展和社会稳定的基础,历代思想家大多都强调以农为本。小站稻的发展演化也反映了这一思想理念。它的发展演化过程,不仅仅表现在技术层面的更迭替代,更关系到一系列社会结构的改良与变革。这里包含着国家安全、土地租赁、人口迁移流动、王权变更等方面的内容。无论是过去的政治军事功能,还是现在的粮食安全,以农为本的思想始终都在贯彻,都是通过发展农业来保障国家的军事胜利、政治稳定和粮食安全,缓解社会矛盾,保持社会稳定。这对于工业化时代的我们仍具有较大的启发意义,每年出台的一号文件也说明了党和国家对农业的重视。

值得注意的是,尽管目前农业在整个国民经济中的比重逐渐降低,特别是大都市的农业占比甚至低于1%,但是随着农业的多重功能不断被挖掘,农业的受重视程度仍非常高,像北京、天津、上海这样的大都市依然投入了大量资金反哺农业。在当代社会,尽管小站稻的军事和屯垦功能已经弱化了,但它的文化价值和生态价值值得进行借鉴和保护。特别应该挖掘小站稻在农耕文化、传统文化以及爱国主义等方面的特质,发挥小站稻对于改善区域生态环境、维护生态平衡方面的作用,只有如此才能在都市地区为小站稻赢得生存空间,并赋予新的意义。

4.2.2 重视技术进步

在农业技术研发推广的过程中,应首先重视技术的实用性,即古人对农业技术要求的"经世致用"。宋代陈旉曾说:"非苟知之,盖尝允蹈之,确乎能其事,乃敢著其说以示人。"[1] 他强调实践出真知,理论应来源于农业生产实践,并能够指导实践。小站稻的种植历史一次又一次地证明了技术进步的重要性。徐光启在津治水营田,开展农业科学试验,总结形成了包含引种示范、围田防涝和戽水备旱在内的

---

1. [宋]陈旉《农书序》,《景印文渊阁四库全书》第730册,第172页。

技术体系。试验成功之后,他著书立说,证实了津沽大地种稻的可行性。

  天津之所以向南方学习水稻技术,最主要的原因是稻作技术已随着天津当地环境的恶化与水稻种植的废弃而失传,因此随着人口的增长与粮食的匮乏,不得不引入南方稻作技术以缓解社会危机。江南地区从唐宋以来就走上了一条精耕细作的道路,农业获得了长足的发展。它在水稻种植制度、水稻选种、稻田整地、育秧与移栽、施肥、病虫害防治与水稻贮藏等方面都比以前有了突破性进展,而在土地利用与水利灌溉方面尤为突出,这些都为江南地区先进稻作技术向京津地区的传播奠定了坚实的基础。同时通过人口流动、行政命令、军事屯田、经济贸易和文化交流等多种方式和途径进入北方,影响着中国千年来的政治、经济走向。值得一提的是,从南方得到的技术并不仅仅是水稻种植技术,还包括水利技术与制田技术。从南方传来的水田技术根据京津地区的环境进行了一系列调整,如采用早熟、耐旱和耐瘠的抗逆性品种,对水车的形制进行改造,疏浚河道,并大量建设圩田。天津地处京师门户和河海要冲的平原,为南、北农业技术交流提供了先天的便利条件,从而使先进的农业科技成果能够较快地在天津的土地上应用推广,最终使处于劣势的土地资源转化为经济上的优势。

  纵观天津的古代农业和近代农业,无论是品种革新、土壤改造还是工具提升,农业技术的变革始终都发挥着关键作用。当代社会,都市地区人才、技术密集的先天优势进一步凸显,现代科技将推动水稻基因育种、信息技术、物联网技术等全方位介入小站稻的全产业链,进一步摆脱自然资源的局限。

4.2.3 重视农田水利等基础设施建设

  水资源利用和水文改造是发展农业的前提和基础。天津地势低洼,河流众多,地表水系发达,若没有水利工程,则水患频繁,无法发展农业。天津水利营田之所以未能大规模且持久地发展起来,除了政治、社会的原因外,气候和水资源条件是主要制约因素。符合规律的农田水利思想是推动天津农业发展的重要一环。历史经验证明要发展水稻生产,就应以开辟水源、兴建灌溉工程为先导,解决低洼地的洪涝问题。不过明清两代北方人多不习惯水利,在南方官员的力主下,水利思想得以传入京畿。

水利是公共事业，河流有其自然的流域和走向，与行政区划并不一致，如果不通盘计划，往往会发生水利纠纷。元、明、清三朝定都北京，发展农田水利，以就近解决首都的粮食供应，是当时江南籍官员、学者的理想。天启年间左光斗梳理了治水与屯田的关系，意识到没有水利设施的修建，屯田就是无本之木、无源之水。为此他专门上疏提出了兴办水利的"三因十四议"，内容丰富，科学合理。道光年间，为了解决人口剧增带来的人地矛盾和粮食危机，冯桂芬提出用推广稻田的方法来提高粮食产量。不过水稻的种植必须要有良好的灌溉系统和水利设施，因此扩大水稻种植面积的基础是改善水利条件。冯桂芬提出对于那些因积水弃而不用的"低平宜稻之地……相其高下，宜疏者疏之，宜堰者堰之，宜弃者弃之"[1]，即通过兴修水利整治为稻田。耕地面积扩大，土地利用率也相应提高，"不特平者成膏腴，下者资潴蓄，即高原之水有所泄，粱麦亦倍收也"[2]。

如何处理好农业生产与水资源的关系一直是最重要的议题。20世纪50年代以后，海河上游修建了水库，入海口也修建了防潮闸，这意味着海河已经没有潮汐河道的功能了，上游来水和下游潮水骤减，水资源的缺乏更凸显了修建水利设施的必要。沟通河流水系实现跨流域调水，促进雨洪资源利用和再生水回用，发展节水农业，通过土地整治建设形成集中连片、设施配套、高产稳产、生态良好、抗灾能力强，与现代农业生产方式和经营方式相适应的基本农田，加快补齐农田基础设施短板等一系列举措可以为推进农业高质量发展打下坚实基础，对确保粮食安全也具有重要意义。

4.2.4 因地制宜、顺应自然的理念

在传统社会，环境对农业有极强的制约作用，虽然农业技术能在一定程度上改造环境，但范围和力度均较为有限。农业生产要顺应环境，天时地利人和缺一不可。

---

1. [清]冯桂芬《校邠庐抗议·兴水利议》，《近代中国史料丛刊》第62辑，第65—66页。
2. [清]冯桂芬《校邠庐抗议·兴水利议》，《近代中国史料丛刊》第62辑，第66页。

明清时期一些南方士人出于减轻漕运压力的目的，往往采用行政命令来推广水稻种植，结果却是人走政息，旋兴旋废，很难尽如人意。这一方面是由于不同利益群体之间存在冲突，另一方面是由于自然生态条件的限制，不适宜大范围推广水田。清乾隆二十七年（1762）圣谕中说："盖物土易宜，南北燥湿，不能不从其性。倘将洼地尽令改作稻田，当雨水过多，即可借以潴用，而雨泽一歉，又将何以救旱？从前近京议修水利营田，未尝不再三经画，乃始终未收实济，可见地利不能强同。"[1] 人作为技术的主体，必须尊重现实，顺天时，量地利。在技术越来越发达的今天，在环境许可的范围内施用技术则显得更为重要了。

小麦是耐旱耐寒作物，适合北方种植。从唐朝中后期开始，小麦的地位逐步上升，麦作技术也日趋成熟起来，元代王祯的《农书》中就记载了麦钐、麦笼等麦作农具，华北地区逐渐形成了一套完整的麦作技术体系。到了明代，小麦已占据了华北地区首粮作物的地位，这也导致了原有稻作技术的逐步消解。小站稻必须要面对这个现实，如若大的气候环境不发生变化，则水稻难以成为天津的首粮作物。从这个过程也可以看出，应当根据各地实际的气候、土壤、水利等条件，选择农作物进行种植与推广，然后充分利用农产区的各种资源，通过精耕细作，实现资源利用率的最大化，实现农业发展与环境保护的双赢。天津地势低洼，斥卤盐碱，干旱少雨，水量分布不均，要恢复发展水稻种植，就要认真对待限制因素，积极改变不利因素，才能使有限的自然资源得到合理利用，以满足社会经济发展的需要。徐光启就曾提出在水资源缺乏的北方，只关注水田是不现实的，更应该着眼于旱作农业，应该因地制宜，水旱兼作和轮作，他说："凡高仰田可棉可稻者，种棉二年，翻稻一年，即草根溃烂，土气肥厚，虫螟不生。"[2] 一水二旱的倒茬种植可以节水、改土、培养地力，并防止周围地块返碱，是适合天津的稻作模式。

袁黄认识到华北平原与江南的环境存在巨大差异，故而在引入南方种稻技术时十分谨慎，总是加以变通以更适应北方的实际情况。在论述天时的时候，他认为南

---

1. 《钦定八旗通志》，《景印文渊阁四库全书》第667册，第542页。
2. [明] 徐光启《农政全书》卷三十五，《景印文渊阁四库全书》第731册，第504页。

北方气候不同,所以宝坻种稻不必拘泥于古农书里提及的农时,而应该根据本地物候状况来耕种。关于种子储存,袁黄认为南方地卑多湿,种子须悬挂通风,而北方冬季寒冷,种子更宜窖藏。关于水稻浸种,袁黄认为北方不宜直接采用南方"浸水中三日,漉出纳草篱中,晴则暴暖,溢以水日三数"[1]的方法,而应该根据北方地冷阴寒的环境,"浥以温汤,候芽出,然后下种"[2]。为了应对天津沿海多咸水的情况,汪应蛟在天津屯田时,采用引潮灌溉法,以适应天津海潮一日两次的实际。海水重而河水轻,海潮内侵时河水上涌,淡水浮在上层,便可引上层淡水灌田种稻。同时在围田中置闸,"潮来渠满则闸而留之,以供车戽,中间沟塍地梗宛转交通,四面筑围,以防雨涝"[3]。这些方法至今仍不过时。

4.2.5 重视对农民的组织

纵观历史长河,农民是一个非常重要的群体,一个社会的稳定程度有赖于他们,因此从古至今所有的政权都非常重视农民。屯垦是一项涉及范围甚广的系统工程,这就需要对农民进行严密的组织,并通过减免税赋、提供启动资金的形式,吸引农民参与屯垦,这在崇厚营田、周盛传营田的过程中均有印证。《天启三年天津屯垦条例残卷》明确指出:"选委围头,伍长以专责成。……揽种一百五十亩者为围头,种五十亩者为伍长。"[4] "愿分者,官给牛、种、粪料等项,俟秋收之日,官民均分。"[5] 袁黄在《劝农书自序》中特别提出"里老以下,人给一册,有能遵行者,免其杂差"[6],借以推广当时先进的种稻技术。左光斗在津期间,实行屯田、办学和科举相结合,设立奖励机制,提高农户种稻的积极性,对天津农田水利建设和经济发展起到了积极的作用。可见诸如专人示范带头、提供农资材料、出台补贴政策、加强教育等手

---

1. [明] 袁黄《劝农书》,张树明主编《天津土地开发历史图说》,第261页。
2. [明] 袁黄《劝农书》,张树明主编《天津土地开发历史图说》,第261页。
3. [清] 唐执玉等纂《畿辅通志》卷四十七,《景印文渊阁四库全书》第505册,第90页。
4. 《天启三年天津垦屯条例残卷》,张树明主编《天津土地开发历史图说》,第283页。
5. 《天启三年天津垦屯条例残卷》,张树明主编《天津土地开发历史图说》,第285页。
6. [明] 袁黄《劝农书自序》,张树明主编《天津土地开发历史图说》,第247页。

段可以调动农民的生产积极性，使之成为保障屯垦成功的关键。

进入现代社会之后，农业科技的力量得到彰显，农民被逐渐边缘化。从农业技术推广角度来看，传统农业具有世代传授实践经验的特征，而现代农业技术多产生于远离田地的实验室，由专业技术人员主导，因此结果这些研发人员要将最新的技术推广到广大农民当中，就必须依赖专业的农业技术推广体系和农民组织体系。因此要注重调动农民的积极性、主动性、创造性，对农民进行组织、引导和教育，激发农村地区和农民群体的自我发展能力。政府需要出台具有鼓励性的政策，鼓励三产融合发展，提升产品附加值，完善农民的利益分享机制，激励农民种植水稻。同时必须要重视对农民的教育，要培养出有文化、懂技术、会经营、高素质的新型农民，使其具备合理利用科技力量的能力和意识，实现农业增产的同时，形成人与自然和谐相处的局面。

4.2.6 追求高标准、高品质的农产品

在传统农业的发展理念中，农业生产首先不是追求利润，而是为了农业再生产，从连续的农业周期中获取生活的能量；其次是利用自然界相生相克的法则防治病虫害，力求实现农产品的高标准和高品质。食物是人类最基本的能量来源，其质量影响着安全。时至今日，绿色、有机和生态成了农产品市场上响亮的口号，食品安全越来越受到人们的重视。小站稻在种植过程中追求天、地、人和谐统一的理念，生产的稻米含有人体所需的各种氨基酸、脂肪酸、矿物质以及较多的纤维素和丰富的维生素。中医称其味甘性平、微寒，可补中益气，健脾和胃，有除燥渴、止泻痢、健筋骨、清五脏之功效。周楚良在《津门竹枝词》中曾谈到小站稻的前身葛沽稻的米质："做粥葛沽稻粒长，汁滗晶碧类琼浆。"[1] 清末小站稻名扬四海，人们评价其米质白里透青、油光发亮、黏香适口、回味甘醇。这种对食物品质的要求，推动了生产技术的进步和品种的不断改良，在赢得民众认可的同时，也促进了产业的发展。

---

1. ［清］周楚良《津门竹枝词》，［清］郝福森《津门闻见录》，《天津图书馆孤本秘籍丛书》第 2 册，第 66 页。

必须指出的是,尽管恢复小站稻种植有很大的积极意义,但也应该考虑现实条件。在天津这样的都市地区,生鲜农产品是最有活力和效率的农产品供给,应在减少浪费的同时保证农产品的鲜活。然而相对于生鲜农产品,水稻的价格比较优势并不显著,如果单凭行政力量强行推广,不仅会干扰市场规律,而且会对天津其他农产品供应产生影响,不利于整体社会效益的提高。

图 4-1　贡米品质的小站稻

Part 3

第三篇 "小站稻：独特的遗产价值"

农业文化遗产地拥有良好的生态环境、优美的田园景观、多彩的民俗文化，蕴藏着经济社会发展的"密码"，具有独特的价值。对遗产地价值的多角度挖掘，有助于促进要素资源的聚集、产业结构的调整和优势布局的形成，有助于不断拓展农业功能，带动农产品加工和休闲旅游业的发展，提升农产品附加值，从而带动区域经济良性发展。小站稻种植系统作为中国重要农业文化遗产，不仅为人类提供最基本的粮食，而且在促进经济发展、文化传承、生态保护和社会进步等方面也发挥着重要作用。

第五章
生态与环境价值

小站稻稻田作为人工湿地，可以改善水环境，参与补充回灌地下水，提升地下水水位。而为种植水稻修建的渠、湖、塘、坝，可以调节暴雨洪水，调节城市的湿度、温度，缓解大城市的热岛效应，形成良好的微气候。水稻种植需要充足的养分，通过水环境和施放有机肥料，形成完整的养分循环过程：将稻茬留在地里化为肥料，补充土壤肥力；发展稻鱼、稻蟹养殖，使动植物及土壤之间的养分交换更加频繁和有效。小站稻种植区内各物种的存在与平衡共同维持了当地生态系统的稳定性，可促进饮用水与食品的安全、空气质量的改善和绿色环境的形成，对保障当地生态系统的完整作用巨大。

5.1 遗传资源与生物多样性保护

农业文化遗产可以为当地居民提供多种多样的产品和生态服务，包括遗传资源、固碳释氧、水土保持、文化传承、景观美化、科学研究等多种直接和间接的价值。它赋予了农业更为广阔和丰富的内涵，促使农业的功能在现代社会向多样化方向发展。

5.1.1 基因多样性保护

1. 种质资源保护与良种繁育

种质资源是在长期人工选择和自然选择过程中形成的，它们携带着多种遗传基因，并将其丰富的遗传信息从亲代传递给后代的遗传物质的总体。种质资源是生命延续和种族繁衍的保证，更是农业科技原始创新与现代种业发展的物质基础。

小站稻作为国家水稻种质资源库的优秀地方代表，是维系生物基因多样性的重要内容。保护、恢复小站稻的种植，不仅是保护小站稻本身，更是丰富国家优质品种的种质资源库的有效途径。在漫长的历史时期及多样的生态条件下，经过自然或人工选择，围绕小站稻种植形成了丰富而相对稳定的适应性农业生物种质资源，而在气候、环境、生活习俗、耕作方式和经济模式等外在条件不断变化的冲击下，一些育成品种或杂交品种会出现退化。不过它们所承载的优异的种质资源依然值得被保留，并可以之为基础培育出高产优质、抗性强或多抗性强的水稻新品种。换言之，这些流传下来的水稻地方品种，已成为今后本地区水稻育种上的宝贵财富。新品种的培育并不是无源之本，无本之木，而是在糅合现存大量优质种质资源基础上培育而成的。以天津市农科院农作物研究所培育的津原89为例，根据其系谱图可以看出，津源89有20世纪八九十年代主推的中作系谱和中花系谱的种质基因，津原89继承了它们耐盐碱、超高产、抗逆性强、品质优、省肥省药的特性，成为现在天津水稻的主推品种。由此可见保护种质资源多样性的重要性，它是未来培育水稻新品种的重要条件。

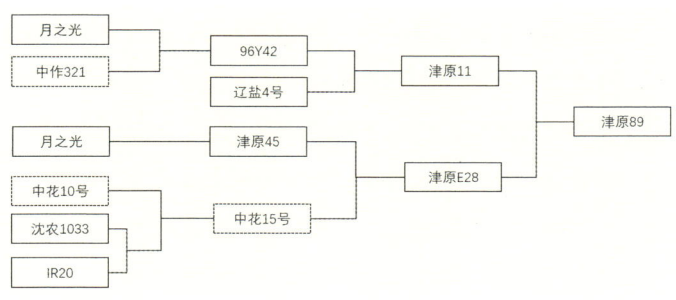

图 5-1　津原89系谱图

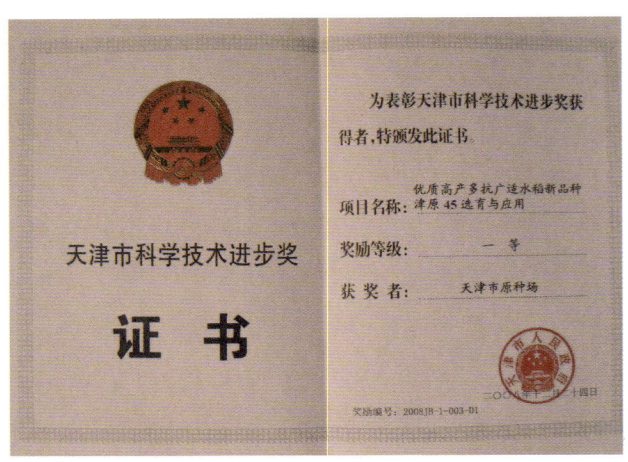

图 5-2 小站稻种源技术的支撑者——天津市原种场所获证书

鉴于种质资源保护的重要性，目前天津市主要育种机构都设有水稻种质资源数据库，有针对性地收录国内外稻属种质资源及其系谱信息，既可以满足不同生产者对适宜品种的需求，又可以满足不同消费者的偏好。天津市原种场也建立了水稻种质资源数据库，为水稻种质资源的智能化管理、精准育种、高效育种奠定了坚实的基础。国家粳稻工程技术研究中心也依托天津小站稻提质增效产业化重大工程项目建立了小站稻种质资源库，涵盖国内外常规、杂交及功能性优异资源及其衍生系，资源保存量达 3000 份以上。

2. 挖掘优良性状控制基因

稻米品质是小站稻产业做大做强的关键，涉及稻米品质的关键要素占比为：品种品质占 60%，种植品质占 20%，收储加工品质占 20%。由此可见，为实现产业链良性循环，选定综合性状优良的主推品种是关键。

种业的发展也是随着科学技术的进步而发展的，从遗传学到 20 世纪 50 年代分子生物学的诞生，到后面的基因组学，再到现在的合成生物学，一系列学科的快速发展催生了育种技术的进步。早期小站稻的育种，主要是种植者从稻田里选择穗粒多且重的植株带回去集中保留，然后进行下一代的选择培育，以此来获得新型品种，

图 5-3　津原 89

这种方法从近代的"一穗传"即可以看出。现代社会，遗传学建立之后，育种年限被大大缩短了，新的遗传育种技术能帮助筛选有价值的重要性状，比如矮秆、分蘖、抗病虫等。不过育种效率还相对较低，所以分子生物学应运而生。其主要方向是设计育种，在对所有亲本材料进行透彻分析了解的基础上，对影响性状的基因控制和形成机制进行深度分析，并在这个基础上，围绕产量与品质两个维度，做到需要什么样的品种，就可以培育什么样的品种。

小站稻从江淮引入天津之后，经历了一系列的变化，在不同历史时期有不同的主栽品种，不过大体上都具有一些稳定的性状特征，如耐旱、耐盐碱、耐寒等，这是与天津本地的水土条件相互适应、相互筛选的结果。在继承和挖掘这些优良性状基因的基础上，科研人员基于科学和技术两个层面积极开发具有自主知识产权的小站稻品种：

（1）科学层面：利用水稻基因组学、蛋白组学和 RNA 组学等组学大数据挖掘优良性状控制基因。解析控制水稻食味的分子机理，包括大米晶体或微晶体结构与食味的关系，重要性状基因的克隆与功能分析，重要性状基因的互作关系，气象因子、施肥灌水影响品质的分子机理等内容。

（2）技术层面：完善常规育种技术、分子育种技术、信息育种技术相结合的精

图 5-4　天隆优 619

品粳稻育种技术体系,利用基因编辑技术改良重要性状,利用高通量分子标记辅助对后代多性状的快速筛选,利用水稻表型鉴定系统实现对水稻品质性状的高效鉴定,利用信息技术实现对育种材料大量数据的分析,从而培育抗多种病虫害、抗倒伏、抗逆、节肥节水、高产、优质、适宜机械化生产的绿色优质水稻精品品种。

5.1.2 生物多样性保护

自然生态系统的特点是稳定、高效地利用资源,并呈现出生物多样性和系统稳定性,而农业追求的高产往往是通过集约种植某一个高产品种来实现的,这就会带来生物多样性(包括物种多样性和遗传多样性)的缺失。农业文化遗产则正是要利用生物多样性来实现社会和经济的可持续发展,可以说生物多样性是农业文化遗产最为重要的一部分,是农业文化遗产的基石,为当地的生计和食物安全提供重要保障。2003 年 6 月,欧盟将农业补贴与环境保护相挂钩,形成了以环境保护为核心的农业补贴政策体系,他们推广有机肥、生物农药和机械除草,逐步恢复过去受到破坏的生态系统,增强生态系统对气候的调节能力,延长食物链,增加生物多样性,提高生态系统的自我调节能力。

1. 提高生态系统的稳定性

生物多样性是维持生态平衡的基础条件。稻田生态系统是一个类似湿地的人工复合生态系统,水流缓慢,水温较高,溶氧丰富,酸碱度适中,透明度较高,氮、磷、钾等营养盐丰富,是许多野生生物的栖息所和避难所。中国国家生物多样性信息交换所的研究资料表明,稻田生物多样性的构建在一定程度上提高了物种多样性和遗传多样性,且对病、虫、草害有较明显的控制作用,对生态环境有一定的改善作用。水田是适应湿地的两栖类和爬行类动物的重要栖息地之一。在稻田生态系统内部,通过生态关系调整、系统结构功能整合等方面的微妙设计,可以利用各个组分的互利共生关系,形成独特而又丰富的生物结构,实现稻田生物共生互利,从而提升生态性能。此外,许多湿地鸟类也选择水田作为它们的觅食场、临时避难所。

宝坻区的八门城镇地处黄庄洼的洼心地带,拥有稻田湿地8万亩(5333.3公顷)。得天独厚的湿地资源在近年来的环境治理、保护下,吸引了越来越多的白鹭、苍鹭、夜鹭、池鹭、牛背鹭、野鸭等候鸟迁到该镇回家庄村繁殖栖息。鹭鸟是湿地生态系统中一种重要的生物,也是环境质量评价的一类标志性动物,它们的到来说明以稻田湿地为基础的生物多样性得到了极大的提升。

西青区王稳庄镇万亩稻田,采用新的生物农药和除草方式,确保了稻田里鱼、虾、蛙生存环境的安全性。凭借稻田营造的良好生态环境,这里吸引了大批候鸟栖息,甚至包括国家一级保护鸟类灰鹤。

青甸洼是蓟州区最大的泄洪区,新中国成立后经过改造,已经成为鱼米之乡,生态环境良好,盛产水稻、玉米、莲藕、鱼、虾等,青甸洼水稻在京津冀有较大的影响。青甸洼稻田面积较大,且收割后有稻粒遗留,为鸟类在冬季提供了充足的食物和良好的生存环境。2020年这里吸引了七只国家一级保护动物大鸨前来休闲觅食,可见稻田的存在确实增加了生物多样性。

自然生态本身有构建生物多样性的功能,不过稻田作为人工生态系统,生物结构单一,水稻是绝对的优势种群,生物多样性相对脆弱,应该根据不同生态植被和生态环境,使稻田与周围的水体、路渠、旱地和作物之间形成密切的联系,并采取一些措施,恢复和构建生物多样性。例如在稻田之间设置田埂,水稻收获后,栖息

图5-5 蓟州区青甸洼稻田中的大鸨

在水稻上的生物就可以把田埂作为避难的去处、繁衍的场所和迁徙的跳板;田埂上可以种植豆科作物,机耕道两侧可种树木;推广水稻与其他作物(如其他粮食作物、蔬菜、棉花等)的间作模式,冬春两季之间未必要进行冬泡,可以种植冬季作物或冬闲,以丰富稻田生态系统的生物种群,延长食物链条,构建稻田的生物多样性基础。

2. 生物多样性评价

与其他自然生态系统一样,稻田生态系统也是由生产者、消费者、分解者和非生物因子构成的。这些生产者、消费者、分解者构成了多样性生物群落和错综复杂的食物网(链),并通过非生物因子的能量输入,确保生态系统的稳定。不同的是,稻田作为人工湿地生态系统,是季节性浅水水体,受人工干扰和控制比较多。生长在稻田的水稻是优势种群,和其他生物如水禽、水产、浮游生物共同构成了具有一定依存关系的生物群落。这些生物相互之间能形成食物链的依存关系,在都市地区难能可贵。

基于此对小站稻农业文化遗产开展生物多样性评价,对促进小站稻农业文化遗产的保护和开发意义重大。目前天津市正在大力推广稻田综合种养模式,在提升稻田收益的同时,也为生物多样性保护提供空间。这里主要包括"稻蟹共作""稻鳅共作""稻鱼共作"以及"稻虾连作+共作"四种代表模式,养殖品种涵盖河蟹、

表 5-1　天津稻田生态系统的组成

组成成分	举例
生产者	水稻植株、杂草（水蓼、两栖蓼、回回蒜、轮叶狐尾藻、聚草、珍珠菜、通泉草、浮叶眼子菜、小茨藻、泽泻、野慈姑、苦草、光头稗、长芒稗、荩草、二歧飘拂草、扁秆草、水葱、水莎草、头状穗莎草、褐穗莎草、浮萍、鸭舌草、灯心草、鸡爪草、芦草）、浮游植物（槐叶苹、水绵、轮藻）等
消费者	水产（鱼、虾、螺、蚌、泥鳅、青蛙、河蟹等）、水禽（鸭、鹅及野生鸟类）、浮游动物（轮虫类、枝角类、桡足类）、昆虫（稻飞虱、稻纵卷叶螟、稻叶蝉、稻象虫、水稻二化螟、水稻三化螟、蜻蜓、螳螂、七星瓢虫、蜜蜂、马蜂）等
分解者	细菌和真菌等微生物，如土壤产甲烷菌以及甲烷氧化细菌
非生物因子（外部环境）	阳光、空气、水、土壤等

泥鳅、草鱼、青虾、小龙虾、蛙等。其中以稻蟹模式较为普遍，约占稻田综合种养的90%以上。水稻种植的主要品种为粳稻18、津原E28、津原89、津垦335、津稻179，河蟹以光合1号为主要养殖品种，同时在边沟中种植水草，如范草、苦草、伊乐藻等。与传统单一水稻种植相比，稻田生态种养系统内的营养层次更多，组成因子更为复杂，食物链更为复杂，因此其生态系统的自我调节能力更强，稻田系统更加稳定。

图 5-6　小站稻稻蟹养殖

5.2 生态服务价值

生态服务价值是指人类从生态系统运转中获得的利益，包括食物原材料的生产和提供、大气气候的干扰和调节、水的供给和涵养、土壤的形成和保持、环境的美化和净化、文化的支撑和发展等。由于长期以来对生产功能的过度关注，因此导致人们往往忽视了稻田的生态服务价值。近年来，随着经济、社会的高速发展和生活水平的日益提高，农业的生态服务价值逐渐被人类重视并发掘。稻田生态系统具有农田生态系统的全部特征，同时也具有湿地生态系统的部分功能，具有较高的生态

表 5-2　天津水稻生态系统服务功能分类及内涵

功能分类	功能内涵
生产功能	1. 稻米供给
	2. 副产品供给
生态功能	3. 碳汇功能，减少温室气体二氧化碳的排放，产生有机物
	4. 释放氧气
	5. 调节本地小气候，缓解城市热岛效应
	6. 夏季蓄水防洪
	7. 涵养水源，回灌地下水，防止地质下沉
	8. 净化环境，回收利用生活污水和垃圾，吸收有毒气体，降低飞尘
	9. 温室气体排放（甲烷、二氧化碳、一氧化二氮等）
	10. 面源污染（化肥、农药）
	11. 生物多样性维持
生活功能	12. 稻田景观（观光休闲、娱乐）
	13. 传承"稻米文化"以及农业教育
	14. 本地农民就业

服务价值，已经有多位学者利用自然科学的研究成果和经济学的方法进行过相关验证。小站稻种植区内河渠系统完善，多物种共生共存，不仅有利于保障饮用水与食品的安全，还有助于空气质量的改善和绿色环境的形成，对保证城市生态系统的完整与稳定起到了巨大的作用。

5.2.1 蓄水防洪

稻田生态系统的水循环是自然界水文循环的一部分。稻田能够存储降雨径流或灌溉水，多余的水还可渗漏补充地下水，也可形成地表径流汇入河流下游，增强抵御自然灾害的能力。此外水分可以通过稻田表层土壤及水层蒸发、水稻叶面蒸腾等返回大气，随着时间和空间的转换不断地循环变化。从天津的实际情况来看，应该格外重视水稻生产的蓄水防洪功能。这主要表现在两个方面：一是在汛期季节稻田可以成为天然的水库，蓄水防洪作用明显；二是天津是冲积平原，稻田可以回灌地下水，对减缓地面沉降意义深远。

1. 补给地下水

天津地下水缺乏，目前超采严重，地面沉降、地下漏斗区问题突出，全市超采区面积达到 9440 平方公里，深层地下水漏斗面积 6624 平方公里，天津地下水亟待补充和进行回灌。稻田蓄水除了表面蒸发和排水外，大部分都会下渗成为地下水，种植水稻具有补充地下水的生态功能。韩国学者权相弼的研究表明，稻田约 55% 的渗漏水量通过排水沟和地下径流返回下游河流中，剩余 45% 则可以回灌地下水。根据计算公式 $Qg=F \times Ts \times (1-Qr)$，饱和状态下的土壤水渗漏率为 7.6 毫米每天，取淹水生长期值为 137 天，则稻田的深层渗漏量为 468 毫米，即每公顷稻田的深层渗漏量高达 4685 立方米，可见种植水稻对于大量开采地下水造成地面沉降的地区的重大意义。[1] 而日本学者增本隆夫的研究证明了水稻灌溉对日本浓尾平原的地下水补给

---

1. 参见 Sang-Pil Kwon, Daesu Eo. Positive Functions of Rice Cultivation on Natural Environment[A]. Proceedings of the 3rd World Water Forum (WWF), Agriculture, Food and Water[C]. Japan, 2002.

的重要性。[1]据相关研究，水稻田平均渗水量，利用一维饱和未饱和垂直下渗数字模式分析为 6.65 毫米每天，用水收支平衡法分析为 8.18 毫米每天，用水利局设计规范经验公式法分析为 10.95 毫米每天。由此可以看出稻田对补给地下水的重要性，平均每天补给量在 6~10 毫米之间。同时稻田可减少化肥、农药对地下水的污染，提升地下水水质，相当于将水库和净水厂建于地下，保障城市水安全。

2. 防洪蓄水

历史上由于境内地势洼下、降雨时段集中、河堤残缺不固、泄水设施不足，因此天津常常受到沥涝和洪水的威胁，而稻田具有蓄积洪水、调节洪峰的作用。天津的雨水集中在夏季，雨热同期，其中 7 月中旬到 8 月中旬的降水量占全年的 50% 以上。这一时期是防汛排涝的重点季节，也是水稻生长的需水高峰期。雨季稻田通过堵口，保持积水深度，可以充分蓄纳过量雨水，减轻洪涝灾害。如稻田水深以 10 厘米计，则每亩稻田可蓄水 66.7 立方米（即 66.7 吨）。以天津目前 80 万亩（5.33 万公顷）的稻田来计算，在水稻生长期内，可形成 5336 万立方米的巨大隐形水库，可蓄水 5336 万吨，特别是在汛期，可以起到蓄水防洪的作用，减少泄洪的压力。

5.2.2 环境净化

1. 净化水质

在稻田环境中，既有生物性的吸收、分解污染物的食物链系统，又有沉淀、吸附和渗滤污染物的物理自净过程，还有氧化、还原、分解、固定污染物质的化学净化作用。其中水稻作为湿生挺水植物，适合在有机质和氮、磷、钾等营养元素含量丰富的环境中生长，可以净化富营养化水质。

稻田可单独作为净化污水系统，并可和芦苇地、水葫芦等组成净化污水的复合湿地系统，可以部分利用畜禽生产和居民生活产生的有机废物，分解、降解废

---

1. 参见 Takao Masumoto. Multifunctional Roles of Paddy Irrigation in Monsoon Asia[A]. Proceedings of the 3rd World Water Forum (WWF), Agriculture, Food and Water[C]. Japan, 2002.

水中的有机质，净化城乡居民生活污染和畜牧业污染。试验表明，每公顷水田每季可净化 7500~12000 立方米的生活污水。污水进入稻田 5~7 天之后，悬浮物降低 75%~94%，BOD（生化需氧量）降低 72%~97%，氨态氮降低 85% 以上，磷降低 98% 以上，钾降低 78% 以上，蛔虫卵和细菌数目降低 95%~98%，氰降低约 98%。污水中含有的铜、锌、锰、硼、铬等污染物是植物的微量营养元素，经过植物吸收、土壤吸附、氧化还原等过程，其含量也有显著降低。

2. 净化空气

稻田作为人工湿地，是高效率的生态系统，在为社会提供粮食的同时，还有提高大气质量和调节区域气候的生态功能。稻田生态系统对保持空气清洁和净化大气污染物具有独特作用，其中包括抑尘滞尘、吸收有毒气体、杀菌、减少噪音、释放有益健康的空气负离子等。可以说，种植在城市周边的水稻田，就是美化、净化城市的天然屏障。水稻作为挺水植物，其植物体主要生长于空气中，在其光合作用过程中，大量吸收温室气体二氧化碳，并将大气中的碳固定下来，在生产有机质的同时，释放氧气和负离子，有利于地球生态系统的大气平衡。同时还可以大量吸附空气中的浮尘微粒（灰尘和雾霾），将空气中有毒有害气体转化为水稻植物有机体，从而净化空气，提高空气质量。

5.2.3 缓解热岛效应

大都市地区受到资源开发和城镇扩张的影响，城市生态空间被大量挤占，自然岸线和滨海湿地持续减少，局部区域生态退化等问题严重，生态安全形势严峻，而稻田的保护与恢复将是引领城市绿地建设的新潮流。

稻田湿地效应十分明显，稻田水体及土壤中水分蒸发和水稻叶面水分的蒸腾量大，水分在吸收带走地面和空气中大量热量后上升到高空，可以改善周边区域的湿度、温度，缓解大城市的热岛效应，形成良好的微气候，大气调节功能突出。在全球变暖、极端天气事件增多的大背景下，天津作为蒸发量相对较高的半干旱地区，其土地覆被变化对区域水文气象效应更为敏感，稻作是一种季节性的种植方式，在稳定城市小气候和减缓洪涝等极端水文变化中的作用不容忽视。据有关科研机构测算，城市周边稻田可明显改善日益严重的城市热岛效应。部分水分通过稻田土壤与水面蒸发，及水稻叶面蒸腾返回大气形成降雨，实现循环。据试验结果显示，在水稻111天全生育期之内，蒸腾及蒸发量为557.8毫米，日平均5.025毫米，每公顷水蒸发带走的热量相当于475.7吨标准煤燃烧的热量，能有效降低地表温度，增加湿度，加快近地层水汽循环，调节气候。存在于水稻叶表面的枯草杆菌、假单胞菌还有冰核活性作用，和碘化银一样，逸散到空中可起到凝结核的作用，有催云降雨的效果。

5.2.4 养分循环

在城市生产建设和生活过程中产生的许多垃圾废物，可以通过稻田湿地生态系统的分解者进行分解，从整体上保证了清洁、舒适的生活环境，这就是稻田生态系统的自净功能。水稻生态系统是生活污水的天然处理池，且没有任何成本，农村大量的生活垃圾、人畜粪便都可以通过稻田来分解和处理。稻田系统内有水生植物、水生动物和微生物，通过它们之间的共生互促原理，在实现养分循环的同时，可以有效减少化肥和农药的使用，促进生态改善。水生动物可以通过取食稻田中的杂草、害虫、昆虫卵、水稻枯枝落叶及稻田水体中其他浮游生物、底栖生物等田间"废物"，形成对人类社会具有较高价值的优质水产品。而水生动物的粪便一部分可经微生物分解成对水稻有用的营养物质，为水稻及其他植物的光合作用提供氮、磷、钾等营养成分和二氧化碳，从而进入新的物质能量循环，实现整个稻田生态系统的物质养分循环。

据此，结合天津农村生产生活的现状，以稻田为基础，可以建立一种利用湿地净化生活污水的生态系统，使农村生活污水经湿地土壤过滤、微生物分解、植物吸收，最终降低污水有机物含量以及氨氮浓度。处理后的污水可灌溉稻田，在大面积种植稻田的地区（如宝坻、宁河等区的村庄），利用这种方式处理农村生活污水具有节约水资源、处理效果好、成本低、施工简单、易维护等优点。

5.2.5 土壤改良

天津本是退海之地，平原高度在海拔 1~2.2 米之间，地下水水位较低，土地若处于荒废状态，一是容易盐碱化，二是易生荒草，土壤缺少肥力，有机质含量低。盐碱地虽是成就小站稻优良品质的条件之一，但它也给规模化和标准化种植带来了困难。于是无数先贤选择引入南方稻耕技术来改良本地的盐渍土，而其可行性已被诸多研究所证实。

首先，在水稻的生长过程中，由于地面经常保持有一定深度的水层，因此减缓了蒸发作用引起的土壤耕作层盐分的向上移动，而且下渗水通过不断淋洗土壤中的盐分，使盐碱土在种稻过程中逐渐脱盐，从而改善了盐碱土的 pH 值和理化性质。

其次，在稻田沟渠系统内，稻田的水层与排水沟管之间始终存在一定的水位差，这种水位差的存在可以使稻田中的原高矿化度潜水随着下渗水排出，并最终从排水沟管中排出土壤盐分，降低土壤的盐分含量。

再次，在水稻种植过程中，其凋落物、根系及其分泌物可以向水中释放大量的有机物质和二氧化碳。土壤有机质中含有各种营养元素，可以影响养分循环，改善土壤结构稳定性，影响土壤的保水能力、阳离子交换能力和 pH 值等土壤理化和生物学特征。二氧化碳溶于水会形成碳酸，可以有效中和土壤盐碱程度，降低土壤的 pH 值，促进土壤难溶性碳酸钙溶解，增加钙离子浓度，改善土壤通透性，增强水分渗漏和盐分淋洗。总之，水稻种植能有效降低土壤盐碱程度，提高土壤地力。

最后，在水稻种植过程中，还可以通过压砂、调酸、耕作、施肥等农艺手段来实现盐渍土的改良。同时大力发展稻鱼、稻蟹、稻鸭等种养产业，增加生物多样性，并利用这些水生动物在田间游走所起到的中耕浑水的作用，使动植物及土壤之间的养分交换更加频繁和有效，增加土壤的孔隙度，直接改变土壤的理化性状，提升土壤肥力以及土壤微生物活力，促进氧气和肥料向土层渗透，带动土壤增氧和升温，促进肥料分解，提高土壤酸碱缓冲性能。

第六章
经济与生计价值

6.1 经济价值

联合国粮农组织指出重要农业文化遗产要满足当地社会经济与文化发展的需要，有利于促进区域可持续发展。农业文化遗产地有独特的农业物种资源、生态农业生产技术、良好的水土资源环境，产出的是有文化内涵的生态农产品，可谓"农遗出良品"。这赋予了农产品较高的经济价值，且消费者愿意为此买单，所以农业文化遗产在带动当地产业兴旺和农民增收等方面效果十分显著。简言之，围绕小站稻的种植，可以形成从"种子到餐桌"的全套产业体系，涵盖一二三全产业链，打造千亿小站稻产业，从而带动农民致富增收、农业结构调整和农村经济发展。

6.1.1 提升区域经济发展质量

如今，稻米产业已发展成为天津的特色优势产业。据调查，我国稻米市场每年库存积压比例为33%，而每年尚需从国外进口大量优质米，结构性失衡严重。发展优质特色稻米已成为我国今后水稻供给侧结构性改革的必然要求。天津市充分挖掘小站稻特色优势资源，深入推进农业结构调整，转变农业发展方式，大力推动小站稻良种繁育、规模化生产、标准化栽培、产业化经营和多功能开发，构建集良种繁育、精品生产、科技示范、休闲观光、文化传承、生态服务等多种功能于一体的小站稻产业体系。发展壮大小站稻特色优势产业，对于夯实天津农业生产的基础、实施质量兴农战略、促进农村一二三产业融合发展、推动天津现代农业转型发展、提升现代农业发展质量、培育乡村发展新动能都将发挥巨大的作用。

1. 优化产业结构，促进区域绿色发展

（1）因地制宜种植小站稻

坚持因地制宜、科学布局种植区域，统筹考虑水资源承载能力和地面沉降防治要求，以蓟运河、潮白河及马厂减河流域为核心区，种植区域主要集中在宝坻区八门城镇、黄庄镇、大钟庄镇、林亭口镇、大白庄镇、尔王庄镇、王卜庄镇、大唐庄镇、周良街、牛家牌镇，宁河区宁河镇、廉庄镇、东棘坨镇，津南区八里台镇、小站镇、北闸口镇，西青区王稳庄镇等。在扩大小站稻生产规模，满足小站稻绿色生产、优质供给的基础上，将提升小站稻产品品质与提高种植效率、扩大市场占有率相结合，进一步优化、调整小站稻品种结构和布局结构，大力推广具有优质、抗病、食味佳等特点的优良品种，进一步提高小站稻优质品种种植比例。同时发展绿色、生态、循环经济，积极探索优质小站稻的生产、加工、营销以及休闲旅游一体化经营模式和全产业链开发，连接城市与农村、农业与旅游、生产与加工，优化、调整天津农业产业结构。

为恢复传统小站稻的优良品质，各水稻种植区开展了以绿色为核心的保护性种植模式。其中包括通过施用有机肥改良土壤，减少化肥用量；通过实施绿色防控技术，减少化学农药的使用。"两减"技术的普及，使稻作区内的生态环境有了极大的改善。而通过不断调整、优化品种结构，大力推广稻田立体种养等绿色生态种养模式，小站稻的生产正在逐步进入良性发展轨道。

（2）种业正在成为新的经济增长点

天津的水稻育种能力在全国处于领先水平，建有国家级水稻原种场、国家级农作物品种综合区域试验站等国家研发示范基地，为产业发展提供了有力的科技支撑。目前相关部门在宁河区和宝坻区建立了管理规范、设备先进、技术领先的小站稻种源基地，实现了优质小站稻品种的规模化生产。2020年实现总面积2万亩（即1333.33公顷，其中宝坻、宁河各占一半），其中原原种基地0.04万亩（26.67公顷）、原种基地0.36万亩（240公顷）、良种基地1.6万亩（1066.67公顷），年产优质小站稻良种1000万公斤。2022年总面积可以达到5万亩［即3333.33公顷，其中宝坻3万亩（2000公顷）、宁河2万亩（1333.33公顷）］，其中原原种基地0.1万亩（66.67

公顷)、原种基地 0.9 万亩（600 公顷）、良种基地 4 万亩（2666.67 公顷），年产优质小站稻良种 2500 万公斤。目前天津已成为北方稻区面积最大的粳稻种子生产基地，并且确立了"立足天津，面向华北，走向全国"的外向型杂交粳稻种子产业化战略，形成了种子生产、流通和售后服务产业链，实现了水稻种子产业"研究开发、规模生产、应用示范、市场开拓"的有机结合，打造出了具有自主知识产权和较强市场竞争力的全国性高端种业品牌。种业已经成为天津区域经济新的增长点，使天津形成了种业带米业、米业促种业的新型水稻产业化发展格局，并促进天津水稻由商品粮种植向杂交粳稻制种的转变，实现了农业产业升级和稻农增产增收。

（3）推动农业的规模化经营

水稻的生长特性决定了其特别适合规模化经营。目前围绕小站稻的种植，天津农业规模化经营程度明显得到提高，不少村庄将土地整村流转给家庭农场、农民合作社或者龙头企业进行规模化种植。这与发展现代农业的要求不谋而合，具体表现在三个方面：一是新型农业经营主体成为小站稻产业发展的骨干力量，并通过土地经营权流转、股份合作、土地托管等多种形式开展适度规模经营。相关部门已授权 15 家大型龙头企业使用小站稻商标，进一步完善稳定订单、利润返还、股份合作、保底收益+按股分红等利益联结机制，让农民分享二三产业的增值收益。特别还鼓励稻米加工企业直接参与流转农户土地，开展水稻规模化种植，提升稻米加工产品品质，实行全产业链经营。二是强化农民合作社和家庭农场的基础作用。培育发展以水稻种植为特色和主导产业的家庭农场，提升水稻种植专业合作社规范化水平，鼓励发展合作社、联合社，积极发展生产、供销、信用三位一体的综合合作模式。三是积极引进社会资本投入小站稻的产业开发。鼓励、支持工商资本进入小站稻全产业链系统，发挥技术、人才、资金优势，将小站稻生产、种植、加工、销售与智慧农业、循环农业、生态农业、休闲农业系统工程相结合，设计水稻种植区域整体解决方案，以便与当地农户形成优势互补、利益联结、互惠共赢的产业共同体。

2. 培育新的增长点，拉动地方经济发展

天津市通过小站稻扩大水稻种植规模，以打造"小站稻"品牌为落脚点，在整

个产业统一良种、统一种植、统一收储、统一质量、统一包装、统一宣传,并将产业链条上的农业科研、良种培育、稻米种植、加工经销等要素统筹联合起来。在此基础上,提升湿地景观,挖掘稻作文化,加强农村原生态开发,开展稻田生态观光旅游,将拉长产业链、提升价值链与筑牢品牌链高度融合,不断拓宽销售渠道和覆盖范围,基本实现"让全市人民吃上小站稻"。

(1)津南区

津南区是小站稻的原产地和核心产区。围绕小站稻的种植,津南区形成了丰富的小站稻作文化习俗,包括稻作文化、渔业文化、民俗文化等。20世纪60年代小站稻的种植面积曾达到30万亩(2万公顷)。1968年,马厂减河、独流减河和南运河的连接处被拦腰截断,南运河河水不再流经小站镇,从而导致小站稻种植面积开始减少。之后虽然采用海河水浇灌小站稻,但是种植面积依然在萎缩,不能不说是一个很大的遗憾。近年来,津南区小站稻种植面积虽有所恢复,但受限于城镇化的加速推进所带来的农业用地减少,种植规模依然不大。为从源头保护好小站稻品牌,津南区于1993年申请证明商标,1999年7月28日注册成功,"小站稻"成为全国第一个粮食作物地域性证明商标,相关部门核准津南区农业技术推广服务中心为法定持有人,并明确小站稻的种植范围从津南区扩大到整个天津市。2009年,小站稻又被国家工商总局认定为中国驰名商标,对天津市水稻产业的整合与品牌推广起到了促进作用。2018年,在政府的大力推动下,津南区小站稻种植面积恢复、扩大到3万亩(2000公顷)以上,主要区域以小站镇为中心,辐射葛沽、八里台、北闸口等镇。

目前依托小站稻作展览馆,通过稻作文化典籍(文献资料)、稻作文化风貌(照片、图片)、稻作文化印迹(视频资料)、稻作文化记忆(口述记录)、稻作文化活动(戏剧、民歌、祭祀典礼)等板块展现小站稻作文化的演变历程,彰显北方稻作文化的魅力,也成为了津南区现代都市农业发展新的增长点。

(2)宁河区

宁河种稻历史悠久,据《宁河县志》记载,元至正二年(1342)丞相脱脱就已在宁河等地主持屯田植稻,距今已有将近700年的历史。明永乐二年(1404)在梁城(今宁河镇）守御千户所，实行屯田植稻。清雍正四年（1726）设局营田；五年（1727）至七年（1729）间，委派专员倡导营田。道光二十四年（1844），县令乔邦哲大力推广种稻，并改进了灌溉水车。同治四年（1865）大规模开发稻田；十年（1871），由江苏盐城引进风车提水，效率大增。到1931年，稻田已达4万亩（2666.67公顷）。1936年日寇入侵宁河，设军谷公司，强行收买土地，开辟新稻田，仅蓟运河两岸的水田面积就达26万亩（1.73万公顷）。新中国成立后，水稻种植面积迅速扩大。到20世纪七八十年代，蓟运河两岸和七里海周围等水稻主要产区的种植面积最大时曾达到45万亩（3万公顷）。

作为天津市的"米袋子"，宁河区利用潮白新河、蓟运河的水资源优势，围绕实施乡村振兴战略，大力推广绿色种植模式，深化种植业结构调整，构建全过程社会化服务体系，大力推进小站稻产业高质量发展，培育新的农业经济增长点。2020年，宁河区种植水稻面积达到25万亩（1.67万公顷），比2019年增加了7万亩（4666.67公顷），超过小麦16万亩（1.07公顷）的播种面积，保障农民增收达2亿元以上，并打造了"宁禾""小站香""金芦"等多个小站稻知名品牌。相关部门积极举办小站稻推介会、农民丰收节、开镰节等活动，并利用新媒体，讲好宁河大米的故事，打响宁河优质小站稻的品牌。而在农业龙头企业的带动下，一二三产业融合发展得到促进，有效拓展了水稻产业的经济增长空间。

（3）宝坻区

"宝坻"一名取自《诗经·小雅·甫田》中的"如坻如京"，"坻"意为水中高地，这里用来比喻丰年谷物堆积如山。宝坻境内河道纵横交错，拥有潮白新河、青龙湾河、蓟运河等6条一级河道和窝头河、箭杆河、鲍丘河等8条二级河道，年均水资源总量2.6亿立方米，年调蓄水量2.4亿立方米左右。境内黄庄洼地区，包括八门城、黄庄等镇，非常适宜发展小站稻规模种植。近年来，宝坻区与天津市原种场等科研院所合作，推广种植了津川1号、金稻919、津原E28等高产、优质、抗逆、特用的品种，实现了增产增收，激发了农民种稻的积极性。经过多年努力，小站稻已成为宝坻都市农业新的增长点，大力推动了农村经济的发展。这主要表现在以下三个方面：一是规模种植。积极推动小站稻高标准示范区建设项目，通过机械化生产、农业合作社带动等方式,提高水稻规模种植效益。2020年全区播种面积达47万亩(3.13万公顷),比上年增加5万亩(3333.33公顷),同比增长12%,种植面积占全市总面积近60%。二是绿色生产。加大水稻绿色生产力度,采用水稻基质育秧、精确定量施肥、

图6-1 宝坻稻田景观

减量使用投入品、稻区立体种养等技术,促进水稻种植符合绿色生态标准,节本增效。2020年以来,水稻统防统治面积达30万亩(2万公顷)次,立体种养面积达8万亩(5333.33公顷),亩均收益比传统种植提升500~700元。三是品牌打造。实施农产品品牌培育工程,实行"区域品牌+企业品牌"的双品牌战略,承办了天津市"中国农民丰收节"主会场活动,打响了"黄庄洼""八门城""津宝欢喜"等水稻品牌。

（4）西青区

历史上王稳庄镇就是鱼米之乡，曾是天津市的"菜篮子""米袋子""鱼篓子"，后来因种种原因改种高粱、玉米等抗旱耐碱的农作物，可由于土地盐碱程度很高，因此种植效益不高。为满足水稻种植的要求，王稳庄镇实施高标准农田提升改造，因地制宜发展设施化农业，为农村经济发展带来新的增长点。

王稳庄镇引入中化集团，将2万亩（1333.33公顷）土地通过流转托管给中化农业，依托中化农业的MAP（现代农业技术服务平台），共同打造万亩小站稻示范农场。中化农业发挥专业优势，打造形成了集育种、制繁种、种植、收储加工、品牌营销为一体的全产业链闭环小站稻发展新模式。在种植环节，中化农业选择天隆优619作为主打，进行大规模土壤改良，并对稻田灌排水设施进行提升改造；通过MAP系统集成，实现高标准农田机械化种植、科学化管理，实现种肥药全程监管可追溯，以保证水稻的品质。在加工环节，中化农业开展优质小站稻米精深加工示范线及配套储藏设施建设，配置达到国际一流标准的日产150吨稻谷的加工生产线。在产销对接环节，中化农业与盒马鲜生合作，建立全国性的销售渠道，扩大小站稻的影响力，实现农业增效。

3. 推动精深加工，提升附加值

依托强大的天津工业，以多元化的优质食味米为原料，天津稻米加工业在天津食品集团、益海嘉里集团、中化农业等大型农业龙头企业的带领下得到了充分的发展。目前全市稻米加工能力已达60万吨，能够做到种植区域全覆盖。

具体而言，包括以下两方面的成就：一是提升稻米传统的加工和贮藏水平。根据最新制定的《天津小站稻收获、干燥、储藏、加工技术标准》，规定了天津小站稻在收获、干燥、加工等方面的技术标准，解决了传统小站稻过度加工及收获、储藏温湿度不合理的问题，实现了从天津小站稻到天津小站米最后一环的技术统一，最大限度地保留了大米的风味，以确保送到消费者手上的小站稻的高品质。同时加快利用现代信息技术改造传统稻米加工业，培育发展网络化、智能化、精细化的现代加工新模式，提升现有企业的加工能力。天津食品集团建有4个大米加工厂，总加工产能 35 万吨每年，并配有超大低温库。益海嘉里集团在滨海新区天津港保税区建有稻米加工项目，标准大米加工能力为 10 万吨每年。中化农业王稳庄水稻基地配置有高标准米厂，建设了烘干塔，中低温原料库、成品库和国内最高标准的大米生产线，年加工能力达到 5 万吨。陈温福院士依托天津鸿腾水产科技发展有限公司，研发了国内首条古法冷磨电驱大米生产线。古法冷磨技术能最大限度提高大米留胚率，提升大米的营养与口味，已申报 2 项国家发明专利和 3 项实用新型专利，填补了国内石碾米技术的空白。

二是依托大型龙头企业，如益海嘉里集团，进行大米全产业链建设，综合利用稻米加工副产物，提高稻壳、米糠和碎米的精深加工水平，对稻谷"吃干榨尽"，促进稻米产品的多样化。稻谷可加工出白米、休闲米制品、淀粉糖、蛋白粉、米糠油及饲料、白炭黑等产品（参见图 6-2），同时天津整体上的制造业具有雄厚的基础，也为稻米精深加工业的发展创造了条件。目前益海嘉里集团正在着手进行稻米全产业链建设，着手研发水稻综合利用的新模式，逐步构建"订单种植—精深加工—产

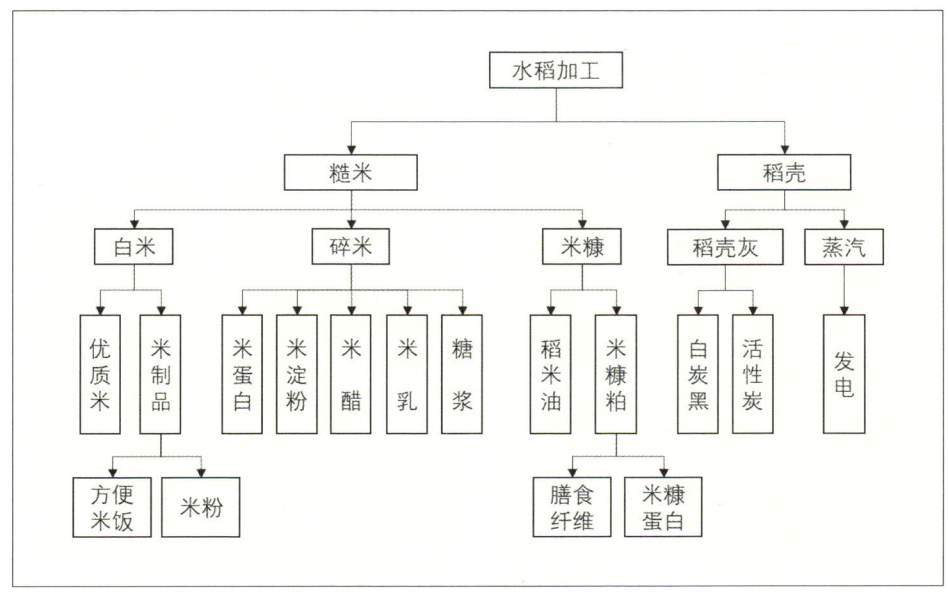

图 6-2 水稻精深加工产品体系图

品名牌化—副产品综合利用—高科技产品研发"的新型循环产业模式。

4. 拓展农业文化遗产功能，促进产业融合发展

农业文化遗产是人与自然和谐相处、不断适应的典型，是延续至今仍在发挥生产、生态功能的活态遗产。作为典型的自然、社会、经济复合生态系统，农业文化遗产集多种功能于一身，它兼具生物多样性与文化多样性，有着独特的生态、文化、美学与科考价值，是极为宝贵的旅游资源，具备开展休闲旅游活动的基础。若采用僵化或封闭的保护手段，就会将农业生产活动排斥在外，割裂农业社区与其所处环境的紧密联系，不利于其保护与开发。发展旅游是实现农业文化遗产保护的有效途径之一，相对于农村地区的其他发展途径，强调维护当地人民生活以及保护自然环境的生态旅游不仅能充分发挥农业文化遗产的价值，强化公众的遗产保护意识，而且可以显著提升经济与社会效益，提高当地百姓的收入。在工业化迅猛发展的今天，返璞归真，体验农业劳作对旅游消费者有高度的吸引力。这主要表现在两个方面：一是农业活动的可参与性。农业活动是一种比较松散、悠闲的自然型生产活动，很适合城市居民的放松需求。旅游者通过参与诸如耕锄、种植、采撷、捕捞等农业活动，

图 6-3、6-4 稻田体验活动

可以获得一种轻松、愉悦的旅游体验。二是经营景观的观赏性。稻田作为经营景观，是农民长期劳动耕作的成果，极具观赏性。

小站稻恢复种植之后，相关部门通过拓展农业功能，大力发展小站稻作文化旅游观光，将小站米打造成"历史米""军事米"和"文化米"。目前天津已在全市范围内培育了八门城稻海田园、李自沽稻香田园、津南小站水稻产业园、王稳庄镇稻香公园四个小站稻主题的田园综合体，实现农旅产业融合发展，进一步拓展了农业文化遗产的富民功能。

（1）宝坻区黄庄洼

依托黄庄洼地区突出的生态资源优势、水乡特色和农业文化底蕴，实现传统的水稻种植与现代农业休闲旅游、绿色原生态品牌建设和生态立体种养技术相结合。八门城镇欢喜庄村、东走线窝村、黄庄镇小辛码头村等传统村落逐渐演变成以漕运文化、袁黄文化、稻湿文化为自身特色的农业休闲胜地。举办金秋钓蟹节、丰收文化节、黄庄新米节等节庆活动，既丰富了农民的文化娱乐生活，又让市民亲身体验农事，感受盘中餐的"粒粒皆辛苦"。2013年天津井田集团整体流转了八门城镇小甸村（袁黄曾躬耕于此）的全部稻田及周边村的部分稻田，面积7000多亩（466.67公顷），建成了集生态农业、设施农业、休闲观光农业于一体的都市型农业基地，有效挖掘了农业多功能性，增强了对游客观光和农事体验的吸引力和接待能力，从而带动了产业的融合发展。

（2）西青区王稳庄镇

西青区王稳庄镇以水稻为纽带，拓展农业功能，不仅留住了小站稻的"根"，还留住了稻作文化里的"乡愁"。通过打造王稳庄镇稻香公园，2018年王稳庄镇恢复了鱼米之乡的优势；通过积极实施三权分离、土地流转、统一规划、集约经营，大力发展现代农业，打造了"稳稳哒"小站稻特色品牌、大美稻香文化旅游节、国际种业博览会，并将进一步升级为集生态、宜居、旅游三位一体的现代都市型观光农业。

（3）津南区

津南小站水稻产业园积极推动构建集高效生产、生态保护、观光休闲、示范服务等多种业态于一体的现代都市型农业模式，积极整合"八个一"要素，即一田、一标、一网、一馆、一街、一园、一水、一祠，全力打造小站稻作文化产业基地，力图通过农旅产业融合，重振天津小站稻的繁荣。其间涌现出一批优秀的反映稻作文化的艺术形式，包括稻田艺术摄影、稻草编织、稻草画、稻作风情版画等。

6.1.2 农村产业帮扶

如今，天津依然存在相对贫困、需要帮扶的村庄，而他们大都选择水稻作为主导产业来发展帮扶项目，以带动本地居民就业，增加收入。诸如宝坻区八门城镇前辛庄村、宁河区廉庄镇后米厂村、武清区大黄堡镇忠辛台村、西青区辛口镇第六埠村、静海区陈官屯镇南长屯村、滨海新区北塘街宁车沽北村等都依托本村优势资源，恢复水稻种植，建设水稻绿色生产基地，推动困难村集体经济发展，促进农民增收致富。水稻帮扶项目已在津沽大地遍地开花，成为帮扶农村产业振兴的主导力量，既推动了小站稻重新焕发生机，又提升了集体经济实力，促进农民致富增收。

以武清区大黄堡镇稻蟹立体养殖项目为例，它是以大黄堡镇政府为主体开展的帮扶项目，基地坐落在大黄堡镇忠辛台村以西与张辛安庄村以东，规模达到2000亩（133.33公顷），统筹使用1800万元帮扶资金。该项目对土地进行提升改造，完善配套设施，实现合作化、标准化、规模化生产，最终建成高标准稻蟹养殖基地，提高资源利用率，节约劳动成本。该项目与天津市农科院农作物研究所开展技术合作，引进了小站稻919和大黄堡湿地河蟹，有效改善了土壤并建立起良好的生态物质循环体系，同时充分利用大黄堡湿地的优质环境和农产品过硬的质量，打造自创、自研、自主的"大黄堡"农产品品牌，并带动附近的忠辛台村和张辛安庄村50余人就业，亩产达500公斤以上，每亩可增收500元，此外每亩河蟹的产量在15到17.5公斤，又可以增收1500元。

静海区利用地域优势，注重市场需求，积极调整农业产业结构，并与扶贫产业相结合，打造产业扶贫水稻种植基地，在实现农民致富增收的同时，也扶持了农村集体经济的发展。目前陈官屯镇南长屯村、团泊镇孟家房子村和小邱庄村都在恢复水稻种植，并通过优化品种、扩大规模，探索稻蟹混养立体高效生态农业模式，积极构建现代农业产业体系，加快农业产业转型发展。以南长屯村为例，在帮扶单位的帮助下，该村积极打造产业扶贫水稻种植基地，并通过土地流转，实现土地的规模化经营，建设水稻种植示范基地1200亩（80公顷），南北长1000米，东西宽800米，为村庄打造了主导产业。

宁河区廉庄镇后米厂村地理位置得天独厚，蓟运河穿村而过，曾孕育出悠久的水稻文化。在帮扶单位的帮助下，该村成立了农业合作社，通过土地流转，实现规模经营，把各家各户的稻田集中起来，实行统一种植、统一管理、统一收获和统一销售。帮扶组还专门帮合作社为蟹田稻注册了"向日葵"商标，并根据市场需求，设计了5公斤、10公斤、25公斤等不同规格的产品，使消费者选择起来更便捷。2019年，后米厂村的蟹田稻还走进了中央电视台《乡村大世界》节目，成为远近闻名的优质农产品，增加了后米厂村的集体收入。

6.2 农民生计

随着工业文明的兴盛，农业和乡村的价值被严重低估。事实上，它们所包含的潜在的、隐形的价值对于未来社会的可持续发展意义重大。天津的城市化程度高，土地资源短缺，农村劳动力就业不充分，恢复小站稻昔日的荣光与辉煌，能为当地居民提供食物安全、生计安全和社会福祉的保障。随着历史文化的挖掘及景观农业的发展，小站稻保护和综合利用的社会效益会越发显著。

种植小站稻以后，可配套养殖河蟹、泥鳅等水生动物，能为当地提供具有营养的食物和生计来源。小站稻涉及的整个产业体系可以为很多人提供就业机会，增加他们的收入。更多的农产品借助小站稻的品牌影响力，可以创造更多的经济效益。

6.2.1 保障营养健康

1. 提供优质稻米，保障粮食安全

我国有14亿人口，粮食安全始终是关系我国国计民生的头等大事，在吃得饱与吃得好的选择当中，我们必须首先选择吃得饱，然后才能考虑吃得好。我们中国的饭碗要端在自己手里，而且主要装中国粮。此外，人们在吃饱以后向往吃得好是必然的，因此在确保稻谷产能的前提下，努力提高稻米品质自然成为我们必然的选择。新中国成立70年来，优质水稻的生产三起三落，却始终都围绕着粮食安全而进行。目前正在进行水稻产业的大调整，由数量型向提质增效型转变，也主要是源于稻谷的暂时性过剩。2017年中央一号文件提出，粮食作物要稳定水稻、小麦生产，确保口粮绝对安全，重点发展优质稻米。在天津，口粮安全是能够得到保障的，因此确保居民"吃得好"是当前政府工作的重点，追求稻米高品质，不过分追求高产，让小站稻的香味从历史的记忆中重新飘出。

天津优越的地理环境是生产优质稻米的最关键因素，许多知名的粳米品牌，如日本新潟鱼沼越光米，黑龙江五常大米、响水大米，吉林延边大米、通化大米，辽宁桓仁大米、东港大米、盘锦大米，河北玉田胭脂稻以及天津小站稻，都位于北纬35°—45°之间这个最佳的粳米种植区域内。

天津小站稻是天津农产品中最有代表性的地域品牌。小站稻的问世，是天津屯垦史上一个重要的节点，对保障天津乃至全国的粮食安全都具有举足轻重的作用。作为北方稻作文化的典范，小站稻不仅是军粮，而且还是当地百姓的口粮，提高了当地居民的生计保障水平与福祉。1960年，为稳定物价、保障人民群众的基本生活，天津市粮食局发行了专供小站大米的粮票（半市斤、一市斤和二市斤），由此也可见小站稻在当时社会经济生活中的重要性。

天津土地的盐碱程度高，本不适合农作物生长，不过因为南方水稻耕作技术的传播，大幅增强了天津土地的承载力，可以使大量人口在此定居，并为之提供口粮，保障其生存。2020年，全市80万亩（5.33万公顷）优质小站稻总产量达到50万吨以上，占全市粮食总产量（228.18万吨）的22%，已经成为天津市的主要粮食作物。按天津市1400万常住人口来计算，小站稻的年人均占有量为35.7公斤。从数据可以看出，小站稻为天津市的粮食安全作出了巨大贡献，可以同时解决居民"吃饱饭"和"吃好饭"的问题。

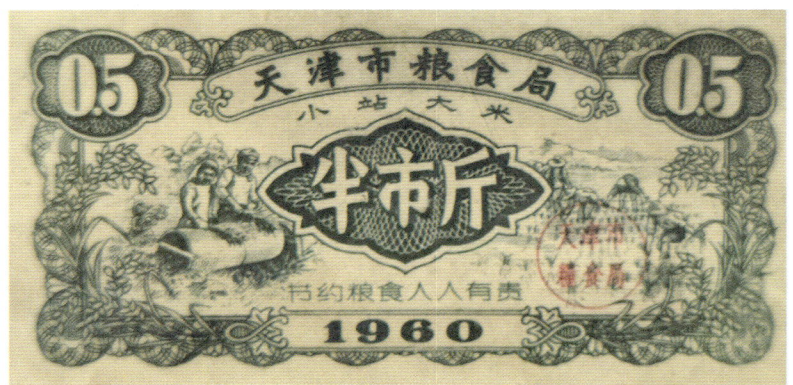

图 6-5　小站大米半市斤粮票

图 6-6　小站大米一市斤粮票

图 6-7　小站大米二市斤粮票

2. 改善食物结构，提高营养水平

尽管我们的粮食安全和温饱问题目前都已经得到了解决，但所摄入的食物仍然存在结构性问题，主要表现在动物蛋白比重相对较低上。水产品是蛋白质的最佳来源之一，不仅因为蛋白质含量比较高，而且还因为与人体组织蛋白质的组成相似，属优质蛋白，易于消化吸收。以鱼类为例，一般淡水鱼蛋白质的含量为大米、高粱和小麦的2倍，青鱼、草鱼、鲢鱼和鳙鱼等所含的蛋白质（占17.9%~19.5%）甚至超过鸡蛋（占11.8%）和牛奶（占3.1%）。因此发展稻田养殖对改变人民的食物构成，增强人民体质都具有重要意义，可以确保粮食安全和"菜篮子"的稳产保供。

天津人均耕地少，土地和水资源相对都比较匮乏，发展稻田渔业有利于充分挖掘土地、水资源的潜力，使农业由平面向立体发展，实现一水两用（用水不费水）、一地两用（用地不占地），在扩大稻田种植面积的同时，也相应增加了池塘的养殖面积，提高了土地利用率。2019年天津市耕地面积为531.9万亩（35.46万公顷），水产养殖面积35.85万亩（2.39万公顷）。按天津市100万亩（6.67万公顷）规模的水稻种植面积来计算，若60%的稻田能实现河蟹养殖，按每亩25公斤河蟹计算，则相当于1.5万吨的总产量，能极大地填补天津水产养殖的不足。

6.2.2 保证农民生计

1. 市场盈利水平比较高

农业文化遗产地的农业生产方式保证了当地的农产品是生态、无污染的绿色食品，而优越的品质为小站稻发展的提供必要条件。随着我国消费升级的快速发展，中高端大米市场出现了快速扩张的趋势，这就为品牌大米的发展提供了有利条件。小站稻在历史发展过程中所形成的知名度，在市场赢得的较高的认可度，为小站稻大米品牌的增值溢价提供了充分条件。区域共享品牌建设和推广工作，在推动稻米产业化发展的同时，也可以有效解决贫困农民的生计问题。目前，市场上普通大米与小站大米销售价每公斤相差4元以上，经济效益良好。除此之外，水稻种植机械化程度较高，耕种相对省力，农民热情较高。近年来，当地农民通过对传统种养模式的总结和摸索，实现了从自然立体种养模式向人工干预立体种养模

式的转型，即利用稻田发展水产养殖，主要养殖泥鳅、黄颡鱼、鲤鲫鱼、南美白对虾及河蟹等。稻田中的河蟹同单纯精养的河蟹相比更接近原生态，味道更鲜美。种养结合田中的水稻均属于优质品种，口感好，米质佳，深受市场欢迎，容易被高价认购，农民可实现农产品的双重收益。

2. 增加农民创业、就业的机会

根据调查，在人力资源方面，即使在天津这样的大都市地区，大量农民都可以进城务工获得收入的情况下，农村劳动力整体富余的现象依然存在，特别是季节性富余更为明显。在这个背景下，小站稻作为农业文化遗产，把水稻生产与稻田湿地保护、生态观光、休闲旅游、农事体验、农耕文化传承紧密结合起来，可以最大限度地为周边地区的农民提供创业、就业的机会，让农民在农业文化遗产的保护、传承、发展中获得更多收益，共享发展成果，助力乡村振兴。

目前，围绕小站稻种植，相关部门采取政府引导、企业主导、农民参与、市场运作、多元化投资的开发建设举措，积极培育企业、合作社、家庭农场等新型经营主体，不断完善农业产业链与农民的利益联结机制，增加农民创业、就业的机会和空间。津南区形成了以天津市优质小站稻开发公司为龙头的"公司＋基地＋农户"的小站稻产业化经营模式。宝坻区八门城镇农产品加工园区则吸引了一批稻米及其制品加工企业，并与周边水稻种植户形成了良性互动。此外，宝坻区以八门城稻海田园和李自沽稻香田园为代表，凭借优越的生态条件、自然风光以及历史悠久的湿地文化和朴实的民风民俗，积极开发以稻田湿地为特色的休闲观光农业项目，包括休闲垂钓、农事体验、稻田溜冰等，给大量本地农民创造了在家门口就业的机会。在政策的支持下，宝坻区还涌现出很多农民自发开办的农家乐，他们雇用的人都是本村村民，所用的食材也都采自本村农户的产品，村民之间形成了密切的经济联系，有利于地区经济的可持续发展。西青区王稳庄镇稻香公园通过农旅融合吸纳周边村民在园区就业，培养了200多名农民成为旅游产业新工人，占员工总数的45%，有效地保证了农民从二三产业获得收入的机会，为农民生计提供了有力保障。

第七章
社会与文化价值

小站稻在发展过程中同时带动了乡村民约、宗教礼仪、风俗习惯、民间传说、歌舞艺术的进一步发展。它丰富了承载着津沽大地独特的饮食文化、民俗文化，同时见证了津门大地的历史变迁，培育了天津人民的地域文化品格。小站稻维持了文化多样性，促进了传统文化的传承，没有小站稻作为载体，天津所特有的地域文化将成为无源之水、无本之木。因此积极推动小站稻农业文化遗产系统保护项目，可以让农民深刻意识到乡土文化资源潜藏的多功能价值，有助于维系农业生物多样性、弘扬优秀传统文化、促进当地农业可持续发展和区域生态文明建设水平的提升。由此可见，保护好、发展好、传承好小站稻，既有历史价值，又有现实意义。

7.1 社会治理

7.1.1 资源管理有效性

天津濒临渤海，地势低洼，历史上水灾频繁，大量土地长期撂荒，咸卤湿渍，芦苇丛生，人烟稀少，粮食生产不足，严重依赖从南方运粮以维持本地生计。明清以来，江南士人在天津垦田种稻取得了一定的成功，他们大兴水利，化害为利，将原本的劣势转化为优势，实现资源管理的有效性和资源利用的多样性，提高了当地居民适应本地自然条件的能力。

1. 土地资源利用效率提升

天津属于冲击平原，海水潮汐以及运河带来的淤泥养分在对天津的水稻种植造成巨大挑战的同时，也提供了优势。相对而言，在一定盐度范围内，一些品种的水稻可以在盐碱地生长并可降低土壤的盐碱度。种稻甚至成为了改造盐碱化土壤的一种重要方式并得到了天津本地人的认可。它既能够保证当地居民生活所需要的粮食，又能避免因盐碱地不适合作物生长而造成的土地资源的浪费，在某种程度上提高了资源的利用率，化害为利。水稻的种植极大地改善了天津土壤的盐碱程度。通过水稻种植，土壤表层积累了更多的有机质，肥力逐渐得到提高。通过一日两潮灌溉洗盐并加强排水，重碱地种稻三年之后，表层盐分可以降至 0.2% 以下。

天津海滨盐碱地多，盐碱地的土壤改造是农业不能回避的问题。经过长期的生产实践和学习，围绕盐碱地改造，天津已经形成较为系统的包含粪肥、灌溉、工程在内的盐碱地改造技术体系。袁黄的《劝农书》中记载了涂田之法，认为可用雨涝刷土地碱气，并种水稗来改良土壤。徐光启在《粪壅规则》中也提出了洗碱的盐碱地改良之法。周盛传来津屯垦后，开挖马厂减河，引南运河河水拉荒洗碱。这些措施化害为利，千百年来盐卤的积存给土地带来富碱性，使大米更加圆润饱满，口感香甜，有韧性，加上千年来品种的不断改进，米质优良，清末曾一度作为贡米。

如今，天津又涌现出诸多新的土壤盐碱改良方法和模式。滨海新区太平村通过施用有机硅水溶缓释肥平衡土壤酸碱的方法，流转 3000 亩（200 公顷）土地种植海水稻。海水稻蛋白质等成分含量比普通水稻高，口感更好。原先芦苇丛生、斥卤不可耕之地，皆可变成良田沃土、稻海粮仓。

2. 水资源管理利用

由于水稻是一种对农田水利基础设施和劳动力素质要求较高的农作物，稻田对用水要求较高，涉及水的"滞"与"泄"，所以需要复杂的灌溉系统，且需要例行的修筑和疏浚。另外，一片稻田的用水会影响邻近稻田的产量，因此稻农之间需要以高度整合的方式进行合作。而水稻种植面积的扩大，也有利于天津市水资源管理利用率的提升。

2017 年，日本大崎耕土因其传统水资源管理系统被联合国粮农组织评选为全球重要农业文化遗产。宫城县大崎地区是传统的水稻种植地带，受西北太平洋一侧特有的冷湿季风的影响，经常遭受洪水、冻害与干旱的多重困扰。为发展水稻生产，他们在河流两侧修建了水库、蓄水池、引水渠、排水沟等约 1300 处灌溉排水设施，

小站稻种植中的拉荒洗碱

在农业生产中,稻田拉荒(即插秧前灌水)洗碱是降低稻田盐碱度的关键,要用淡水把对土壤有害的盐分溶解出来,然后通过水的下渗使盐分渗到毛沟中随水排出。俗话说"盐随水去",土壤中的盐碱主要是氯化物、硫酸盐等可溶性盐类,通过拉荒洗碱,可以使其降到0.15%~0.1%。要做好拉荒洗碱,首先要做好各项准备工作,检查田间灌溉排水工程有否坏漏的地方;其次是注意拉荒洗碱的顺序和每块地拉荒的次数和用水量,按先洼地、后高地,先近处、后远处的原则分段进行,顺序不能颠倒。

第一遍拉荒时利用晒垡后土壤干燥、空隙度好、盐分易溶出、脱盐效果好的特点,用大水、深水对土壤进行长时间浸泡,在地里停留时间长些,使土块内的盐分一次性溶出,所以水的深度要淹没全部土块,以免盐分聚集到尖部,形成盐碱土块。第一遍拉荒洗碱的质量至关重要,可以将土壤中三分之二的盐分排出。第二遍拉荒水可小一些。拉荒洗碱的次数视土壤盐碱的轻重而定,土地长芦草、茅草、马绊草的拉荒两遍,长有马绊草并间有黄须菜的拉荒三遍,只长黄须菜和碱蓬草的地要拉荒三遍以上。这种洗碱涤咸的排灌方式,是小站稻种植区的人们在盐碱地种植水稻的一种独特方式。

图7-1 拉荒洗碱去咸水

还发展出了一套以互助组织"契约互助会"为基础的、由农民主导的用水管理协调机制。在干旱季节,上下游之间按照协议轮流用水,以促进水资源的合理利用。这和小站稻的种植演化过程有异曲同工之处。天津地处相对干旱的地区,降水量少,河流径流量有限,然而水稻种植对水的需求量巨大,天津所面临的迫切问题就是解决缺水的隐患。在种植水稻的压力和刺激下,民众有动力通过各种方法修建水利设施,将排水沟与蓄水池连接起来,以实现对水资源的高效和反复利用。

为了克服自然条件带来的不利影响,将盐碱地变成良田,人们选择大力兴建水利设施。天津市的主要河流,包括海河、南运河、北运河的两侧,修建了大量的水库、蓄水池、引水渠、排水沟等灌溉排水设施,而这在明清以来的垦田实践中都有明显的体现。袁黄当年在宝坻林亭口、八门城一带进行南稻北栽种植试验,疏浚河道、蓄水灌溉,动员农民在水稻耕作区开挖沟渠,引潮河之水灌溉水稻。《宝坻政书》中记载:"躬行阡陌,教民浚导,增筑三岔口堤,分凿林亭口诸河,积水尽泄,遂获有年。"[1] 袁黄在宝坻营田时,为推广水田,便利用潮汐的力量,实现自流灌溉,省去了人工灌溉之苦。《畿辅通志》中说:"潮水性温,发苗最沃,一日再至,不失晷刻,虽少雨之岁,灌溉自饶。"[2] 当年周盛传在小站屯垦,也是通过开挖马厂减河以借用南运河的水来浇灌小站稻田,实现了水资源的跨区域调配,提升了本地水资源的利用效率。除此之外,围绕水资源分配,还由农民主导进行用水管理协调,按照协议排序轮流用水,保障水资源的平等利用。

可以说,农业文化遗产的形成演化过程都蕴藏着对自然资源有效管理和利用的宝贵经验,可以帮助后人充分利用当地的自然资源,不仅能够解决当地居民的生存问题,而且还能提高当地的资源承载力和可持续发展的能力。立足当下,重新思考农业的发展和乡村的未来,可以从农业文化遗产小站稻中汲取更多的营养。如今小站稻的振兴依然面临水资源短缺的问题,其中必然涉及水资源调配的问题,因此要实施跨河道、跨区域水源联调,利用于桥水库引滦水源就近向州河、蓟运河等河道

---

1. [明] 袁黄《宝坻政书·感应篇》,天津:天津古籍出版社,2019年版,第302—303页。
2. [清] 唐执玉等纂《畿辅通志》卷四十六,《景印文渊阁四库全书》第505册,第77页。

调水，利用北水南调等工程将北部潮白新河、北运河水量向南部地区调配，建立协调用水机制，实现天津水资源的时空平衡，为小站稻的振兴保驾护航。

7.1.2 提升社会运行效率

1. 兵米融合的社会组织体系

天津自古代起就位于游牧文明和农耕文明的交会处，同时位于"九河下梢"，由于其独特的地理位置和自然条件，因此受到北方民族的青睐。从宋代起，契丹、女真等民族就开始活跃于这一地区。当时对于中原王朝来说，主要任务是防止北方民族南下。宋辽时期以海河为界河，为防止大辽南侵，北宋采取在洼地里种植水稻的方式，使得辽国骑兵难以南下。这个阶段尽管种稻的意义更多把集中在军事层面，与国防紧密结合，种植水平并不高，但兵米融合的发展模式已经初见端倪。

自明清定都北京之后，天津的政治、经济和军事地位进一步凸显。随着社会矛盾逐渐发生转移，不仅要防止北方民族的入侵，还要防止自海上入侵的敌人。出于拱卫京畿和减轻漕运压力的需要，天津曾数次进行不同规模的屯田活动，以袁黄、徐光启等人为代表的个人试验推广模式和以汪应蛟、周盛传等为代表的军垦推动模式在津沽大地不断上演。整体而言，兵米融合的发展模式贯穿整个天津城市的发展史：一方面，天津河流纵横，水患频仍，而水利工程的工程量巨大，只有军兵才能承担开河、筑堤、护堤、造闸等浩繁的任务，所谓"开河、筑埂、造闸之费甚大，若借兵力，则费省而速；无兵雇人，则费多而迟"[1]。另一方面，驻屯边塞的军队通过从事有组织的农业生产，以获取军粮，保障军队供给的制度，在国家积贫积弱的阶段发挥着巨大的作用，避免了军粮运输中大量的浪费，提升了整个社会的运行效率。

以清末的周盛传为例，他采用的是寓兵于农的政策。当年盛军进驻津南的时候，由于运河淤塞再加上南方征粮艰难，海路运往京城的漕粮供应十分紧张，因此光绪皇帝诏令周盛传的军队屯粮自给，于是盛军选择种植水稻来解决军队的粮草问题。这主要基于如下考虑：一是津南的大片盐碱沮洳土地唯一适宜种植的就是水稻；二

---

1. [明]董应举《恭报屯田疏》，《崇相集》，《四库禁毁书丛刊·集部》第102册，第63页。

是鸦片战争后数次来自海上的威胁还历历在目，水田可延缓敌人的进攻；三是明末大科学家徐光启在天津购置土地试种水稻获得过成功，明清以来天津已经成为北方重要的产稻中心。从光绪元年（1875）开始，周盛传亲率将领在西起马厂、东到大沽的辽阔土地上，挑河（马厂减河）挖渠，建闸修桥，沟通了南运河和海河，以优质河水刷咸涤碱，使百里荒芜斥卤之地尽成肥沃良田，建成了阡陌纵横、河网交织、咸淡分流的小站垦区，实现了南稻北移，成功培育了名震中外的小站稻，取得了军事屯垦的巨大成功，也再一次印证了兵米融合的组织体系所蕴藏的社会价值。

小站稻的发展演化过程展现出了在应对现代化危机中农业文化强大的适应性和创造性。面向充满不确定性的未来，同时为了在不确定性中生活得更好，我们应该进一步挖掘小站稻所蕴藏的精神动力，激励我们的子孙后代可以更好地生存与生活，这也正是小站稻稻作文化系统最大的社会价值。

2. 以农为本的基层治理体系

在以农为本的古代中国，乡村在总人口和面积方面所占比例极大，是地方社会的重要组成部分，乡村的治理水平决定了整个国家运转的有效性。漫长的小站稻演化过程证明了以农为本的基层治理体系所发挥的社会稳定器作用，可以说小站稻的发展演化过程，不仅是在津沽大地引入水稻，也是在不断进行社会治理上的探索，是一项牵涉甚广的社会组织工程。在这个过程中的一次次探索，都是对基层社会治理的完善。

首先，传统水稻种植属于劳动密集型农业，其种植过程需要大量劳动力参与，特别是在传统社会，种植水稻所需的大型水利灌溉设施的修建更是需要对人进行统一组织管理，这个过程有助于形成人与人之间合理的社会结合和组织方式。农村群众性自治组织建设的加强，体现在自治章程、村规民约等约定的形成上，例如遇到大旱之年，水资源枯竭，村民对居住地水资源的保护就会提上议事日程。津南区八里台村有一通清道光年间的石碑，碑高约1.6米，宽约40厘米，原立于村东大坑内。碑文内容为约束本村村民保护饮水资源的相关条款，等同于今天的乡规民约，译作现代汉语即为：①春季乡民不许下塘捕鱼，防止水缺氧变质；②不许乡民私自把自家鹅鸭下塘放养戏水，以免家禽粪便污染水源；③家庭主妇不许在塘边刷洗器皿、衣物，以免脏水流入塘内；④大牲畜不许在塘边直接饮水、践踏水源；⑤乡民家家户户共同遵守，如有违反上述条款者，乡民人人都可出面制止规劝；⑥制止规劝不听者，罚款，报官法办。最后是村政、乡绅、乡民共立字样。可见推动社会治理重心向基层下移，发挥自治章程、村规民约的积极作用，可以确保乡村社会充满活力，和谐有序。

其次，如果官方组织的屯垦不能充分调动全社会的积极性，不能打好群众基础，那么往往会人走政息，很难做到可持续发展。以左光斗为例，为保证屯田成功，左光斗从以人为本的角度提出了一系列的措施，如建议把农政作为考核地方官政绩优劣的标准，而为了辅助屯田的顺利开展，左光斗又想出了开设屯学的办法。屯学就是为屯军及其子弟设立的学校，以鼓励屯生在繁忙的农事耕作中不废读书。这些举措进一步完善了屯田过程中的社会治理。周盛传在小站屯垦过程中不仅修建了大量的水利工程以减轻灾害，还致力于保持周边的社会稳定，做到饿有所养、壮有所种、幼有所学。首先，周盛传进行了大量赈济活动，曾在唐官屯和葛沽数次设立粥厂，灾民所活无数。其次，他对投奔而来的流民给予妥善安置，分配稻种、租借土地、耕牛、水车、房屋等，以鼓励垦殖。最后周盛传还为移民子弟办学，教化民风。在屯垦初见成效，盛军资金相对充盈之时，周盛传便将建义学提上议程：第一，饬令营务处陈连升购置荒地栽种芦苇，又在附近田地置圩兴菜圃，用两项所得抵兴办义学所需费用。第二，在南门外建30间官房，作生童栖息之地。第三，制定义学章程。章程共16条，包括塾中课程设置、义塾学生纪律、考核制度、住宿规定、义塾工作人员的薪酬、义塾各项开支等等。

如今小站稻已经发展成为天津市的特色农业，为提高生产效率，相关单位引入了新的社会化组织机制，着力实现龙头企业与农户、村委会之间的合作，既保证了公司规模化生产所需的原料，也保证了农户收入持续稳定的增加，不仅有效履行了企业的社会责任，而且也为基层村级组织的稳定提供了可靠的保证。

3. 城市与农业协同发展机制

小站稻的演化史是一部浓缩的天津农业发展史，更是一部政治军事史，承载着城市形成背后的水利灌溉、军事政治、演化发展等信息。在传统社会，物流运输相对比较低效，只有足够的农业基础支撑，地方方能供养相当数量从事各行各业的人口，由此城市才能形成。与此同时，城市发展也为农业发展提供人力、物资等各种资源，也会对农业不断提出新要求。两者融合互动，从而推动城市经济的发展。

南宋时期，天津地区由金朝统治，在蒙古族强大的军事压力之下，金朝在这里设置直沽寨以抵御蒙古族的入侵，这个阶段天津的城市功能相对单一，以军事为主，农业发展服务于军事。在元朝统治时期，天津与大都（北京）临近，其地位进一步得到提升，元政府专门设置相应的行政军事管理机构进行有效的经营和大规模的开发，商业、漕运、屯田、盐业等得到充分发展。这一系列措施对天津的发展造成了深远的影响，使天津从一个普通的军事聚落直沽寨上升为更高级别的军政地区海津镇，人口迅速增长，商业空前繁荣。

明清两代天津的农业生产面临较为严峻的自然环境，主要体现在气候寒冷、水旱灾害频发、土地相对贫瘠等方面，这给天津的农业生产带来重重障碍。于是天津的农业活动不断适应自然环境，把防洪、排涝、洼地利用和营田事业结合起来，从沿河开垦逐渐发展成开垦离河较远的荒地，同时吸引人口来此定居，推动了天津城市的发展。

这个过程也可以从小站镇的发展演化史上得到验证，小站镇的从无到有便归功于小站稻。小站镇新农祠大殿的壁画《新农草创图》上题有："屯兵洳㴲立营村，淮音北海话耕耘。卖刀买牛廿年后，村桥原树走新军。"这首诗鲜明地概括了小站地区几十年的屯田练兵史，也描述了小站地区城镇形成、发展与变迁的历史过程。

小站及其周边地区在当时并无统一规范的地名，咸水沽人称这里为"南大洼"，葛沽人称之为"潘家坟"，而周盛传的奏折内称这块地域为"潦水套"。周盛传到达津南后，对这一区域的地形地貌进行了全面考察。当时这里地广人稀，交通不便，士兵购物要到5公里以外。为方便官兵生活，周盛传在小站东侧、驻军总部南侧新建了一座城镇，名为"兴农镇"（又名"新农镇"），并在潘家坟附近设置了一个小站安营扎寨。光绪元年（1875）盛字军移师潘家坟小站附近，以小站为中心修建了18个营盘，小站由此成为军事要地，南扼歧口，东控大沽。盛字军在小站屯垦的同时，设法招徕周边地区流民领种稻田，于是直隶（今河北）、山东、河南、安徽等地的贫苦农民纷纷奔聚小站。正是周盛传的盛字军屯兵驻扎和对小站稻的开发，才使原本荒凉的小站一带涌入了2000多户移民。这些移民和留守的屯垦士兵在此繁衍生息，形成了几十个自然村。天津传统的村镇临水而设，据水而聚，一般多以沽、码头、口、稻地等命名，其中著名的有七十二沽。而小站的地名都冠以"营""盘""圈""站""操场"，带有极其明显的军营色彩。至今仍在沿用的村名有盛字营、传字营、前营、后营、老左营、东右营、西右营、南副营、仁字营、蛮子营、营盘圈、大营盘、小营盘、东大站、西小站、操场河等等。此外盛军还将开垦的田地租赁给农民耕种，租金也比较低，农民在屯营之地领种后构筑自己的房屋，逐步形成了一个个小村落，称为"庄房"，还有和水利设施有关的"沟""闸"等。这些如周庄房村、东西庄房村、东闸村、双闸村、北闸口镇、头道沟村、九道沟村等。它们无不见证了小站稻对城市形成、演化的深刻影响。

7.2 文化多样性

文化是农业文化遗产的灵魂，它以有形或无形的方式融入到聚落、社会、经济等各个部分，形成特有的地域文化。这种文化主要包括两大类：一是农耕文化，农业生产虽然是一种经济活动，但其中蕴含着丰富的文化内涵。小站稻在天津的种植栽培，反映了当地农民精耕细作的稻耕文化以及对盐碱地等难以利用的土地资源充分利用的经营思想。二是民俗文化，它是一种活动的文化形态，包括语言、服饰、节庆活动、民俗娱乐等，都是在旅游开发中很具有吸引力的项目。

小站稻具有丰富的文化内涵，它的发展与中国近代史联系紧密，有一大批历史人物和故事素材可供挖掘。此外，当地还保留着许多民间传统习俗及节庆，且多与以稻作生产为中心的传统农业有密切关系，包括农耕文化及与其系统密切相关的乡村民约、风俗习惯、民间传说、歌舞艺术以及饮食文化、建筑文化等，都具有重要的文化价值。在城市文明的席卷下,保护农业文化遗产就是保存传统农业的智慧和乡土文明,留住那些与农业生产和生活一脉相承的文化记忆,也是社会再生产的情感力量。当下,充分挖掘、利用小站稻潜藏的文化多样性资源,并将其转化为乡村发展的内生动力,能让农民看到乡土文化资源所潜藏的多功能价值,同时能为地方政府提供乡村振兴的抓手,也可以增强乡民的文化自信。

7.2.1 民间节日

1. 民间庙会

传统农业社会里,由于农耕活动与家畜饲养需要定期更新大量的农副产品,需要定期进行交易,固定的交易形成了固定的集市,因此形成了以赶集为基础的风俗习惯。在此基础上,文化娱乐功能不断拓展,从而形成了庙会。特别是逢年过节,周边地区的农民聚集在一起,除了进行农副产品与日常生活用品的交易以外,还带动了一批民俗活动的发展,如社火、高跷、秧歌、旱船等,为辛苦劳作的百姓提供了娱乐与游玩的场所。有关庙会的一系列传说、故事以及庙会上表演的各种戏曲、曲艺节目,也可以起到教化民众、规范社会的职能,并成为政府向民众宣传政策的重要渠道。

周盛传小站练兵时,为了增强乡土观念、联络远离家乡的盛军情谊,建立了屯田会馆(今会馆村),内有全神庙、大戏台、集市和娱乐馆。小站被命名为新农镇后,全神庙也更名为新农祠。周盛波和周盛传兄弟故去后,新农祠内建立了周公祠堂,本地人称之为会馆大庙。

周公祠占地面积 14000 平方米,坐北朝南,南面有戏台和正门,北面月台上有三座大殿,分别是中殿、东殿和西殿。中殿新农祠,供奉炎帝神农氏、夏禹和关帝;西侧为周刚敏公祠,供奉周盛波;东侧是周武壮公祠,供奉周盛传。三座祠堂皆为歇山式屋顶,青砖高墙,磨砖对缝,正脊高耸,前廊后殿。三大明间,进深八米,清式六扇抹斜方格门窗。祠堂各有对称配房三间,四周清水围墙。整个建筑质朴而庄重,宏伟而壮观。

每年有春社和秋社两场庙会,均为农闲时候,一次是农历三月二十八日,是春耕过后，稻田等待灌水插秧的时候；一次是农历七月二十八日，水稻扬花秀穗，稻田不适合进人的时候。庙会一般为期三日，人山人海，商贾云集。小站商会都要向名商大户、地主富绅集资收款，请天津有名的戏班儿在周公祠表演，以彰盛世，乐民兴会。尤其是袁世凯督军小站时期，当时一些盛名显赫的京剧名角儿都在周公祠的大戏台演出过。

在传统社会里，庙会是一种重要的地方性文化活动。当今社会，庙会的传统职能逐渐弱化，而它的社会文化功能日益受到人们的关注和重视。作为文化认同、地域认同的一种标志，庙会可以增强地域凝聚力和乡土意识，联络民众的感情。这一功能对于当下建设和谐社会，仍可发挥相当大的作用，应下大力气保护宝贵的历史文化遗产，不断扩充庙会的文化内涵，提升庙会的文化层次，打造与小站稻相关的庙会品牌。周公祠庙会也在不断尝试中打造吸引民众的亮点，开发本土的民间文化资源，邀请土生土长的民间文化团体，例如特邀河北梆子剧团在会馆周公祠表演各种剧目，民间也自发组织地秧歌、高跷、舞龙舞狮、腰鼓等文艺节目，吸引十里八乡的村民和各地游客前来赶庙会、看花会。

2. 民间信仰

（1）妈祖祭典（葛沽宝辇会）

葛沽自明代以来就是天津著名的水旱码头及贸易集散地，汪应蛟、徐光启都在此垦田种稻，具有悠久的种稻历史。葛沽稻是小站稻的前驱，品质与南方的"白玉堂"齐名，小站稻声名鹊起之后，替代了葛沽稻的地位。葛沽宝辇是北方大型的妈祖祭祀活动，也是天津葛沽镇特有文化遗存的表现形式，被誉为妈祖文化的活载体、活化石，现已列入全国第四批非物质文化遗产名录。

宝辇是妈祖出行时乘坐的交通工具。葛沽宝辇会兴起于明朝永乐年间，是葛沽人民在长期渔盐劳作和漕运影响下形成的以娱神、娱人为内容，以民间花会为载体，含有历史、民俗、艺术、信仰、商贸等诸多文化内容的传统民俗活动。人们在长期的妈祖祭祀活动中，将以宝辇会为代表的几十道民间花会延揽于其中。每架宝辇重约500公斤，由八人抬起，前有金銮仪仗、一杆伞罩旋转开道引领。跑辇讲究规则，步伐、号子平稳，行进的宝辇如驶在大海中平稳的大船。几百年来，葛沽地区形成了八架宝辇、两架灯亭的格局。宝辇花会表演分为小步稳行、小步颤行、大步快行、跑"8"字、龙摆尾等形式。农历正月是葛沽民间花会活动的高潮时期，多姿多彩的宝辇及各类花会队伍鼓乐齐鸣，轮番表演，成为人们庆贺太平、祈福新春的一项重大群体文艺活动。

（2）龙王祭拜

中国自然灾害频繁，特别是洪水和干旱对农业生产造成较大的影响，所以人民创造出了龙的信仰，将龙作为水神，海、河、湖、井等水域以及布雨均为龙王掌管。中国的龙文化信仰是一种朴素的民间信仰，反映了历史时期农业基础设施和科技知识相对匮乏导致农业靠天收的现实，也寄托了民众对丰收的渴望。天津地区对龙王的崇拜由来已久，特别是水稻种植对水的需求更加迫切，自然与水的关系更为密切。周盛传在小站地区垦田时曾建了一座龙王庙，位于今马厂减河北侧东大站村与北湖村一带。

图 7-2　津南葛沽宝辇会

周盛传在小站地区试种水稻，先是引用海河水，开挖了月牙河、双桥河和新城河，南与马厂减河下游相连，北与海河相接形成一个"日"字形。每年农历四月十八日，方圆几十里的民众会敲锣打鼓到龙王庙烧香献供，祈祷龙王降雨；到雨季之后，河水暴涨，民众又聚集到龙王庙前祈祷龙王将大水退至大海。马厂减河贯通运河之后，周盛传在静海靳官屯村修建九宣闸以控制运河水位。此后马厂减河旱季不枯，雨季不涝，民众对龙王的希求减少，龙王庙遂逐年冷落、失修，到民国时期倒塌，后在马厂减河河堤上又修建了小型龙王庙供民众朝拜。新中国成立后，随着人民群众思想意识的进步，龙王庙逐渐消失。改革开放以后，社会经济和科学技术的快速发展在很大程度上解决了人们"靠天吃饭"的困境，促使人们对龙文化信仰的态度也发生了改变。

3. 传统节日

（1）填仓节

在天津地区，正月二十五是填仓节，天津的家家户户吃稻米干饭，喝鲫鱼汤，正是所谓的"填仓填仓，干饭鱼汤"，以图五谷丰登、年年有余，寄托着老百姓美好的愿望。民间传说人们在今晚只能喝鱼汤，而把鱼留给小猫吃，意思是让猫捉老鼠，以免粮仓被老鼠光顾。

（2）龙抬头

二月二龙抬头要"引龙回家"，这一天用龙来称呼所有的食物和活动，如水饺称为"龙耳"，元宵称为"龙蛋"，面条称为"龙须"等。人们还在这一天"剃龙头"，妇女不做针线活儿，以免刺伤龙眼。龙掌管雨水，水稻种植非常依赖水资源，因此人们尤其重视二月二这个节日。

7.2.2 诗歌文艺

1. 民间音乐

（1）挠秧劳动号子

挠秧是小站稻栽培过程中一项重要的田间作业，即稻农"面向黄土背朝天"，弯腰于秧垄间向前拱行，手脚并用地除草、松土。挠秧不仅可除去杂草与混杂稻株，减少肥水消耗，而且可使土壤变得松软，提高土壤通透性，提高地温，并使土壤与肥料融合，加速肥料分解，提高土壤供肥能力，还可将分蘖节附近土壤扒松，使稻株散开，切断老根，促进新根生长。一言以蔽之，挠秧可使稻株早生快发，为丰产打基础。挠秧在水稻返青后的分蘖期间进行，一般2~3次，间隔10天左右。20世纪60年代以前对挠秧质量要求颇严，要搜墩、过垄、提稗子、抹埝，即挠秧不仅应达到适宜深度，而且应贴近稻株，株间、垄间皆应挠到，做到严、细、净。行间、墩内杂草皆应除净。靠近田埂挠秧时，应将田埂上的杂草拔净，塌土、漏水处，皆应用泥补好、堵好，并且将田埂用泥抹好。拔除杂草后，不应乱丢，应缠起来，用脚踩到泥中，作为绿肥。

在挠秧这一集体性的劳动过程中，为统一步调、统一行动，出现了劳动号子，它起到了指挥劳动、统一动作、鼓舞情绪、减轻疲劳的作用。挠秧号子属于劳动号子的一种，是中国一种古老的民歌体裁。中国古籍中有关劳动号子的记载最早见于西汉刘安的《淮南鸿烈·道应训》，书中提到："今夫举大木者，前呼邪许，后亦应之，此举重劝力之歌也。"[1]可见劳动号子产生并服务于劳动实践。它从最原始的呼号逐渐发展形成为音乐性较强的民歌，并成为了民歌中一个重要的组成部分。

小站挠秧劳动号子不仅具有一般劳动号子一唱众合、即兴编词等共有属性，而且还有悠扬高亢、自由绵长的田歌特点。这是因为挠秧劳动在开阔的田野中进行，且挠秧劳动本身又需要强劲统一的劳动节奏，因此其曲式亦较为自由，既有婉转低沉的慢板，又有节奏明快的快板；既有一应一和的叙述、感叹，又有问答对歌式的短促口号，感叹悠扬而低沉，对答顿挫而欢快。其唱词有时结合挠秧劳动情节即兴编唱，有时则利用现成的民歌小调的旋律，唱词略加变化，再加上劳动号子一唱众合的形式，使原来的民歌小调又产生出颇为风趣的变化。天津小站为移民城镇，其居民来自大江南北十多个省市，兵农工商，乡风各异，使得天津小站挠秧劳动号子既充满了齐鲁民歌的奔放，又继承了燕赵之声的悲壮，还蕴含了江淮小调的婉约。

---

1. 何宁《淮南子集释》，北京：中华书局，1998年版，第831页。

歌词朗朗上口，音调刚柔相济，悲欢离合的故事皆可为词，嬉笑怒骂，任凭发挥，糅合百家，自成一体，不仅种类繁多，而且颇具地方特色。因其以随时随地的即兴创作为形式，故此留传下来、形成的固定模式并不多。每个打号者的唱腔都是自身文化积淀的展现，在保持基本曲调的基础上，可即兴发挥，临时编唱，内容生动活泼。

现从诸多曲调中，选择三首不同风格的小站挠秧劳动号子，以示说明：

《麻雀打食》，欢快而流畅，绕口令式的劳动号子："领：一个麻雀来打食呀，一个头一个尾，两个翅膀两条腿呀，两个眼睛呵，哎一呀一张嘴。合：哎—呜哇—呜哇嘿—呀，哎—呜哇—呜哇嘿—呀，海棠花儿开啦。……"这首劳动号子全由领唱者唱出来，逐段有数字相加，如第二段为"两个麻雀"，第三段为"三个麻雀"等，以此类推，其他数字亦作相应增加，一般唱到五个麻雀结束。领唱者不仅需要嗓音高亢嘹亮，还需要头脑机敏、口齿伶俐，而实际上领唱常常用失误如数字计算错误引起众人发笑，酝酿欢快的劳动气氛。领唱者和接号者通过一来一往的互动，使疲惫的劳作因欢娱而变得轻松起来。

又如《白脸的好汉》，把七个字分成上下段来唱，而众人在一句话里就有两次接号，同时曲调高亢嘹亮，特别使人振奋："白脸的好汉哪，了儿咳，咳吆咳咳！属罗成。了儿咳，咳吆咳咳！"人在疲劳时，这样一番引吭高歌，理顺了全身气息，活跃了劳动氛围，缓解了疲劳，提升了劳动士气。

此外，挠秧号子里还有一种舒缓低沉的曲调，古朴而深沉，如《日没昆仑》："日没昆仑黑了天，打柴的樵夫下了高山，行路的君子住了店，关上了城门上了闩。"这首劳动号子反映了人们在田间劳作到夜色降临时，疲惫无奈的情绪。第一句"日没昆仑黑了天"，七个字，一唱三叹："日没哎，哎啦嘿嘿，昆哪哎嗨仑哪哎嗨嘿，一哎啦我的嘿了儿嘿呀，哎嗨嘿，哎嗨嘿，了嚎嘿，一哎嗨嘿，黑哎嘿，了嚎嗷，天啦。一了儿嘿，了儿嘿，了儿嘿，嘿嘿嗨呀！"

新中国成立后的土地改革极大地调动了稻农的生产积极性，合作化集体生产劳动使天津小站挠秧劳动号子进入全盛时期。夏至时分，小站稻区的挠秧劳动号子此起彼伏，不绝于耳。20世纪50年代初，中央音乐学院的师生曾带着录音机到小站采风，记录小站挠秧劳动号子。天津市群众艺术馆、当时的南郊区文化馆与稻农合作，

图 7-3 挠秧号子

整理、记录了多首小站挠秧劳动号子。王志远、范云等人搜集整理的《小站挠秧号子》共数十曲,编入了天津市音乐家协会和天津歌声编辑部推出的《天津民歌》(1987年)专辑中。

1956年5月,北京举办了首届全国民间音乐会演,全国各地、各民族都选送了独特的民间歌唱与乐器演奏。天津市选送的《小站挠秧号子》被评为优秀民歌。1957年秋收时节,中央音乐学院的师生到小站慰问,傍晚于会馆大庙戏楼演出,压轴戏为小站挠秧号子《日没昆仑》,由民乐伴奏、音乐学院的艺术家演唱,引起全场数万名观众激情合唱,声情交融,真正体现了艺术要服务于人民的理念。

20世纪60年代以后,随着科技的进步与生产的发展,稻田化学除草剂的应用、生产机械化及简化栽培技术的推广致使不再需要按过去那样挠秧,挠秧劳动号子亦随之逐渐消失。2010年以后,伴随着小站稻的复兴,挠秧号子作为民俗表演在各大节庆活动上频频出现,津南区的丰收节、开镰节、文化节等多项民俗节庆活动上都有挠秧号子的表演。

(2)排地歌谣

《天津方言词典》对排地这样解释:"清朝以来,在天津南郊、东郊一带,官方组织屯垦,规划洼地开荒,引水灌溉,广植水稻,人称这一排排被开垦的田地为'排地'。"[1] 排地风景怡人，物产丰富，并拥有颇具特色的民俗和民谣，至今在天津人的谚语和俗语中仍有很多与之相关，而诞生于此的排地歌谣更成为了天津市级非物质文化遗产。

排地歌谣不仅与天津人当时的衣食住行有关，而且与这座城市中人们的性格、某些民俗的形成也有一定的关系。排地歌谣生动、深刻地展现了当时的劳动人民在滩涂垦荒生活的面貌。天津民间文学研究者张野评价说，排地歌谣结构灵活，朗朗上口，歌谣表达的内容情深意切、生动活泼，能体现排地的风土人情以及排地人民的风俗和性格，是天津民间文学的优秀代表。

排地歌谣大致包括两类，一是关于排地范围的歌谣，如"排地占地五百顷，南北分别到大堼。小红桥西五顷地，往东五里军粮城"。其中的南大堼又称南大坝，是指今津塘公路以南的一条津塘故道，北大堼即今大东庄村南一带。二是关于排地人吃苦耐劳、坚忍顽强的歌谣，包括："创业难，创业难，五更起，半夜眠，一头耕牛十亩田。""种稻地穷吃亏，收下稻子把帐归。烧稻草光撵灰，喝米渣子黏粥净兑水，没钱还账叫人追。""穷人种稻地，事事都为难。吃饭穷对付，花销没有钱。四月闹咸水，六月还不甜。水车不上水，地里赛盐滩。秋后簸箕响，先还借的钱。早来弄稻子，晚来稻草搬。今年白忙活，来年怎么办？""小排地儿，三趟河，棒子面儿，大粗箩，臭虾酱，就饽饽，白开水，当粥喝。加棵大葱是犒劳，蚊子多得像筛箩。""小排地儿，三趟河，棒子面儿，大粗箩，吃虾酱，拿棍儿戳，加棵葱蒜是犒劳，要喝稀饭奔大河。""排第二段儿出怪事儿：流芳台的大爷多，不办事儿；仁慈庄的先生多，不认字儿；郭家台要饭的多，不拿棍儿。"

2. 咏稻诗歌

诗是一种有韵律可歌咏的文体。《尚书·尧典》中说："诗言志，歌永言。"永同咏，志是意念。在心为志，发言为诗，诗就是表达思想感情，歌就是唱出来。最早的诗歌可以追溯到《诗经》，《诗经》中有相当一部分是民间歌谣，来源于生活。

---

1. 谭汝为主编《天津方言词典》，天津：天津人民出版社，2014年版，第184—185页。

表 7-1　有关小站稻的诗歌

作者	主要内容	诗题	诗歌
冯文洵（清代）	记述了鱼米之乡葛沽的盛景以及稻米	《丙寅天津竹枝词》	一棹菱歌唱五湖，鸡头米熟剥明珠。请尝小站营米稻，香味何如较葛沽？
蒋秋吟（清代）	描绘了小站稻的遗址遗迹、历史名人以及丰收盛景	《沽河杂咏》	车舻周遮响正酣，水田漠漠小江南。农人都说营田迹，昉自将军旧姓蓝。
			才开水利复营田，诏念农桑计万全。刈稻已呈三穗瑞，北仓还备歉收年。
李庆辰（清代）	对当时稻种选择、稻田风光、稻农插秧、民间祭祀等场面进行了真实的记述和描写	《新农镇观获稻歌》	新农镇前新稻香，黄云拂水秋波长。时当秋获老农喜，检点罢径皆登场。有客乘兴来眺望，携友踯躅游堤旁。天地寥阔忽变色，玻璃焜耀冲波光。波光汗漫架舟人，持镰俯取红莲芳。缚枝折穗置艇内，满载深入水云乡。披蓑荷笠乘风去，一帆顺驶神扬扬。凫飞鹜散棹讴起，秧针不复森成行。千畦万畦净如扫，水田回顾青茫茫。尚忆春初试秧马，水滨远近栽青秧。手足沾濡勤灌溉，至此始得登仓箱。村村击鼓赛田祖，新农从此多余粮。
刘献廷（清代）	陈述了兵农一体，农富兵亦强，士农一体，农朴士亦良的历史事实	《怀古》	古之兵皆农，农富兵亦强。古之士皆农，农朴士亦良。兵农一以分，甲胄无余粮。士农一以分，耒耜无文章。分之则两伤，合之则一理。请语当涂人，治乱从此始。
查为仁（清代）	描绘了昔日葛沽的稻田风光	《直沽种稻词》	稏穄如云望不穷，泥沽西区葛沽东。筑场处处多遗穗，长笛圆鼙赛社公。

续 表

作者	主要内容	诗题	诗歌
崔旭 （清代）	歌咏津门，描绘葛沽的风光与特产美食	《津门百咏》	满林桃杏压黄柑，紫蟹香粳饱食堪。 最是海滨风味好，葛沽合号小江南。
	歌咏津门，描绘排地的风情和生活场景	《津门百咏》	碧水溪边望稻田，渔翁撒网尽开颜。 河渠纵横舟如梭，杨柳风吹画舫开。 蛙声绝似催战鼓，夫妻摇车浇灌忙。 莫讶此地风景别，迩来何处不江南。
苏之銮 （清代）	描绘葛沽的江南水乡风貌	《小江南》	地处津东入画堪，此间曾谓小江南。 地流清浅珠联七，湾水萦回地绕三。 春雨杏花红滴滴，秋风稻穗碧毛参。 金陵风物看如许，莫笑诗人侈口谈。
樊彬 （清代）	对"十字围"造就的稻禾风光和鱼米之乡进行了赞颂	《十字围》	津门七十有二沽，大波小波通水渠。 水田漠漠连平芜，插秧远近秧马扶。 旁有萍藻芹与蒲，菱芡莲藕兼葭芦。 垂纶举网可得鱼，四腮不数松江鲈。 南人漫说江南好，尝新亦有葛沽稻。
姚承丰 （清代）	对汪应蛟、蓝理等垦荒治碱、兴修水利，将百里斥卤荒滩改造成万顷良田的功绩给予高度评价	《十字围》	十字围，获早稻，车戽声中波浩浩。 七十二沽云水乡，半是捕鱼不插秧。 汪司农，蓝总戎，能以人力夺天工。 二千余亩分田界，葛沽以北白塘东。 秋色红莲稻花吐，直使斥卤成膏土。 吁嗟乎，十字围，非小补！
华长卿 （清代）	描写了津沽种稻农事，歌颂了汪应蛟造福后人的历史功绩，描述了当时的稻田分布、水稻品种、耕作方式、水车水闸等水稻种植场景，可窥见当年的稻田盛世	《十字围》	河水澄清红稻肥，田间燕子双双飞。 葛沽遥接贺家口，士人相传十字围。 桃花风起吹红雨，辘轳声里啼桑扈。 十围零落剩两围，插秧犹击咚咚鼓。 朝阳含露秦天秋，天水无声日夜流。 近海人家善插莳，炎风五月尚驱牛。 双港水车声婉转，蜻蜓飞起晴丝卷。 何人置闸泄春潮，一湾沽水笼烟暖。 白玉塘边碧芋茸，遗址依旧水溶溶。 士人千载利其利，举杯一醉汪司农。

续表

作者	主要内容	诗题	诗歌
周楚良（清代）	歌颂了葛沽稻的绝佳米质	《津门竹枝词》	做粥葛沽稻粒长,汁摅晶碧类琼浆。三秋可惜无多获,只种东南水一方。
刘景周（当代）	描写了马厂减河的挖掘历史与小站稻绝佳的口感味道	《小站记胜诗》	引水马新肥稻粮,靳关碑记记沧桑。一篙御河桃花汛,十里村罍玉粒香。
张立志（当代）	对清末小站稻的品质、水利灌溉、营田历史、代表人物等如实记述	《天津小站稻》	米质特优小站稻,产地只种邑南郊。精米粒整晶莹粹,珍馐美味餐桌皎。一家炊烟焖米饭,四邻飘香院缭绕。粥汁琼浆澄碧影,粒熟玲珑更妖娆。若问缘由是何故,生态优异品自好。御河浑黄水甘淡,石水斗泥宝中宝。滨海广袤斥卤地,瞭望荒芜人烟少。减河引以资灌溉,种稻改良成腴膏。高产优质复中利,市廛行情价值高。怀旧瞻仰周公祠,千秋功业激吾曹。

有些歌谣是劳动中产生的,如《周南·芣苢》是妇女在采集车前子时吟唱的一首诗歌,我们从中可以感受到生活的艰辛与劳动的快乐。诗中说:"采采芣苢,薄言采之。采采芣苢,薄言有之。采采芣苢,薄言掇之。采采芣苢,薄言捋之。采采芣苢,薄言袺之。采采芣苢,薄言襭之。"诗歌可以帮助人们从侧面了解不同时代的农业变迁、生产经验、技术改革推广等内容,并对当今"三农"的研究提供借鉴。

随着津沽大地上稻浪滚滚,香飘四野,历朝历代出现了众多歌颂小站稻的诗篇,无数文人骚客笔下生花,从农物农事、农景民俗、农史古迹、悯农重农等不同侧面,记录了"水田漠漠,河渠纵横"的稻田风光和"上溯千年,士人礼赞"的历史文化,歌颂了小站稻"如冰似玉,粒粒飘香"的绝佳品质。这些诗歌作品都是对其作者所处时代天津稻作文化发展的总结和见证。随着诗歌的传唱,小站稻的知名度得到进一步的提升。此外这些诗歌也是重要的历史材料,人们可以通过诗歌勾画出当时小站稻种植的大致轮廓。(如表7-1所示)

3. 小说影视

小站以小站稻所承载的贡米文化、北洋历史文化、天津近代文化为脉络,为文艺作品的开发提供了丰富的素材,长篇小说《小站风云》应运而生。故事以小站镇两个显赫家族为竞争贡米称号展开激烈博弈为主线,以竞争过程中尽显出来的稻作文化魅力为底蕴,以百年前天津米乡小站镇的生活为原点,从看似欢乐的米文化风俗写起,不断勾连起颇为广阔的历史生活画面,在长达半个多世纪的跨度中,通过各类人物错综复杂、跌宕起伏的命运与纠葛,折射出波飞浪卷、血色弥漫的世纪风云。全书蕴藏着丰富的思想内涵,凝结了鲜明的民族精神。

全书情节以小站镇的众米农在绿营五品守备高不吝的主持下,为清廷遴选贡米之事为发端,以刘广有、李三德为代表的乡绅,不惜使尽浑身解数要争得贡米的地

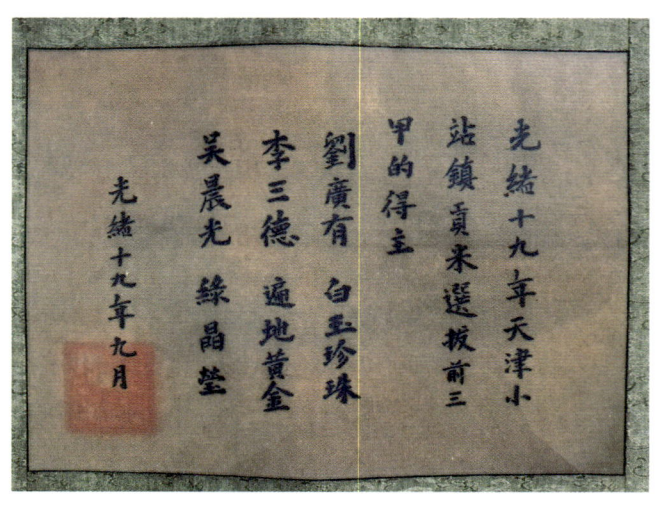

图 7-4　光绪小站贡米遴选前三名

位和荣誉。在看似平和安详的田园生活气氛中，隐藏着巨大的社会历史危机，不仅有孙二虎子之类的匪患公然肆虐，更有列强对中国的虎视眈眈。历史注定要把刘德胜、李占魁等年轻一代推向历史前台，让他们续写米乡新的历史。作为父辈竞争的接力与延续，他们所关注的不再仅仅是贡米称号花落谁家，而是与他们命运相关、荣辱与共的家国大事。两人共同参加北洋水师，虽有博取功名的潜在动机，却更体现出报国图强之志。从甲午战争、戊戌变法、庚子事变，到辛亥革命、护国战争，再到北伐战争、抗日战争，他们在纷至沓来、变幻莫测的历史风云中，血洒疆场，演绎出令人荡气回肠的生命史诗。

《小站风云》很快被翻拍成电视剧，由天津电视台出品，马玉辉执导，陈昭荣、杨若兮、王强和韩雯雯等主演，并于 2011 年在 CCTV-8 首播，进一步扩大了小站稻的影响力。未来要进一步推出更多喜闻乐见的影视作品，在潜移默化中强化小站稻的品牌效应。

7.2.3 农谚俗语

1. 农业谚语

农谚是谚语的一部分，是我国传统文化的积淀，主要涉及气象、时令、耕作、施肥等主题。当地群众在长期的劳动实践中，根据物候特征、天气变化等，总结出了指导当地水稻种植生产的谚语，并通过口传心授，一代代在民间流传。农谚以简明易懂的形式，让人们更简单地掌握农业生产的技巧。

2. 田间俗语

围绕小站稻的种植，还出现了一系列专用的田间俗语，亦是一道独特的文化景观。稻田排灌靠陇沟，进水的为甜水沟，出水的为咸水沟。甜水沟浅，田埂高，便于引灌入田；咸水沟深，有利于土地排碱。农谚说"淋七不淋八"，即甜咸两沟之间宽度不可超过七号（一号为五尺，七号即三丈五尺，11.67 米）。

水稻下种叫养芽子，苗圃叫芽子湫，剔除稗草叫提稗子。移苗叫起芽子，起芽子的劳作叫坐墩，用稻草编辫卷成墩，作为水田中的座位，继而下田插秧叫起墩。

表 7-2　天津传统农谚

序号	农谚
1	人误地一时，地误人一年。
2	谷雨前后，种瓜点豆。
3	七补八不补。
4	淋七不淋八。
5	寒露稻穗不露头，不如割掉喂老牛。
6	御河水是个宝，小站稻宝中宝。
7	处暑找黍，白露割谷。
8	谷雨芽子小满秧。
9	秧好半年粮。
10	一碗小站稻，胜过三张饼。
11	要想发财，须种三白（棉花、芝麻、白麻）。
12	不到排地不知天津好，稻香鱼蟹胜似小江南。
13	稻米香，瓜如蜜，棉花纤维长又细，螃蟹爬进饭锅里。
14	排地的螃蟹——个个肥。
15	排地螃蟹大如碗，威震东洋和朝鲜。
16	排地人，想发家，得种稻子、棉花、瓜。
17	排地瓜——两味儿的。
18	一排排稻地一条条沟，长虫蛤蟆簸箕收。
19	排地户，光棍多，哥仨儿守着苗一棵。
20	填仓，填仓，吃米饭，熬鱼汤。

把秧苗扎捆，抛在秧田叫打芽子，从秧湫把芽子运到秧田叫挑芽子。

一条秧田，也叫一锨地。插秧地方叫栽秧。插秧人弯腰向后移步，叫拉脚杠。两脚杠之间与脚杠两侧，各插两株秧，每人每行共六株秧。秧株株距叫退步，行距叫甩手，人手六株，叫一带秧。插秧队列站满一锨地，领头者叫打头儿，断后者叫补斜子。一锨地由地上头儿插到地下头儿，叫插完一杵。领头人在秧田中间取直插秧，队列左右跟进，这种插法叫打夹垄。插秧秧株要挺直，把秧苗弯株摁在地里，叫窝门鼻儿，也叫压瓜蔓。插秧的竞技性较强，技艺高超的行家都有自己的名号，如水兔子、划一道儿、白袄袖儿等等。

挠秧要求搜墩、过陇、提稗子、抹埂。在队列后监督检查工作叫踩稗子。挠秧可以打号，称挠秧号子。踩稗子的人领唱，众人跟号。唱词率意抓取，而曲调久而久之形成了一定模式，有悲欢、快慢多种。

负责灌田的工作叫放水。施肥叫上材料，一共三遍，底肥为大粪，追肥为豆饼，日本侵华后，开始用化肥。

稻穗开始低垂叫压圈，收割叫开镰，割下的植株交叠放置叫剪子股。植株晾晒叫晾扑子，挑稻子叫上场。稼场要平旷坚硬，然后泼水轧实。泼水后铺一层稻绒，叫泼场，然后轧实，叫杠场。稻绒俗称稻蚊子，蚊子叮人痒，稻绒沾身亦痒，故有此俗名。脱粒叫开捋子，自然风洁净颗粒叫扬场，扬后再扬，叫落（涝）扬。

冬季平整土地叫撬冻土。铺底肥叫上粪。地净场光，农闲叫偎冬儿。

7.2.4 风物传说

风物传说又称地方传说，属民间传说的一种，它通过生动的故事来解释说明当地山川名胜的传说，花鸟鱼虫的传说，风俗习惯或乡土特产的来历、特征、命名原因等。风物传说有许多是把历史人物和神话人物的故事地方化了的。目前有关小站稻的风物传说主要发生在津南小站和宝坻黄庄洼，主要涉及周盛传和袁黄等历史人物的相关传说。

1. 周盛传的相关传说
（1）箭落宝地

周盛传少有异志，与众不同，专任津沽屯田事务时，曾亲自反复踏勘天津东南纵横百里之地。小站位于天津南洼水乡，津沽海陆之间，天津城、静海城、大沽口、歧口交会之处，极有战略地位。加之土地广袤、人烟稀少，便于开拓屯田，特别是在此设防驻军，不仅可以和新城连成一线，有利大沽口海防，而且还能护卫京畿，遥控沧州。周盛传在规划之初，经过反复斟酌，多方考察，选定了小站作为总指挥部。关于周盛传如何选址小站建立大营，小站地区则有一番传说，那就是"箭落宝地"。

那年春日，周提督带着亲随从入海口勘察来到潘永安坟地，正值夕阳西下，一行人便在坟地西边不到百米的一个大苇湖岸上宿营。谁知到了半夜，忽然天有雷声，亮如白昼，一物呈蛇形盘旋于云中。众将士皆大惊失色，惶恐不安，连忙禀告周提督。周提督不仅身经百战，还精通《易经》八卦，一看此景，便大吼一声，弯弓搭箭，连发三箭射向蛇形异物。那物连中三箭，一阵怪叫，便一头扎到地上，一路匍匐朝北方遁去。周提督哈哈大笑，接着回去睡大觉。

第二天，士兵跑来报告周提督，那三支箭竟然插在了北面一处高岗的一棵大树上。周提督一时兴起，便信步去看。果然，三支雕翎箭深深地插在一棵虬劲有力的大树之上，任凭你使多大的力气都拔不出来，随从皆大骇。周提督环视四周，但见沟洼纵横，苇草丰美，一望无际，只有此处高于地表，颇为辽阔，风水甚佳。这时候，有打苇子的白胡子老头路过，周提督连忙请教。老人告诉他，此处为小龙岗，相传北海龙王的四太子经常带着虾兵蟹将来此演练武艺，排兵布阵。南面的湖洼就是小龙湖，湖里有通海的泉眼。这棵蛇形的古树，就是四太子点化这一带祸害生灵的一条大白蟒而形成的。

闻听老人的话，周提督不禁为之欢悦。虽然四太子在此习武练兵乃传说，不足为信，但暗合朝廷本意，岂非上天有意之举？白胡子老头走了只有一袋烟的功夫，周提督忽然醒悟：此处十里没有人烟，何来打苇子之人？打发人去找却遍寻不见，原来白胡子老头是太白金星下凡来点化周提督的。于是周提督在此地建设亲军大营，如此便形成了后来的小站。

（2）玳王治淤沙

清光绪年间，静海九宣闸的北侧附有两处建筑，一处是光绪十七年（1891）直隶总督李鸿章为九宣闸撰文的石碑，另一处就是马厂减河竣工后建立的玳王庙。虽然玳王庙及其庙内的神像毁于民国时期，但玳王帮助周盛传开挖马厂减河的传说至今仍在静海一带流传。

周盛传在开挖马厂减河的过程中，遇到了淤沙层。挖到淤沙层后，刚挖出一个坑，马上又会被淤平，导致工程停滞。深夜周盛传苦思冥想，突然，屋门被一阵风刮开，进来一个似龙非龙、似蛇非蛇的怪物。它说："周将军，我是东海龙王的四太子，名叫玳王，今天我奉了父王之命，来帮你挖这条河。"说完，怪物就不见了。玳王治淤沙很有本领，它给周盛传托梦后，便径直来到正在开挖的河道，趁着夜深人静，钻进淤沙里，摇头摆尾，淤沙就被甩到岸上，河道的淤沙瞬间就被清理干净了。在玳王的帮助下，官兵挖过了淤沙层，马厂减河挖通，将南运河河水引到了南洼。马厂减河竣工后，周盛传为感谢玳王，便在九宣闸北侧建了一座玳王庙。

2. 袁世凯的相关传说

（1）袁大帅闻声识英雄

小站练兵的历史始于明朝的戚继光，此后的周盛传、胡燏棻、袁世凯、张之洞、段祺瑞、龙济光也都曾练兵于此，而其中的袁世凯奉命训练新军则在中国历史上占有重要地位。有人说"闻声识英雄"说的是后来的吉林督军孟恩远，其实真正的主角是曹锟。那年袁世凯在小站练兵任上，一日闲来静坐在廊前，闭目养神，忽然院外有卖布小贩的吆喝声传来，其叫卖声响若洪钟。袁世凯不禁惊异，便让手下侍卫把卖布的小贩请进院内。只见这小贩相貌雄伟厚重，俨然一派英雄气概，便十分喜悦。不仅给小贩赐座上茶，而且还饶有兴致地和他拉起家常。这小贩谈吐豪爽幽默，极有智慧。袁世凯不禁心情大悦，喜上眉梢，力劝其投军行伍。不出一个月，这小贩便加入了小站新军，以后的行伍中，屡蒙不次之迁，从士兵到将军，最后成为了民国大总统。

（2）袁大帅品鱼教化族弟

袁大帅对于起居饮食去繁就俭，不求奢华，唯喜欢黄河鲫鱼，每日必备，无论红烧、家熬、水煮，百食不厌。袁大帅小站练兵时期，所食鲫鱼皆来自黄河，由黄河渔民自大运河入马厂减河送至小站。这年冬天，黄河鲫鱼竟然一时绝迹，供应不上，袁大帅从河南老家带来的族弟厨师灵机一动，擅自用马厂减河所获的鲫鱼冒充黄河鲫鱼，没想到吃了半辈子黄河鲫鱼的袁大帅竟然没有品出来，对厨师用马厂减河鲫鱼做出来的红烧鱼格外满意，还额外赏赐了厨师。厨师洋洋得意，将省下购买黄河鲫鱼的银子纳入了自己的腰包。

年关，厨师家眷从河南来小站探亲。说好了大年二十三中午到，可是等到掌灯时分，也没等来家眷的大车。正在忐忑不安的时候，袁大帅侍卫来唤，说是厨师的家眷正在大帅府里和夫人说话呢，厨师连忙跑到大帅府，果然一家老小正在厅上说说笑笑。这时只见袁大帅走过来，指着一个干粗活的丫鬟道："这是您的夫人。"厨师赶紧摇摇头，指指屋里如花似玉的娘子。袁大帅说："你认得自己娘子的模样，我也吃得出黄河鲫鱼的味道。"原来袁大帅早就知道厨师偷梁换柱，只是念在族亲的分上，才没有计较。这个故事中袁世凯的形象颇为正面，对于丰富袁世凯的人物形象有较大的价值。

3. 袁黄的相关传说

（1）顺天意开石匣

相传明朝万历年间，有对婆媳在荒地里挖野菜，突然发现一块方方正正的石头横在面前，一半埋在土里，一半露出地面，上面还刻着一些神秘的动物图案。婆媳俩从来没有见过这么神奇的东西，村里一起挖菜的人也都不知道这是什么。有个老头用镐头在石头上敲了几下，说："这是个石匣子，里面不是实心的，有可能藏了什么宝贝。"不过谁也打不开这个匣子。这时，不知从哪里出来一个乞丐，嘴里念念有词："要想开石匣，需得了凡来。"大家问："了凡是谁？"乞丐说："天机不可泄露。"后来，袁黄到宝坻任知县，听说这件事之后，就带人来到石匣所在地，双膝跪倒，大喊三声："石匣开，石匣开，石匣开！"喊声刚落，石匣的盖就移开了，里面飞出一本书，直冲云霄。接着又飞出一本书，袁黄一把把书抱在怀里。相传，这本抱在怀里的书是"地书"，专门讲述农业生产，特别是水稻种植。袁黄根据"地书"介绍的生产经验，编成了《劝农书》，传授给宝坻的老乡，从此宝坻开始广植水稻。而飞上云霄的那本书被称作"天书"，这就是宝坻民间所传的"了凡看石匣，天书已去，地书尚存"的故事。

（2）袁黄浪子回头

袁黄做宝坻知县时，糊涂办案，百姓遭罪。广济寺住持僧人法本登门教化，教导他多做善事，处处为民着想，广积阴德，命运自然而然地就改过来了。此后袁黄喜得龙凤胎，办事一心秉公，兢兢业业，颇得广大民众的好评。

（3）袁了凡成仙佑渔民

袁黄在珞珈山得道成仙，昼夜巡游海上。有一次宝坻一渔民出海打鱼（明代，宝坻县境东至大海），突遇狂风巨浪，一时险象环生，此时一条大船出现在面前。船主将渔民救上大船，并摆上茶水、点心，与渔民交谈。渔民思家心切，船主说："这好办，只需紧闭双眼，听见鸡鸣犬吠再睁眼。"渔民照做，顺利回到自己家中。他向人们提起此事，大伙都说："那个船主，就是咱们宝坻的袁知县啊！"

（4）小甸村三点水旁的由来（今仍作小甸村）

相传唐太宗李世民率30万大军亲征高句丽，命薛仁贵为兵马大元帅，徐懋功为军师，程咬金为监军。当时京东八百里为退海之地，到处都是盐碱沙洼，没有绿色植物，只有小甸一带为绿地，唐太宗将此地列为牧场，赐名"草甸"，后称"小甸"。

明万历十七年（1589），袁黄带领小甸村村民挑河引水种稻，获得成功。十九年（1591）秋后，袁黄重回小甸村，众人磕头谢恩。袁黄回拜后说道，过去小甸"旱年苗枯死，涝年水汪汪，一禾五粒子，糠菜半年粮"，主要是地里无渠无水，旱不能浇，涝不能排。这时老农端来白米饭，老妇人提桶秉瓢给袁黄端来一瓢河水。袁黄又说："过去小甸的甸字有田无水，为纪念小甸有水，今后甸字左面加上三点水，小甸村改为小洵村。"这三点水就是让后人铭记历史，明白挑河取水之难与水源的来之不易。这三点水是袁黄实施善政、造福百姓的见证，是他留给后人的宝贵财富。

(5) 上北京走黄庄的传说

宝坻一直流传着一句歇后语"上北京走黄庄——绕远儿",意思是去北京绕道黄庄要多走路,不过宝坻离北京远的地方不止黄庄,为什么单要说"走黄庄"呢?有三种解释:第一种是黄庄在过去的名气很大,特别是在大洼地区,其他地方无法替代,加之考虑到交通因素,所以用黄庄指代;第二种是黄庄过去是皇家的庄园——皇庄,所产多为向皇家进贡之物,且常年有皇帝的亲信留庄驻守,地方官员绕道黄庄,一方面是为求取些稀罕物品用于打点,另一方面是前来疏通关系,以备进京之后走通门路;第三种是黄庄一带在辽宋时期就已经是水路通达之处,特别是通过萧太后运粮河可以直达京城,交通较陆路方便许多,由此进京乃首要之选,只是年代已久,后期水路堵塞,再说上京走黄庄就是绕远了。

4. 七里海种稻的传说

清雍正五年(1727),朝廷派一位大臣到七里海搞"沽帆遂通"工程,开浚宁车沽河,始于淮淀村,至北塘海口,引洪入海,兴利除弊。这位大臣到七里海后,扮做学士模样察看水情,沿途见苇叶摇曳,荷笑清波,柳舞蝉歌,鸟啼花香,甚感快意。信步前行,忽见一老翁端坐木桥之上,手持长竿,凝神垂钓。注目而视,老人鹤发童颜,白须垂胸,神采飘逸,便走上前去搭讪。这位老者已有108岁,耳不聋,眼不花,腰不弯,说起话来声如洪钟,铿锵有力。二人攀谈一阵后,走至屋舍附近,须臾,一位老妇挑着一担水进屋。这老妇正是比老翁小两岁的夫人。这位大臣见百余岁老人仍能如此轻松地挑水,好生惊奇。稍坐,老妇端上一盆热腾腾的米饭,顿时,一股清香之气扑鼻而来,沁人心脾。这位大臣品尝后,只觉得甘甜清爽,满嘴芳香,不由连声称赞。饭后,老翁一时兴起,从地上抄起一个石砘子,向上一抛,两三丈高,扬手一接,握于手中,尔后轮番上抛,那砘子上下翻飞,俨然变魔术一般。老翁玩罢,说道:"七里海大米,沐北国之寒露,蕴天地之精气,不仅品味好、营养高,还可开胃健脾,益寿延年,堪称一绝。"大臣深为所动,自忖:两位老人年过古稀,仍体健如山,可见七里海大米果有奇效。秋后,"沽帆遂通"工程竣工,大臣回京复命,特选上等大米献给皇帝。从此,七里海大米便成了珍贵的宫廷贡品。尽管这只是民间传说,但至少说明七里海大米早就颇有名气了。

7.2.5 遗址遗迹

1. 水利遗址遗迹

(1) 马厂减河和九宣闸

盛军屯兵小站之后,将士一万余人的军粮,一日就是一万公斤,一年就需 360 余万公斤。李鸿章迫于盛军的粮饷压力,奏明皇帝,想利用军队垦荒造田,自种自吃,而周盛传在建小站新城时就看中了小站这大片的荒滩苇地,想效仿南方引水垦荒种稻。在李鸿章的支持下,盛军调动直隶驻军和练军34个营的人马分段负责施工,开挖马厂减河(今静海靳官屯至塘沽新城),引来御河水冲洗盐碱,将小站的大片荒滩变成了出产中外驰名的小站稻的圣地,所以天津民谚里有"御河水是个宝,小站稻宝中宝"的说法。至今马厂减河还在发挥着供水和泄洪的作用。20世纪50年代开挖独流减河之后,马厂减河被分为南北两段,北段两端分别与海河及独流减河相连,平时为用水河道,干旱时,通过海河或独流减河向津南地区供水;汛期兼作排水河道,通过两端泵站将津南地区的沥水排向海河或独流减河。

九宣闸始建于清光绪七年(1881),是天津水利史上较早建设的水闸,也是天津市现存最早的水闸。它位于天津市静海区靳官屯村马厂减河首端、大运河天津段的最南端,在纾解洪涝、农业灌溉和漕运交通中发挥重要作用。现在的九宣闸已从最初的泄洪闸变成了蓄水闸,作为引黄济津入津的第一站,承担着引黄应急调水的重要任务,对减弱干旱影响、缓解天津市用水紧张发挥重要作用。

九宣闸取宣泄九河之水的意思而命名。据史料记载,九宣闸初建时为石质五孔大桥闸,闸墩底板、翼墙为浆砌条石结构,叠梁式木闸门,闸门需要100多人方能开启。目前除闸门和启闭设备作了更新换代以外,其他均为原建筑物,且还在使用。该闸在中国近代水利科学技术水平方面十分具有代表性,它不仅是一座重要的水利工程建筑,而且还具有历史文物价值。九宣闸工程完工之后,李鸿章前来视察时写下了《南运减河靳官屯闸记》,并制成石碑。碑高3.5米,宽1.3米,描述了当时的水患情况,并简述了兴建减河、水闸的原因。

整篇碑文 800 余字,行文叙事,深细简约,情景兼备,文采洋溢。全篇字迹,笔锋颖秀,既清丽秀雅又沉雄端庄,其楷法取颜真卿和柳公权。整篇碑文字迹平正生姿,舒展旷达,古茂温润,遒劲之中又内蕴灵动,自成一家,观之动心,品之回甘。

附:李鸿章《南运减河靳官屯闸记》

靳官屯曷而设闸也?以有减河故。南运河又曷为而开减河也?津郡处九河下游,三淀既湮,有川而无泽,三岔河为诸水交汇之区,每当伏秋盛涨,众流会萃数百里,浩淼汪洋,一望无际,不有河以分之,其患不止。余于上年,曾在三岔河以北之陈家沟添开减河一道,别通北塘以入海,亦止可稍杀北运河之水势。而南运河上承山东、

图 7-5 南运减河靳官屯闸记碑

河南、山西汶、卫、漳诸大川之水，源远流巨，泛滥湮没，往往有害民生，其患尤倍于他水。从前，如四女寺、哨马营、直境捷地、兴济等处，共开有减河四道，以资分泄。无如岁久未修，河道多废，仅存捷地一减河，水患更甚。光绪五年，饬天津道等勘察水利，往复相度。据查津城东南，由青县之新官屯，经盛军所住之新农镇，至西大沽以出海，最为顺轨，非特山东之德州以下，如交河、东光、沧州各处均免水患而盛流畅泄，即大清、子牙诸水涨时，亦由此掣泻。是减河之开，较前此四女寺、哨马营各处，尤为因势利导而出水益便。其下游津、静之交俗所称南洼，弥望百里内外，尽为石田，亦可引淡刷碱，俾曩时不毛之地得以繁其生植。盖南运河会漳河之浊流，本有石水斗泥之喻，俾得导引以资灌溉，其肥自能化碱以成腴，既杀盛涨，亦涤积卤，均于减河是赖。不独此也，津地迤西至东，仿南方稻田之制，广为开辟，其阡陌纵横，河渠复绕，尤堪限戎马之足，于海防局势亦不无裨益，所谓一举而三善备焉。规划既定，爰集淮练军三十余营，分段挑浚。盛军既列戍青县之马厂，迤逦至津属之新城。即饬周提督盛传统率该军领袖其事，通力合作，至六年夏间工竣。于是建石质双料五孔大桥闸于靳官屯河头，以资启闭。沿河分建石、铁柱板桥四道，以便行人。计河长一百五十余里，其下游横河六道，各长数里，沟渠左右萦带，旁流分注，使入海之尾闾益畅，均归盛军始终经营。此地方百世之利也，独是有其举之，莫之敢废。此闸为全河关键，尤在后之人修葺以时，无使圮坏。承乏是邦者，尚其念畿辅之水灾，农田之乐利，与夫海防之形要，无令此河此闸等于四女寺各处之减河日久淤塞，而失前人创始之美意，则幸甚。是为记。

钦差大臣、太子太傅、文华殿大学士、会办海军、督办北洋海防兼通商事务、兵部尚书、都察院右都御史、直隶总督兼理河道、一等肃毅伯、加骑都尉世职合肥李鸿章撰并书

光绪十七年十二月

（2）袁公水利旧址

明代宝坻为"九河下梢"，东南直通大海，西部的香河等地每遇大水泛滥，沥水都要流经宝坻入海，十年九涝，百姓苦不堪言。面对宝坻地瘠民穷、弊政冗多的

状况,袁黄在担任知县期间(1588—1592),根据低洼滨海的地理环境,兴修河道,疏导沥水入海,同时重视农业生产,积极带领农民兴修水利,于渠水(窝头河)两侧开渠,扒沽放水灌田,发展农桑,改旱田,兴水田。直到现在,宝坻还存有袁公坝、窝头河、箭杆河故道、袁公桥等当时治水的遗迹。《宝坻县志》中记载:"城北开源门外有袁公坝者……其袁公坝以上,即渠河故道也,自朱家铺朝霞寺至西鄩等庄,抵弘福寺,由平政桥接入城河,计长四十里,出节流门东南注,经韩家桥至南鄩等庄,由南石桥会入窝头河。"[1] 即袁黄在城北开源水门外(今北城路北侧)、百里河入护城河口处建了一道滚水坝,壅水开沟入田,民受其利,时称"袁公坝",并立碑记之。如今袁公坝旧址在百里河北岸、挹青路宿舍南,民政局干休所小公园内。

2. 文化遗址遗迹

(1)袁黄功德碑

袁黄在宝坻为政期间,为小甸村开渠引水之事在《宝坻政书·开河申文》中确有记载。如今,袁黄渠已了无踪迹,而袁黄为小甸村开渠引水的事迹流传至今。小甸村村民捐资在村北头修建了一座袁黄庙,庙前立了一通功德碑,后人称此碑为袁黄功德碑。如今仅有残碑,宽0.54米,厚0.18米,高1.1米,额宽0.6米,碑额写有"祀世攸赖"四个楷体大字,大字下面依稀尚存"宝坻县东南乡小甸庄……进士文林郎知宝坻县事袁黄挑河碑记"字样。

(2)《三岔口河堤记》

明万历年间,宝坻知县张兆元撰《三岔口河堤记》,记述了丁应诏、袁黄、张兆元三位明代知县治水的经过,共755个字。其旧址在三岔口蓄水闸与北三河管理处交界的小公园内。

---

1. [清]洪肇楙纂修《乾隆宝坻县志》卷三,《中国地方志集成·天津府县志辑》第4册,上海:上海书店出版社,2004年版,第303页。

3. 自然遗址遗迹

古贝壳堤（蛤蜊堤）是由远古的贝壳沉积下来形成的，可以证明天津是一块退海之地。古贝壳堤所含贝壳达数十种，按层序分布排列，绵延数十公里。天津贝壳堤与美国路易斯安那州贝壳堤、南美洲苏里南贝壳堤并称为"世界三大古贝壳堤"。张焘《津门杂记》中说："咸水沽在城东南五十里，该处左近旧有蚌壳满地，深阔无涯，至今不朽，想昔日之海滩即在此无疑也。"[1] 天津古贝壳堤在国际海洋、第四纪地质、古气候、古环境研究领域占有重要地位。贝壳堤的分布演化也直接证明了天津退海成陆的过程。商代（约3200年前），今津南区内建明—巨葛庄—八里台—南义心庄一带为渤海海岸线（有渤海第二道贝壳堤为证）；西汉时期（约2200年前），东泥沽—邓岑子—杨岑子—东大站—新开路一带为渤海海岸线（有渤海第三道贝壳堤为证）。东汉末年以来，随着海河水系的形成以及与黄河、淮河、长江等水系的贯通，这些丰富的河、海自然资源为人类生存繁衍创造了条件。贝壳堤高出地面2米左右、宽120米有余，曾是南来北往的交通要道。

图 7-6　天津古贝壳堤

---

1. ［清］张焘《津门杂记》，《近代中国史料丛刊》第57辑，第42—43页。

有两道古贝壳堤纵贯津南区，从东泥沽、茶棚、邓岑子、辛庄子、杨岑子、东大站、新开路到滨海新区的上古林、马棚口，海拔 2~5 米，最低处 1 米左右。由于历史上这一带是海岸线，所以成土母质含盐量高，土质盐碱，富含钾、镁离子，这成了该地区的显著特征，也造就了小站稻的特殊品质。清末马厂减河挖成后，东大站处的南北贝壳堤被断开，即东泥沽—东大站—上古林—马棚口一带，并在上面修建了云丰桥。

7.2.6 袁黄文化

袁黄文化在中国传统文化中有着独特而重要的地位，在全球华人中都拥有巨大的影响力。袁黄在宝坻执政 5 年，挑河治水，开荒治碱，劝农种稻，政绩卓著，功载史册，在宝坻百姓中威望极高。袁黄在宝坻的执政经历，对其思想体系的形成有着深刻影响。他的嘉言懿行和留下的著作，虽历经 400 余年的时间，却依旧光辉夺目，闪耀于世。长期以来，关于袁黄的研究主要集中在两个方面：其一是思想文化、社会经济方面，包括袁黄的禅学、民生、慈善、农业、教育、军事、历法、养生等方面的思想与实践；其二是家庭生活方面，主要在袁氏家史以及地方社会生活和田野调查的经验层面进行论述，重点仍是地方文化与人文精神等问题的阐发，研究成果颇为丰富。纵观袁黄的所言所行，最显著的特征是其出世与入世之间的游刃有余。在经世济民情怀的指引下，袁黄为官则造福一方百姓，为民则立德治学修身。特别是他的传世之作《了凡四训》，被称为"中国第一善书"，至今仍然在海内外作为种德立命、修身治世的范本而广为流传。可以说袁黄文化最大的价值不止在于水稻，更在于他以此为基础所倡导的齐家治国文化，这对于当代践行社会主义核心价值观仍具有重大意义。

袁黄文化已经成为宝坻的一张名片，而水稻文化正是袁黄文化在天津落地生根的载体。在此基础上，袁黄文化在宝坻有其他一系列的体现，比如袁黄纪念馆、袁黄碑刻、袁黄研究会等。此外还有大量的歌曲、戏剧、诗词等文艺作品，共同构成了丰富多彩的袁黄文化。

第八章
科学与教育价值

8.1 科学价值

8.1.1 科学精神

农业在传统社会中的重要性不言而喻，我们的祖先积累了十分丰富的农学知识，并且将这些知识和技术进行总结升华，编为著作。天津东临渤海，又属于京畿之地，然而洪涝频繁，土地盐碱，土地承载力较低。为解决京畿之地的民生问题和军事安全问题，许多士大夫和知识分子以天津作为试点开展农业科学试验，其中以袁黄和徐光启为典型代表。他们在天津开展农业科学试验，包括品种引进改良、盐碱土壤改良、施肥改良、农具改良、水利工程修建等全方位内容，并完成了农业科学巨著，在中国漫长的农业史上闪烁光辉。

1. 袁黄试验的示范精神

宝坻当年作为京畿大县，包括当今天津境内的宁河区和滨海新区北部，地域广阔，东接渤海，海水的上溯和浸泡，使得境内地势低洼，土地盐碱，水患频繁，民不聊生。万历十六年（1588），浙江人袁黄以进士出任宝坻知县，他在《论畿内田制》中感叹"江南无寸土不耕，而畿内荒芜弥目"[1]，甚为可惜。为治理水患与盐碱，他以科学的精神，选择在离城几十里远的葫芦窝村做试验。首先教百姓挖沟通河，调埝作田，并制作各种灌溉和排水设施，水田开成后还教给百姓育苗、插秧和中后期管理。葫芦窝村试验成功之后，袁黄决定继续扩大范围，在县城附近的低洼地继续开展试验示范，并带领

---

1. ［明］袁黄《皇都水利·论畿内田制》，《四库全书存目丛书·史部》第222册，第698页。

衙门官吏亲自耕作,试验同样获得成功,示范轰动效应比葫芦窝村更大,带领宝坻境内掀起了改水种稻的高潮。早在袁黄之前,元代农学家王祯所著的《农书》就已对江南先进的农业技术作过详细的介绍,袁黄充分吸取王祯《农书》中的科学内容,以在天津进行的农业科学试验为主要资料写成了《劝农书》,这也成为研究明朝万历年间宝坻乃至天津地区农业状况的重要资料。后世为纪念袁黄,宝坻民间称水稻为袁黄稻。

2. 徐光启农学的科学试验精神

徐光启是明清以来最著名的科学家,在农学、天文、历法、数学等领域均有极高的造诣,取得了丰富的研究成果。他在农学领域也取得诸多具有自己创见的成果,这与他所掌握的科学方法有着直接的关系。著名科学家竺可桢曾指出:"(徐光启)解析事实,推阐原理,事事以科学方法为依归,故于强国富民之道,安内攘夷之方,以及整理历史上之事实,均能以客观眼光分析归纳,故能立论精确,而见识超越侪辈也。"[1]

徐光启先后四次屯田于今津南区葛沽一带,购置133.33公顷荒田,进行私人性质的治水营田试验活动,其目的是研究、探索改变南粮北调在现实中是否可行。他试种南方优良稻种香秔(红芒),期间经过摸索,也有失败的经历。农师孙彪用人粪干,每亩施八石(800升),结果"稻科大如碗,根大如斗,而含胎不秀,竟不收"[2]。后一年,"每亩用麻糁四斗。是年每亩收米一石五斗,科大如酒杯口"[3]。通过反复试验,徐光启得出了适合天津的水稻施肥模式。他还引入长江一带稻棉轮作的经验,在天津试验推广,并得出结论:"凡高仰田可棉可稻者,种棉二年,翻稻一年,即草根溃烂,土气肥厚,虫螟不生。"[4]此种模式在新中国成立后尚有应用,不仅稻棉丰收,而且还可以节水治碱。

徐光启之子徐骥评价他的父亲说:"考古证今,广咨博讯,遇一人辄问,至一

---

1. 竺可桢《近代科学先驱徐光启》,《竺可桢全集》第2卷,上海:上海科技教育出版社,2004年版,第157页。
2. [明]徐光启《农书草稿·粪壅规则》,朱维铮、李天纲主编《徐光启全集》第5册,第441页。
3. [明]徐光启《农书草稿·粪壅规则》,朱维铮、李天纲主编《徐光启全集》第5册,第441页。
4. [明]徐光启《农政全书》卷三十五,《景印文渊阁四库全书》第731册,第504页。

地辄问，问则随闻随笔，一事一物，必讲究精研，不穷其极不已。故学问皆有根本，议论皆有实见。"[1] 徐光启曾亲自与天津及葛沽屯田兵探讨盐碱地问题，《粪壅规则》中提到："天津屯兵言，碱地不害稻，得水即去。……但葛沽屯又言，初年碱地不宜稻，莳下多不发，二年以后渐佳，后来更不复薄，不须上粪，尤胜不碱者。"[2] 徐光启对此分析认为，近海重碱地初开不宜种稻，因洗碱不够所致，若充分进行洗碱，完全可以回避盐碱地的不利影响。徐光启在天津亲自进行农业科学试验，不断总结其方法与技术，并将这些实践经验及心得总结于《农政全书》中，为北方盐碱地区发展水稻种植奠定了系统的科学试验基础。

3. 种源研发中心

小站稻作为优质稻米，优质种源至关重要。天津水稻栽培与育种历史悠久，天津育种单位选育的水稻品种不仅在天津，甚至在北方粳稻区也具有较高的知名度。天津小站稻种源主要依托天津市原种场、天津农科院农作研究所和天隆公司三家种子研发机构，天津水稻研究所最新育出的非转基因抗除草剂水稻品种为发展水稻机械化旱直播技术解决了关键问题，为小站稻保护与发展提供了有力的技术保障。天津市首位特聘专家、杂交水稻之父袁隆平院士多次到津表示要致力于进一步振兴天津小站稻，提高天津小站稻的产量和质量，他认为天津在水稻育种研发方面基础较好。天津作为缺水城市，今后要加大研究和开发节水型水稻的力度，这样就可以利用有限的水资源，来保证种植面积的扩大；特别是要利用成熟的杂交水稻孕育技术，研究开发超级水稻，大幅提高水稻的产量和品质。

8.1.2 适应气候变化的能力

自 2012 年农业部启动重要农业文化遗产发掘保护工作以来，在入选标准的界定中，明确要求该遗产要具备在气候调节与适应方面的能力，同时能够通过自身调节机制，具备应对气候变化和自然灾害影响的恢复能力。自然环境是人类赖以生存的

---

1. [明]徐骥《文定公行实》，王重民辑校《徐光启集》，第 560 页。
2. [明]徐光启《农书草稿·粪壅规则》，朱维铮、李天纲主编《徐光启全集》第 5 册，第 443 页。

物质空间，在漫长的人类社会发展期，自然环境始终处于不断的运动变化之中。自然环境在时空上的每次重大变化，都给人类社会带来了巨大影响，而人类的活动在适应自然环境变化的同时，也同样影响、改变着周围的自然环境。

1. 历史时期的气候变化

历史上小站稻经历了多次气候变化的周期，依然能够保存自我，多次浴火重生，原因主要是围绕小站稻形成了一整套古代农业技术体系。这套体系是古代劳动人民智慧的结晶，也是传统农业文明的重要组成部分。它蕴含着生态平衡、绿色循环、实用主义等多重理念，能够适应气候变化所带来的各种挑战。

先秦时期，华北平原气候温暖湿润，湖沼星罗棋布，自然植被保持良好，野生动物大量生长繁殖。据邹逸麟统计，当时仅在黄淮海平原范围内就有40左右个大小湖沼，其中的孟诸泽在历史上甚至被人与南方大泽云梦泽相提并论。王利华的研究成果表明，汉唐时代的华北平原仍然处于气候相对温暖期，湖泊泽薮数量众多，动植物资源十分丰富，河流在枯水期仍能保持一定水量。这个时期张堪在渔阳郡教化民众种植水稻；唐代蓟州的静塞二十屯，在温暖湿润的气候下，其北方水稻的种植技术已经有了较为系统成熟的体系。贾思勰的《齐民要术》系统地总结了公元6世纪以前黄河流域的稻作技术，并专辟"水稻第十一"一节，对北方水稻种植技术进行描述，从中也展示了当时华北稻作技术的真实面貌。

经过安史之乱与五代十国的混战之后，华北平原的植被遭到破坏，水利设施多被摧毁，水稻生长所依赖的水资源也日益变得稀缺，先前在《水经注》里所记载的河北泽薮，很多已经变小甚至消失，水稻种植业开始走向衰落。尽管五代至北宋时期，整个华北地区的气候有短暂的回温趋向，但自元代至清末这段时间里，华北气候更为寒冷干燥，再加上湖沼数量减少，使得水稻种植举步维艰。为适应这种气候变化，小麦得到大面积推广，因为小麦更适应这种寒凉的气候环境，冬小麦的出现不但避开了华北地区春旱的威胁，而且提高了土地的利用效率。小麦的主导地位使得人们更加忽略对水稻的种植，麦作技术的广泛应用加速了华北原有稻作技术的消解。当时京畿之地人口持续迅速增长，而土地的数量是有限的，随着比较适宜耕作的土地大部分被开发殆尽,剩余的均是盐碱沮洳之地,对此类土地的利用就成了当时解决人地矛盾的主要途径。在这个背景下,为适应这种气候变化带来的挑战,统治者开始推广南方稻耕技术,特别是捍水筑堤、开渠引水的技术。

2. 适应气候变化的措施

天津农业生产所面临的外部生态环境并不乐观,水文条件复杂,水患频仍,此外土壤贫瘠、低温、极端天气多也对水稻种植造成极大的挑战。天津的农业生产也正是在面临和适应这种自然环境之下进行的,不断加强人力、物力投入,以改造水文、土壤等自然条件,增强对自然灾害的抵御能力。在这个适应与改造的过程中,天津水稻生产取得了举世瞩目的成就,体现在农业科学技术、作物的种植与引进、水利营田活动的推进等方面。总而言之,天津水稻生产是在相对不利的生态环境条件下,将传统农业生产与生态环境改造和应对相结合发展的过程。在新的历史时期,在气候变化的背景下,气温上升、海平面上升和水资源缺乏等将成为常态,积极采取措施适应气候变化,趋利避害,对于促进粮食生产至关重要。可以说小站稻种植业的发展不仅是获取生存物质的主要方式,而且也是构建传统农耕文化的基石,不仅承载着历史与情感,还蕴藏着传统知识与管理经验。我们应正确认识这些地方知识,恢复原有种植方法中的精华部分,并结合现代科学融合形成新的生产体系,同时运用这些知识和经验,来应对当代可持续发展和气候变化所提出的挑战。

我们所要做的,一是调整作物布局,改革种植方式。适当将水稻种植区域向天津北部水源充足、灌溉条件较好的地区推移。长期以来小站稻主要沿海河种植,新中国成立后随着海河上游水库的建设,天津来水急剧下降,无水不能种稻,小站稻传统稻区种稻面积减小,稻区北移至东丽、宁河、宝坻、蓟州等区。这些地区充分利用自然条件,自力更生解决水源,改变水稻的耕作方法,培养农户适应气候变化的能力。

二是引进、培育新品种,适应气候变化。选育适应气候变化的水稻新品种,大力开展耐盐碱、抗旱涝、耐高温、抗病虫害等抗逆品种的育种研究和科技攻关工作,增强农业适应气候变化的能力。

8.1.3 农业可持续发展

1. 促进自然可持续发展

现代农业发展要从古代农业技术当中汲取营养，以自然之法克制自然之害，使农业成为环保、有机和绿色的产业，保障食品安全，实现社会的可持续发展。徐光启是生态农业的先驱，他看到了丰富的自然水草资源、牧养与生态环境保护的辩证关系，主张充分利用当时当地的自然资源发展生态农业。他说："居近湖草广之处，则买小马二十头、大骡马两三头，又买小牛三十头、大牸牛三五头。构草屋数十间，使二人掌管牧养。二人仍各授一便业，以为日用饮食之资。久而群聚，增人牧守。湖中自可任以休息。养之得法，必致繁息，且多得粪，可以壅田。"[1] 小站稻在中国重要农业文化遗产申报成功后，依据联合国粮农组织和中国农业农村部提出的全球重要农业文化遗产与中国重要农业文化遗产的动态保护和适应性管理的理念，恢复原有的传统农业生态、农业文化、农业景观，既要继承传统种植模式中的科学价值和历史文化，又要积极吸取现代文明的精华，包括现代农业生产技术和现代经营管理技术，从而实现现代农业的可持续发展。

天津市委、市政府高度重视小站稻的恢复工作，各相关区也出台了扶持小站稻发展的政策，为小站稻可持续发展创造了良好条件。通过实行种子、生产资料、生产技术等方面的标准化，在种植过程中增施有机肥，减施氮肥，科学使用除草剂，推广现代生态农业的种植技术，相关单位在确保稻米安全的同时，也促进了农业生态环境的修复和改善，既合理开发资源，又保护了良好的生态环境，对于促进区域农业可持续发展意义重大。以宝坻区为例，黄庄洼在洼地中种植一季水稻，稻田中养殖鱼、鳅、蟹、虾等水生生物，田埂上或者周边旱地种植黑豆、紫米、糯米、白高粱、白玉米等，实现了一田多用、一水多用、一季多收的最佳效果。其中稻鱼种养模式有效地节约了水土资源，合理地改善了水稻的生长发育条件，实现了稻鱼、稻蟹双丰收的目标，具有增粮、节地、节水等优点，成为农业可持续发展的典范。

1.［明］徐光启《农政全书》卷四十一，《景印文渊阁四库全书》第731册，第579页。

2. 促进城市可持续发展

人类面临的生态问题、环境问题的本质是人类无节制的开发和消耗造成的。因为无节制的开发，所以自然生态空间的规模逐渐减少，功能也逐渐下降。特别是在城市地区，由于人工空间无节制的扩张，因此造成了资源的过度消耗和环境的不断恶化，迫切需要人工介入来进行空间治理和空间用途管制。用途管制涉及抑制自然空间和资源的消耗，空间治理则是要提高和改善生态要素的生产条件，实现自然要素的扩大再生产，提高区域空间的资源禀赋。而农业则是都市地区有效的空间管控途径和手段，农业空间是介于自然空间与人工空间的自然—人工空间，既是自然要素的生产者，也是自然要素的消耗者。

小站稻种植区不仅作为天津农业文化遗产的典型代表，也是城市的湿地系统、绿化系统的组成部分，在天津生态城市的建设过程中，直接服务于城市空间管控，平衡经济价值和生态价值。经济价值上，可以通过提高农产品的产能来满足人们的需求，也可以提高产品的价值，实现农业经营者对经济利益的追求。生态价值上，表现在整个生态空间的质量提高上，通过维持持续和稳定的农业生产条件，提升区域生态系统的平衡能力、净化能力，促进城市可持续发展。

8.2 教育功能

我国自古以农立国，讲求耕读传家，挖掘和弘扬传统农业文化，对乡风文明的塑造意义重大。农业文化遗产是千百年历史进程中人与自然协同进化的产物，提倡农业生产过程中顺天时、应地利，适当运用人力实现天、地、人的有机配合和协同。这种农业生产经验升华出中国古代"天人合一""节用物力""中正平和"的哲学理念，它们与社会主义核心价值观一脉相承。同时，许多农业文化遗产不仅是当地农民的衣食来源，而且还是当地先民战天斗地精神的具体见证，是对先民不畏劳苦、变害为利精神的传承，对乡风文明的塑造和民众文化自信的培育无疑是极为有利的。因此发掘、保护、利用、传承农业文化遗产，同样关乎国家的文化自信。教育功能是农业文化遗产保护式旅游开发的核心功能，农业文化遗产是传统文化教育基地，依托小站稻独有的兵米文化，可以针对青少年群体，开展爱国主义教育、稻作文化教育，实现传统农业生产生活知识、技术、经验的代内和代际传承，这也是小站稻所承担的历史使命。

8.2.1 爱国主义教育

1. 强国强军文化教育

宋辽时期以白沟为界河，北宋何承矩曾沿海河兴建堤堰，遍植水稻，目的是阻遏辽国骑兵的南侵。这预示着小站稻将与军事结下不解之缘，之后强军练兵文化贯穿小站稻整个演化历程。

小站之所以成为近代以来的练兵要地，主要原因有二：其一，地理位置特殊，在对外防御体系中战略地位突出。这一区域面临渤海湾重要的海岸线，背靠华北大平原，扼守京津要地。在此地驻兵防守，南可扼祁口（今河北省黄骅市歧口），东可控大沽，既与新城炮台声气相接，又控制着海河航道，是防守河北腹地的重要区域，历来都是屯兵与防御的军事要地。其二，周盛传率盛军屯兵驻扎和开发建镇的成功，使小站具备了适于练兵的有利条件。周盛传与盛军通过兴修水利、涤除积卤、举办营田、招民领种、栽种水稻，在当地成功建镇，内部设有行营买卖街、新农寺、屯田会馆，成为周边区域的贸易中心，为在此地屯营与练兵提供了十分便利的条件。两者相辅相成，小站稻与小站练兵融为一体，扬名世界。

清光绪元年（1875），淮军盛字军统领周盛传开挖马厂减河垦荒种稻；袁世凯小站练兵期间，小站也一直是主要的军粮供应地。小站练兵在中国近代史上意义重大，小站被誉为"近代中国第一镇"，是清末编练新军的军事要地。自光绪元年至20世纪20年代近半个世纪内，小站历经周盛传操练盛军、胡燏棻编练定武军、袁世凯编练新建陆军、张之洞编练北洋军、段祺瑞编练振武军。小站推动了冷热兵器的转换，造就了中国第一支近代陆军，而周盛传小站练兵揭开了小站成为练兵重地的序幕。

周盛传非常热衷于学习西方近代知识，不仅致力近代军事武器的学习，而且广泛涉猎西方的化学、物理等方面的知识。在清政府的旧式军队中，淮军是最早弃旧图新的一支武装。开赴天津前，他们已参照德国营制，建立克虏伯炮队，聘用西洋军官，改用洋枪、洋操，从而开启了中国军队近代化之门。此外周盛传还亲自钻研西洋后膛枪炮的构造与技法，编写《操枪章程十二篇》用作训练教材，详细地指出了枪支的存放和使用中的保养之法，实际用枪射击中应考虑的各种问题，士兵操练打靶的时间规定、操练打靶的奖罚制度、不同情况下应采取的打靶射击方式，练习打枪稳定的方法，马上用枪之法等等多方面的内容，后成为淮军操练洋枪的教科书。盛军在《操枪章程十二篇》的指引之下，士兵操枪成效显著。光绪十年（1884），周盛传在盛军中挑选了300多人让李鸿章亲阅。其中打靶全红者60多人，中4枪、3枪的占多数，打靶成绩优秀者在八成以上。

周盛传小站练兵采用的是"华洋合操法"。尽管李鸿章极力推崇西方练兵方法，但周盛传在练兵中并没有一味偏重西法，而是根据实际效果再行定夺，在不同的练兵环节采用最见成效的方法。如在马队操练中认为华法与洋法均不可偏废，每日黎明先令士兵以华法操练，然后再分中、晚两次进行华洋合操，使两法相互配合，并行不悖。在操练的布阵和口令上，一律采用洋法。当时，盛军马队操练，先以洋法练兵，而周盛传通过实践总结出"惟习彼制彼终，恐难期必胜华操之法"[1]，于是在洋法操练的间隙，亲自统带马队士兵按华法操练。令士兵蹲坐于马上，前后左右相互抛掷沙袋，以增强士兵的臂力和胯下劲。这样华洋合操，既可使骑兵在快速行进的同时能够在马背上轻易制敌，又不致自乱阵势。在小站练兵的过程中，先后有不少外洋教习直接指导过盛军的操练，如李保、康藕克、博郎等。

光绪二十一年（1895），袁世凯奉命接替胡燏棻在天津小站督练新建陆军，以德国军制为蓝本，制定了一套以近代陆军的组织编制、军官任用和培养制度、训练和教育制度、招募制度、粮饷制度等为内容的建军方案。小站练兵基本上摒弃了八旗、绿营和湘军、淮军的旧制，注重武器装备的近代化和标准化，强调实施新法训练的严格性。在我国近代军事史上，袁世凯小站练兵显著的成果和深远的影响毋庸置疑，他不仅练出了当时国内战斗力最强、精神面貌最好的军队，而且他的建军方略也成为了我国陆军近现代化的鲜明开端。自光绪二十一年袁世凯小站练兵起，中国逐渐

---

1. ［清］周家驹编《周武壮公遗书》，《近代中国史料丛刊》第39辑，第487页。

出现了一个继李鸿章淮军之后的庞大的军事、政治集团,即北洋军阀集团。天津小站拥有厚重的军事文化内涵,曾探索中国军事近代化的艰难路程,记录了洋为中用、救国图存的历史,为今天天津改革开放的辉煌成就和现代化建设的崭新风貌,提供了一道独特的历史文化背景,激发了人们的爱国热情,使人们进一步增强了国防观念。

2. 廉政为民教育

小站稻的发展演化过程与诸多历史名人密切相关,这不能不说是小站稻的幸运。他们为官清正廉洁,为民殚精竭虑,史书对他们为政天津评价颇高,他们不仅在津沽大地种植水稻取得了成功,而且留下了善政惠民的文化以资后人。

——"桑无附枝,麦穗两岐。张君为政,乐不可支。"[1](张堪)

——"贞明识敏才练,慨然有经世志。"[2](徐贞明)

——"应蛟为人,亮直有守,视国如家。"[3](汪应蛟)

——"了凡袁公之令吾邑也,以清俭律身,以慈仁抚众,以恭逊事上,以正大睦僚,以礼法训士,以严明驭胥史,以至诚格鬼神。"[4](袁黄)

——"光启宽仁果毅,淡泊自好,生平务有用之学,尽绝诸嗜好。"[5](徐光启)

——"清直敢言负重望。"[6](左光斗)

党的十九大报告指出,要"深入挖掘中华优秀传统文化蕴含的思想观念、人文精神、道德规范,结合时代要求继承创新"。在当前小站稻浴火重生的历史阶段,要进一步深挖历史名人在津期间的所有爱民、惠民、为民的思想与实践,特别是应将以袁黄、徐光启为代表的优秀官员的为政理念融入到党风廉政建设、人文建设和学生教育等领域,不仅能开辟小站稻相关文化研究的崭新平台,而且还会激活历史

---

1. [南朝宋]范晔《后汉书·张堪传》,第1100页。
2. [清]张廷玉等撰《明史·徐贞明传》,第5885页。
3. [清]张廷玉等撰《明史·汪应蛟传》,第6267页。
4. [明]邳赞《刻宝坻政书序》,《宝坻政书》,第2页。
5. [清]查继佐《罪惟录》,杭州:浙江古籍出版社,1986年版,第1780页。
6. [清]戴名世《左忠毅公传》,王树民编校《戴名世集》,北京:中华书局,1986年版,第176页。

文化的当代价值，为与当下生活的对接和执政价值观的匡正提供很好的借鉴。

袁黄以民众之心为心，所作所为皆利民、惠民。刚到宝坻时，他就发现境内东南到处都是湿洼盐卤之地，一片荒芜，百姓的温饱成为问题。为救民于水火，他走遍宝坻四境进行考察，疏通河道，筑堤防涝，因势利导，变水患为水利，并从家乡引来耐盐碱的稻种试种，获得成功后加以推广，为宝坻百姓开启救生之路，彻底改变了宝坻的面貌，成为地方治理的典范。袁黄的思想不仅对当代中国人具有现实意义，而且他的善学思想及善政实践，也是廉政文化史上的重要一笔，值得大力研究和弘扬。

徐光启胸怀富国强兵的救国理想和以民为本的爱民之心，在京期间，目睹北方农村频遭水患、蝗灾、旱灾，甚至人相食，由此专志学习农事、水利、天文、兵法等，"备物致用，为天下利"[1]。在津的农事试验是徐光启一生中的重要经历，其目的就是要解民生之苦、促国家之富强。徐光启完全是以个人名义来津屯田试验的，以自己微薄的积蓄购置田产，引进新作物、新品种和推动南稻北移，推广水旱兼作以及农田水利等实践活动，并著书立说。他的俸禄常用以补贴图书翻译、农业试验和军事教育等。去世后，他的寓所仅存数箱手稿、几件旧衣。徐光启是中国传统优秀廉政文化的优秀代表，是新时期党员干部廉政教育的重要资源。以古鉴今，徐光启的廉洁思想对新时期党员干部爱国修德、勤政为民、教育后代、建设家风、引领社会道德建设都具有重要的意义。

8.2.2 粮食安全与农耕文化教育

1. 粮食安全教育

"洪范八政，食为政首。"马克思也曾指出："最文明的民族也同最不发达的未开化民族一样，必须先保证自己有食物，然后才能去照顾其他事情。"[2]一个国家只有实现粮食基本自给，才有能力掌控和维护好经济社会发展大局。粮食安全是维护国家安全的重要支撑，是我们国家立足于世界民族之林的重要保障。只有把饭碗

---

1. 出自《周易·系辞上》，[清]阮元校刻《十三经注疏》，第82页。
2. [德]马克思《政治动态——欧洲缺粮》，《马克思恩格斯全集》第9卷，北京：人民出版社，1961年版，第347页。

牢牢端在自己手中才能保持社会大局稳定。

习近平总书记始终把解决人民吃饭问题作为治国安邦的首要任务。党的十八大以来，在以习近平同志为核心的党中央坚强领导下，我国粮食产能稳定、库存充裕、供给充足、市场稳定、安全形势持续向好。在此背景下，习总书记强调要汲取历史经验教训，居安思危，对于粮食安全始终保持警醒，任何时候都不能忽视粮食安全。粮食安全是习总书记"三农"思想的重要内容，他多次指出粮食安全的重要性：

——"手中有粮，心中不慌。"

——"我国十三亿多张嘴要吃饭，不吃饭就不能生存，悠悠万事、吃饭为大。只要粮食不出大问题，中国的事就稳得住。"

——"要确保中国人的饭碗任何时候都牢牢端在自己手上，中国人的饭碗应该主要装中国粮。"

——"保障粮食安全对中国来说是永恒的课题，任何时候都不能放松。历史经验告诉我们，一旦发生大饥荒，有钱也没用。解决13亿人吃饭问题，要坚持立足国内。"

习近平总书记一再重申我国人口众多的基本国情，将解决粮食安全作为治国理政的头等大事，并指出要确保重要农产品特别是粮食供给，这也是乡村振兴战略的首要前提。水稻是世界主要农作物，在中国及亚太地区种植面积大，单位面积产量高，

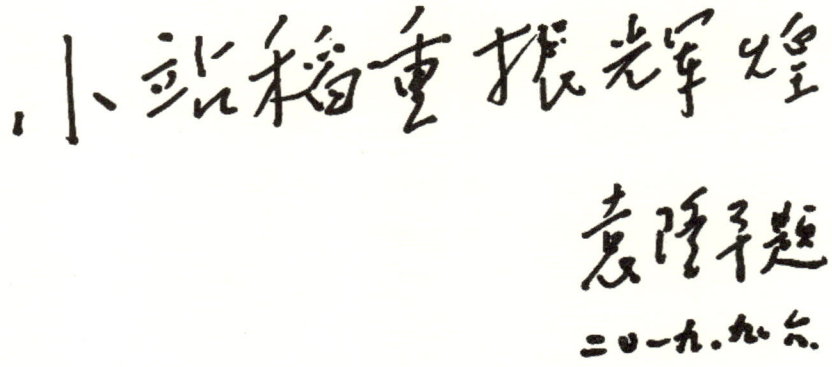

图 8-1　袁隆平院士为小站稻题词

对世界食物安全和局势安定具有重要意义。如果始终停留在低端过剩农产品的重复生产阶段,农民就没有出路,农业也没有未来。小站稻作为天津本地的优质特色农产品,事关乡村振兴和粮食安全。随着中国社会经济的迅速发展和人民生活水平的提高,人们的饮食结构也发生了深刻变化,对主食稻米的需求也由数量型向质量食味型转变。中国人的饭碗里不仅要装满米,还要装好米。

小站稻里的津川1号、天隆优619、金稻919、津原U99等明星品种,不管从外观品质、蒸煮品质、食味品质哪一方面来看,都能达到国内外较高水平,为本地居民吃得饱和吃得好作出了巨大贡献。围绕小站稻所开展的粮食安全教育要达到两个方面的目标:一方面教育世人不要浪费粮食,一粥一饭当思来之不易,粮食安全需要警钟长鸣;另一方面通过普及小站稻的科学知识和演化进程,向世人展示其在解决天津人民温饱问题上的巨大贡献。

2. 农耕文化教育

"耕读世家"是中国传统农业社会中农户所追求的理想生活场景,耕田维持生计,余暇读书修身,耕作与读书并存,这个概念在古代中国深入人心,在不同的社会阶层都有强烈的心灵共鸣。

进入现代社会,农耕文化一直受到工业化和城市化的冲击,在当今全球化的浪潮中,更面临着传统中断和特征丧失的威胁。而农业文化遗产作为一个活态性的生产生活系统,是展示传统农业辉煌成就的窗口,也是承载乡愁记忆的情感载体,既能为现代农业生产提供宝贵经验,也为农耕文化保护提供了有效的抓手和平台。小站稻已经成为寄托乡愁的载体,不仅有种植区稻农的乡愁,也有天津市民以及外居的天津人的乡愁。其生长过程中形成的浓厚的农耕文化底蕴,造就了多姿多彩的风物传说和风俗习惯等。其教育方式主要体现在以下两个方面:

(1)可以采用最新的声光电技术,通过图片、文字、影片、实物展示和现场体验等多种形式全方位讲述小站稻的文化底蕴,面向不同年龄阶段的群体,开展农耕文化教育。目前天津建设了小站稻作展览馆,以中华稻作文明发展史为主脉络,以农历二十四节气为线索,设计了丰富多彩的节目,再现了一粒米由禾苗到收获的全过程,展示了稻作文化和人们春播秋收的场景和生活情趣。同时进一步扩大小站稻所承载的农耕文化范围,以袁隆平引领水稻绿色革命的伟大成果、天津稻耕文化的历史成就、中国与世界水稻文明的关联作为文化视点,丰富小站稻的文化主题和文化体验,进一步挖掘小站稻所承载的农耕文化教育价值,教化世人,铭记历史。

(2)围绕农业文化遗产开发可以创建一批劳动教育实验区,打造天津农耕教育的地方实践课程,不但可以拓展农耕文化教育教学资源,而且可以推动农耕文化更多地走进校园。传统农耕文化主要包括耕作制度和耕作技术,主要为以下环节:开工、犁田和耙田、放水泡田、选种、育秧、插秧、积肥与施肥、薅秧、除草、看田水、防治虫害和防鼠防鸟兽、稻田综合利用、收割、堆谷、打谷、晒谷、入仓等。围绕这些环节,青少年可以在田野中亲自体验、感悟水稻从"种子"到"餐桌"的每个环节,并可参与劳作过程。

图 8-2　小站稻作展览馆

第九章
示范与推广价值

9.1 品牌示范价值

农业文化遗产作为一种稀有资源，除了具有多重的经济价值，还具有较大的遗产品牌效应，可以为产业发展赋能，增加产品的竞争力。当前天津充分利用"小站稻"地理标志商标，引进现代要素做强小站稻品牌项目，进一步完善和提高小站稻的生产标准和检测标准，推广小站稻的区域化、规范化、规模化种植技术，带动全市实现农业的品牌化、高质化、高端化。

9.1.1 地域品牌推广

地域品牌由相关机构、企业、农户所共有，具有外部正强化作用，非常有助于地域内企业品牌的创建和成长。良好的地域品牌具有明显的晕轮效应，会给地域内企业品牌戴上美好的光环，从而很快被消费者接受和喜爱，这是地域品牌形象的搭载效应。正因为如此，小站稻应该挖掘、利用历史上的辉煌，重塑一个良好的地域品牌，为千亿小站稻产业发展保驾护航。

小站稻品牌持有人——津南区农业技术推广服务中心提出以提升品牌价值、服务企业发展、兼顾津南利益作为小站稻品牌建设的基本原则，构建起市、区两级统筹管理模式，涵盖品牌管理、知识产权、种植推广、育种研发等多行业参与的小站稻品牌管理委员会，共同打造小站稻金字招牌，树立良好的品牌形象，持续形成品牌的虹吸效应，汇聚多方资源，带动产业发展，以品牌振兴带动产业振兴，真正使农业增效、农民增收落到实处。

农业文化遗产所生产的产品，一般都是地理标志产品，兼具产品价值和文化价值，可以将传统农业文化中的历史价值、情感价值、文学价值与农业产业经营相结合，通过培育和打造农业特色品牌，利用规模效应来提升品牌的知名度和认可度。小站稻在历史上有三大著名品牌：袁黄米、葛沽稻和小站稻。清末周盛传不仅率领盛字军驻扎、屯垦于小站，"引水马新肥稻粮，靳关碑记记沧桑"，而且还培育出品质绝佳的稻米，"一篙御河桃花汛，十里村饔玉粒香"。小站稻微长淡绿，颗粒均匀，如冰似玉，晶莹甜糯，清香爽口，软而不糊，冷后不硬。小站稻曾是我国唯一以生产区域命名的水稻，是全国第一个粮食作物地域性证明商标，如今小站稻又是天津第一个进入中国地理标志名录的农产品。

早在1992年，生产小站稻米的天津市农业产业化龙头企业——天津市优质小站稻开发公司开发生产的"日思"牌小站稻系列产品就被中国绿色食品发展中心授予了"绿色食品"标志使用权。1999年7月28日，"小站稻"成为全国第一个粮食作物地域性证明商标，2009年4月被国家工商总局认定为"中国驰名商标"，并先后获得第二届中国农业博览会金奖、第三届农业博览会名牌产品、2011年中国优质稻米博览会金奖，2011年以来先后获得天津市优质农产品金农奖、2017年度天津市知名农产品品牌、第十六届（2018）中国国际农产品交易会参展农产品金奖、第十八届（2017）中国绿色食品博览会金奖等荣誉。

地域品牌相当于"母品牌"，在品牌体系中扮演着驱动力的角色。地域品牌的推广，核心是小站稻优质的品质资源，再利用历史名人、文化特色、民俗故事等提升品牌的特殊价值。同时借助培养产业集群，培养区域公用品牌下的子品牌集群，使得小站稻的地域品牌价值全方位提升。

9.1.2 企业品牌组合

区域品牌与企业品牌是相互影响的，区域品牌的形成需要区域内的产业集群具有相当的聚集规模和产业优势，企业品牌也需要区域品牌作为后盾，为其开拓市场提供帮助。如果说区域品牌是"梧桐树"，那么企业品牌就是"金凤凰"，栽下梧桐树，引来金凤凰。

在区域品牌走向市场、赢得认可之后，要借力区域品牌助力企业发展，积极引导企业创建自有品牌，支持龙头企业申报、推介驰名商标、名牌产品、农产品地理标志，从而孵化出具有竞争力的企业品牌。近年来天津市以"小站稻"为区域品牌，加快推进农产品品牌经营主体的培育和发展，孵化出了日思、金芦、津晶、禾夥、八瑞、藻藻、升云、黄庄洼、和跃升、乐慧、津宝地、正弘、安顺、银坊米、津沽、伍食家、金龙鱼、香满园、金元宝、百年津沽等一系列企业商标品牌。这些品牌所依托的企业均须与地方证明商标的持有人——天津市津南区农业技术推广服务中心签订商标使用许可合同，之后方可使用统一的小站稻证明商标标志以及自己企业的注册商标进行生产、销售。

多个企业品牌组合的战略大幅拓展了小站稻产品体系的多样性，突出了不同的产品特色，拓展了小站稻的消费市场，能满足不同细分市场的差异化需求，满足不同客户的消费需求，从而占领更多细分市场。例如益海嘉里旗下就有金龙鱼、香满园、百年津沽、金元宝四个企业品牌，对应不同市场需求提供差异化产品。同时要构建企业品牌的约谈与退出机制，加强事后监管，杜绝地域品牌成为假冒伪劣产品"保护伞"的可能性。

9.2 模式推广价值

2013 年 12 月，习近平总书记在中央农村工作会议上指出，农耕文化是我国农业的宝贵财富，是中华文化的重要组成部分，不仅不能丢，而且要不断发扬光大。

农业文化遗产中的传统知识与技术体系是展示传统农业辉煌成就的窗口，为现代农业生产提供了宝贵的经验。此外，农业文化遗产保护集自然生态保护、社会生态发展、传统文化保护、涉农产业发展于一体，与党中央"五位一体"全面建设小康社会的理念相契合。

9.2.1 对其他特色农产品的榜样示范功能

农业文化遗产在丰富区域农产品和食品品种供给的同时，还为许多本地特色和小宗农作物的存续提供了机会，丰富了区域食物供给，促进了当地农业经济的发展，目前国内外越来越多的地方积极申报就是一个明证。农业文化遗产地良好的自然生态环境为"三品"（指无公害农产品、绿色食品、有机农产品）的生产提供了基础，"三品"生产不仅有利于传统农业技术和农业文化的保护，而且有利于增加农民收入，促进当地的可持续发展。国家地理标志保护产品是产自特定地域、以地理名称命名的产品，是优良品质的代表，是国际通行的知识产权之一。作为特定产品的品质证明，一个产品贴上特定的地理标志，就是该产品质量和品质最有力的证明。随着天津市整体打造小站稻的区域公用品牌，小站稻已经成为区域性粮食产品知名品牌和天津的农业名片，提升了天津整体的城市形象。

宝坻的黄庄大米也曾申请农业文化遗产，尽管没有成功，但也为小站稻的"申遗"打下了基础。天津境内还有崔庄古冬枣园农业文化遗产，随着小站稻的加入，天津已经有两个农业文化遗产。此外天津还有沙窝萝卜、茶淀葡萄等地标产品，小站稻的"申遗"成功，无疑为地域特色农产品的发展指明了方向，也为其保护提供了动力。

天津市的高品质特色农产品，例如小站稻、皇家冬枣、沙窝萝卜、茶淀葡萄、七里海河蟹、宝坻大葱、天鹰椒等，都可以成为天津市农业发展新的经济增长点。相关部门持续挖掘天津历史悠久且具有地方特色的产品资源，大力推动和支持特色较鲜明、发展潜力大的产品申报国家地理标志产品保护。各地立足区域特色和优势产业，积极推进标准化生产和品牌认证管理工作，培育区域特色品牌，众多传统品牌支撑起了一大批传统优势产业的发展；同时积极推广对地域特色农产品的保护理念，强化农产品种植过程中的质量监管，确保产品的品质。

2016年天津市出台了《关于加快推进农产品品牌建设的实施方案》，完成了农产品品牌化发展建设顶层设计。2017年适时启动了"农业品牌化工程"，到2021年，天津共认定187个"津农精品"农业品牌，其中小站稻、沙窝萝卜、茶淀玫瑰香葡萄、宝坻黄板泥鳅4个区域公用品牌入选中国农业品牌目录。这是天津农业产业迈向品牌化发展的新高度。

表 9-1　区域公用品牌名单（10 个）

序号	品牌名称	单位名称	所在区	认定时间
1	宝坻黄板泥鳅	天津市宝坻区泥鳅养殖业协会	宝坻区	2017 年
2	沙窝萝卜	天津市西青区辛口镇沙窝萝卜产销协会	西青区	
3	小站稻（农业文化遗产）	天津市津南区农业技术推广服务中心	津南区	
4	茶淀玫瑰香葡萄	天津市滨海新区葡萄种植业协会	滨海新区	
5	七里海河蟹	天津市宁河区七里海河蟹养殖协会	宁河区	
6	蓟州农品	天津市蓟州区农品协会	蓟州区	2018 年
7	田水铺青萝卜	天津市武清区大良镇田水铺青萝卜协会	武清区	
8	黄庄大米	天津市宝坻区黄庄生态米业协会	宝坻区	
9	弘历福台头西瓜	天津市静海区台头镇西瓜协会	静海区	
10	崔庄冬枣（农业文化遗产）	天津市滨海新区大港太平镇崔庄冬枣协会	滨海新区	

9.2.2 都市与农业文化遗产协同发展模式

1. 小站稻与城市生态协同发展

现代城市要实现可持续发展、人与自然和谐相处，就必须依赖农业的支持和保障，走生态文明的发展道路，探索都市农业发展与生态建设创新相结合的模式。在千年以来的耕作实践中，小站稻的种植逐渐形成了一种可持续、气候友好的农业系统。

在园林建设强调再现自然生态、追求园林景观多样化和可持续发展的形势下，将水稻种植与园林要素结合配置，成为城市和社会正在探索的有益尝试。目前我国正大力倡导"低碳城市""生态城市""节约型城市"等城市发展理念,稻田景观特性及其应用恰与这些理念相吻合。相对而言,水稻作为园林景观,观赏性好、栽植技术简单,并有浓郁的田园情趣,兼具实用性和观赏性,对于丰富园林景观、提高植物造景的物种多样性和城市园林绿化水平以及促进儿童科普教育,有着独特而重要的价值。

2. 小站稻与城市经济协同发展

从都市自身条件来看,相对于其他农区而言,大多数城市地区的农业基础设施完备,人才资源丰富,科学技术发达,信息传播快捷,财力普遍较强,可以为农业文化遗产的保护提供必要的科技、人才、资金、市场、信息等要素支撑。以技术为例,大都市地区有利于新品种、新技术、新装备和新材料的转化和应用能力,例如云计算、物联网、大数据、移动互联网等现代信息技术以及智能温室、植物工厂、农业机器人等现代农业科技。可以说,都市地区更有利于充分发挥农业科技创新的引领作用,构建开放、畅通、共享的科技资源平台,提高农业科技含量和附加值,有助于推动农业文化遗产形成高端农产品品牌,提升农产品综合竞争力。

小站稻位于京津大都市圈内,面临城市化对农业空间的挤占以及城市文化对乡土文化的侵入,都市地区的农业文化遗产必须探索一种能与都市地区共生的模式。农业文化遗产地传统文化的传承、绿色农产品的生产和遗产地特色景观旅游等都是农村对城市发展的贡献。另外,城市充足的资金、成熟的制度以及现代科技,能为农业文化遗产的恢复与保护提供支持。

随着城市化进程的不断加快,更多的农村人口将通过各种形式转移到城市,由此产生的多样化消费需求,如农产品供给、农业休闲旅游、农业示范教育以及农业信息服务等诸多市场需求将应运而生,特别是存在对精品农业、高端农业的需求。京津两地有庞大的高端消费市场,市民人均消费水平较高。2019年,天津居民人均可支配收入42404元,北京居民人均可支配收入67756元,不少人愿意为高端优质的农产品买单。这就为处在都市地区的农业文化遗产发展提供了愈加巨大的市场需求空间,对经济利益的追求将为农业文化遗产的保护提供动力。

随着城市化的推进，农业在天津经济中所占比例逐年下降。2019年，全市生产总值14104.28亿元，其中，第一产业增加值185.23亿元，增长0.2%；第二产业增加值4969.18亿元，增长3.2%；第三产业增加值8949.87亿元，增长5.9%，三次产业结构比中，农业仅占1.3%。且天津农业用地面积逐年缩水，发展空间被压缩，作为第一产业的农业一直没有找到合适的增长点。天津的农业生产虽然随着城市的不断扩张而进入了相对瓶颈期，但它并非没有新的发展空间，也并非无法找到新的亮点，精致农业发展模式将成为未来的发展方向。大力恢复小站稻种植，保护小站稻农业文化遗产，可以大幅度提高城市农产品的有效供给能力，并有效保护本地农作物资源，这既可以保证现代都市人口的食物安全，同时又可以塑造城市建设的鲜明个性，提升城市建设的品位。

9.2.3 农业特色小镇模式

特色小镇是实施乡村振兴战略的有力支撑。农业特色小镇是以特色农业产业为依托，结合绿色生态、美丽宜居、民俗文化等特征，具有明确的特色农业产业定位、农业文化内涵、农业旅游功能的"宜居、宜商、宜业、宜养、宜游"的新型现代农业发展空间平台，是高端产业和高端要素的集聚地，是未来产城融合发展的新模式。

依托地方的特色农业文化遗产，打造农业特色小镇，坚持把水稻生产、储藏加工、稻田湿地生态观光、休闲旅游、农事体验和文化传承紧密结合，目前已经培育出津南区小站稻耕文化特色小镇、宁河区廉庄稻香文化小镇两个水稻特色小镇。

未来天津开展农业生产的村镇将面向京津冀大城市消费市场，依托地域特色农产品和独特的乡土文化，并且根据自身的特殊情况，形成各有侧重点的发展道路，继续打造不同特色的农业小镇。通过整合农业、城镇、科技、文化、创新等要素，相关单位将构建"产、城、人、文"四位一体、农旅双链协同发展的综合体，以新理念、新机制、新载体推进农村一二三产业的深度融合发展。

Part 4

第四篇 「小站稻：保护与开发」

农业文化遗产是一类活态遗产，它集历史文化、产业发展、生态保护、科学研究、休闲娱乐等多种价值于一体，可以为人类社会的可持续发展提供参考借鉴。进入现代社会，小站稻身上军事和屯垦的烙印已经淡化，而在经济快速发展、城镇化加快推进和现代技术应用的过程中，由于缺乏系统有效的保护，小站稻农业文化遗产因此面临着被破坏和抛弃的危险。小站稻要真正实现"蜕变与重生"，应当建立多方参与的保护机制，在保护的基础上进行全方位开发，充分发挥农业文化遗产的多功能性。对天津来说，小站稻农业文化遗产只有彻底融入城市经济，与城市协同发展，才能解决新常态下的生存与发展、保护与开发的问题，从而真正推动小站稻由内而外焕发生机。

第十章
保护与开发的总体策略

农业文化遗产的保护是将传统农业系统及其赖以存在的自然和人文环境作为一个整体来进行全方位的保护，不仅保护传统农耕技术和农业生物物种，而且还保护农业遗产赖以生存的人文环境和自然环境，包括地形地貌、土壤植被、生物景观、村落风貌、民居建筑、民间信仰、礼仪习俗等，涉及范围甚广。如何把保护、传承和开发利用有机结合起来，把农耕文明的优秀文化遗产和现代文明要素有机结合起来，让传统的农业文化遗产在新时代展现出独特的魅力和风采，是当代农耕文明传承发展的重要议题。

10.1 保护与开发的目标

10.1.1 总体目标

1. 挖掘利用多元价值

借助严格的规划管理，切实利用、保护好小站稻作系统的生态价值，发挥其重要的经济价值、社会价值、文化价值、科研价值、示范价值和教育价值，加强人们保护小站稻的文化自觉意识，实现管理能力明显增强的目标。

2. 传承保护地域文化

依托小站稻所承载的传统历史文化和军事政治文化，进一步丰富小站稻相关的农事节庆活动，使其承担起相应的爱国主义教育、稻作文化教育的功能，为学生和市民亲近自然、接触小站稻文化、了解历史知识等提供基地和平台，满足城乡居民的精神文化生活及青少年了解农业知识的要求。

3. 深度整合稻耕资源

利用小站稻所营造的人工湿地生态景观以及所承载的兵米交融文化景观，深入挖掘农业生产、农村文化和农家生活资源，大力开发以生态休闲、农业观光、民俗文化体验、农家乐度假为主体的生态旅游产品，提高城乡居民生活品位，实现人与自然和谐发展。

4. 大力发展全产业链

积极推进智能技术、生物技术、工程技术的推广应用，大力发展小站稻精深加工业，提高产品附加值；充分发挥示范、辐射、带动作用，向周边区域示范推广小站稻的新品种、新技术、新设施，促进天津小站稻农业文化遗产的产业化发展，实现可持续健康发展。

10.1.2 阶段目标

1. 近期目标

到 2025 年，由天津市政府带头，将初步建立起比较完善的小站稻作文化系统遗产保护制度，遗产保护状况将得到明显提升，本地原住民认知度比较高，文化遗产保护意识也将得到显著提高。统筹考虑水资源承载能力和地面沉降防治要求，科学布局种植区域，以蓟运河、潮白新河及马厂减河流域为核心发展区，围绕宝坻、宁河、西青、津南四个水稻种植优势区进行拓展，小站稻的种植面积将稳定在 80 万~100 万亩（5.33 万~6.67 万公顷），初步建立比较完善的小站稻产业体系，形成较为完善的产业链条，实现小站稻产业持续健康发展。

2. 远期目标

到 2030 年，在天津市内要基本形成较为完善的小站稻作文化系统遗产保护体系，其生态价值、经济价值、社会价值、文化价值、科研价值、示范价值、教育价值要得到全面有效保护，其功能应得到充分发挥；在各主要种植区内，确保保护小站稻作文化系统意识深入人心，保护行为成为全社会的自觉行动。小站稻种植面积将稳定在 100 万~120 万亩（6.67 万~8 万公顷），构建起集种业研发、种植加工、休闲旅游于一体的生态农业产业体系，将小站稻打造成为天津市农业的千亿产业，打造全国高端优质水稻发展引领区。

10.2 保护与开发的原则

10.2.1 保护优先，适度利用

农业文化遗产是活着的历史，农业文化遗产的保护不是保存，而是动态保护，在发展中保护，在保护中发展。小站稻是中国传统农业文化的宝贵财富，在保护和发展的过程中，保护是第一位的，从保护文化多样性的角度来看，小站稻的独特性和独立性应得到维护。小站稻是依附于个体的人、群体或特定区域、空间而存在的，是一种"活态"文化，因此对小站稻的保护，不能仅停留在为保护而保护的层面上，

不能因为保护遗产而限制了遗产地的发展,还要以保护为中心,进行适度的开发利用,即在发掘中保护,在利用中保护、传承,利用自身优势来拓展农业的功能,把小站稻保护与政治、经济、文化、科技的发展结合起来,进行开发式保护(文化开发和经济开发等)和发展式保护。这样才能使凝结着共同人类劳动价值的小站稻文化在人、群体、区域以及社会中得到现实的延续,实现文化与人的和谐及可持续发展。

10.2.2 整体保护,协调发展

小站稻作文化系统已经不是单一的自然或文化,而是融自然、文化、非物质等特性在内的综合性遗产,其保护和发展也是一个庞大的系统工程。由于整体性和系统性较强,涉及生态、环境、景观、文化等子系统及农业、林业、水利、民族、民俗、经济、管理、旅游等众多学科,所以相关单位要坚持整体保护、协调发展的原则,在注重其整体性、持久性、多样性、发展性、协调性的基础上,进行统一规划、保护和利用。针对不同的保护内容,应该提出相应的保护措施与不同的发展路径,不仅保护传统稻作技术和农业生物物种,而且要保护其赖以生存的人文环境和自然环境,包括地形地貌、土壤植被、生物景观、村落风貌、遗址遗迹、民间信仰、礼仪习俗等,进一步体现人类长期的生产、生活与大自然之间所形成的一种协调发展的最佳状态。

10.2.3 动态保护,功能拓展

小站稻发展至今,已成为一种更加注重人地和谐的复合型农业文化遗产,它保护的是一种综合性的生活方式、生产技术、生态景观等。因此,在保护与发展的过程中,要坚持动态保护、功能拓展的原则,结合其固有的动态性与活态性特征,强调推陈出新,在传承丰富生物多样性、传统知识和独特的生态与文化景观的基础上,按照当前系统适应能力和社会经济发展的需要,建立小站稻核心区稻作文化遗产动态保护与适应性管理机制,使得其生物多样性和重要生态系统服务功能的维持可以适应技术与文化创新、代际之间传承以及与其他区域和其他生态系统之间交换的变化;拓展其特色产品开发、休闲农业与乡村旅游发展等功能,以适应诸如自然环境、

社会条件等形势的变化,保障食物与生计安全和缓解社会矛盾,产生良好的社会效益、生态效益和经济效益,满足当地社会经济与文化发展的需要。

10.2.4 多方参与,惠益共享

农业文化遗产的保护和利用是为了民众,因此,必须树立农业文化遗产人人保护、保护成果人人共享的理念,建立多方参与机制,不同利益相关方相互协作、共同达到任何人都不可能单独完成的目标。从理论研究的层面上讲,天津小站稻作文化系统涉及众多学科门类,需要人们从历史、地理、民俗、宗教、人文、社会、心理、经济、政治、物理、生物、化学、科技、制造、工艺等许多不同的角度去认识其蕴藏的深刻意义和价值。不同利益群体从不同的领域、不同的角度进行研究,可挖掘出其中的历史价值、经济价值、文化价值、科技价值、审美价值、独特性价值、稀缺性价值等。因此,其保护与发展必须坚持多方参与、惠益共享的基本原则。一方面,加强小站稻核心区生物多样性保护宣传教育,积极引导社会团体和基层群众广泛参与,强化信息公开和舆论监督,建立全社会共同参与小站稻保护的有效机制。另一方面,推动建立小站稻种质资源及相关传统稻作技术知识的共享制度,各群体可以公平、公正地分享其产生的经济效益。

第十一章
小站稻的保护

农业文化遗产的保护不仅要考虑对静态物质的保护，也要关注生产者、消费者、管理者、监督者的相关利益与责任。在保护过程中，首先要确保农业系统的核心技术内容不能改变。如今，农业文化遗产面临着自然环境变化、生产条件改变、村庄空巢严重、遗产认知缺失等挑战，必须通过适当人工干预来对文化遗产进行保护，其中最基本的是保护小站稻的生存空间、种质资源、生物多样性、稻作景观、稻作文化等内容。

11.1 生存空间保护

11.1.1 保护目标

近期目标：在确保耕地红线和粮食安全的前提下，通过严格落实国土空间规划对小站稻的生存空间进行空间管控，确保小站稻的生存空间和种植规模稳定在80万~100万亩（5.33万~6.67万公顷）。

远期目标：通过国土空间规划，根据各区的资源禀赋条件，优化小站稻主体功能和空间布局，构建科学、适度、有序的农业空间布局体系，为小站稻种植区域划分主体功能区，确定小站稻的核心种植区、示范种植区和拓展种植区，确保小站稻的种植规模稳定在100万~120万亩（6.67万~8万公顷）。

11.1.2 保护内容

1. 稻作湿地生态系统

小站稻的稻田已经是天津市的文化符号和园林景观之一，要尊重自然、顺应自然、保护自然，严禁侵占水面、湿地、林地、草地等生态空间，进行农业开发活动时应保护小站稻核心区水土资源和水利设施，构建稳定持续的稻作湿地生态系统。

2. 确定保护空间

遵循生态系统整体性、生物多样性规律，立足空间均衡和稳定原则，明确区域生产功能，保护小站稻的发展空间，并纳入天津市的国土空间规划，把天津打造成为全国高端优质水稻发展引领区，保障国家粮食安全和重要农产品有效供给。

3. 优化生产布局

以水稻扩增为基础，进一步优化生产区域布局，调整农业种植结构，以资源环境承载力为基准，有效规范农业发展的空间秩序，确立小站稻的核心发展区和重点发展区，推动形成与资源环境承载力相匹配，生产、生活、生态相协调的水稻发展格局。

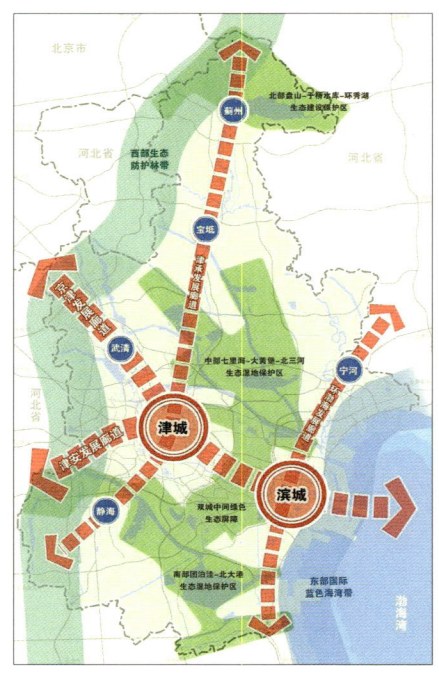

图 11-1　天津市国土空间规划

11.1.3 保护措施和手段

尽管当前耕地面积红线保护已经得到高度重视，特别是新冠肺炎疫情给全球粮食安全带来巨大挑战，国家对粮食安全的重视达到前所未有的程度，但在天津这样的大都市地区，实现粮食耕地面积的大幅度扩容并不太现实。因此，要确保粮食安全，特别是优质小站稻的供应，应主要聚焦在以科技来提升亩产和降低成本及挖掘红线外可能"无中生有"的粮食耕种面积上，下大力气研究耐盐碱水稻、节水水稻，增加红线外耕种面积。

1. 优化农业空间与城镇空间布局

国土空间是宝贵资源，是人类赖以生存和发展的基础。在城乡统筹发展的大背景下，国土空间开发，既要满足人口增加、人民生活改善、工业化、城镇化发展的需求，又要保障国家粮食安全和重要农产品有效供给。天津同样面临着城市化高质量发展和经济结构调整转型的巨大压力，不过依然要坚持最严格的耕地保护制度，严格控制城市空间总面积的扩张，控制各类建设占用耕地，特别要保护好城市周边的永久基本农田，在确保小站稻的生存空间不被占用的前提下，实现城乡空间优化和统筹发展。

2. 促进农业空间与生态空间协调布局

生态空间是维护国家生态安全的基础和保障，应优先保护，农业生产是自然再生产的过程，农业同时叠加了生产空间和生态空间，两者的相互融合是确保小站稻在城市地区生存发展的基石。小站稻的稻田最基础的功能是生态功能，通过提供生态系统服务，积极发挥农业的生态、景观和间隔功能，可以大幅提升农业的生态效能。小站稻的种植区作为人工、季节性的湿地空间，是城市生态空间的重要构成部分。在小站稻的种植生产过程中，要充分发挥农业的生态功能，充分考虑对自然生态系统的影响，坚持绿色发展理念，推广全环节绿色技术，坚决避免对生态环境造成不可逆转的影响，促进生产、生态协调发展。

3. 坚持农业生产与资源环境承载力相匹配

要按照自然资源利用上限的要求，立足各地水、土等资源现状，以蓟运河、潮白新河及马厂减河流域为核心区，按照核心种植区、示范种植区、拓展种植区的布局，引导小站稻向优势区聚集发展，减轻非优势区发展农业的压力，防止和解决空间布局上资源错配以及供给错位的结构性矛盾，努力建立反映市场供求与资源稀缺程度的小站稻生产种植布局。

（1）核心种植区

①范围

以津南区为主，包括津南区八里台镇、小站镇、北闸口镇等7个镇。

②主体功能定位

该区域当前城市化程度较高，是小站稻种植文化的发源地；在这个区域应该恢复小站稻的传统种植方式，打造原真味道的小站稻，以文化来撬动一二三产业的融合发展，将其打造成天津稻作文化的核心区。

（2）示范种植区

①范围

主要分布在宝坻区、宁河区，具体乡镇包括宝坻区八门城镇、黄庄镇、大钟庄镇、林亭口镇、大白庄镇、尔王庄镇、王卜庄镇、大唐庄镇、周良街、牛家牌镇等，宁河区宁河镇、廉庄镇、东棘坨镇等。

②主体功能定位

该区域面积生态条件优越，河流水系密布，水资源丰富，适合小站稻的规模化种植，是小站稻的优势产区。其种植面积约占全市水稻种植面积的70%。在这个区域应该建立标准化的示范生产基地，实现水稻的机械化、规模化种植。

（3）拓展种植区

①范围

主要分布在武清区、静海区、西青区和滨海新区靠近河道和地势低洼的地区。主要有西青区王稳庄镇，静海区团泊镇、陈官屯镇，滨海新区太平镇、杨家泊镇、北塘街宁车沽北村等地。

②主体功能定位

整体上，该区域在历史上都有过种植水稻的历史，目前主要定位是小站稻的拓展区，是未来进一步扩大小站稻种植规模的潜力区，经过专门的土地平整和水利沟渠改造，可以尝试推广种植水稻。

4. 建立小站稻资源台账

利用航天遥感、航空遥感、地面物联网一体化观测技术，构建天空地数字农业管理系统。同时根据农业资源数据需求，定期或不定期举行有国土资源、统计、水利、环保、林业等各部门参与的联合普查，采用高分辨率航空拍摄、入户调查、统计普查等手段，配合日常监测数据，对小站稻种植生产相关的资源环境进行动态监测和精准化管理，直接服务小站稻的各个生长环节，以采集、监测、分析、评价、报告为重点，最终建立起小站稻种植的资源台账，为不断动态调整、规划小站稻的生产种植和空间布局提供支撑。其中包括根据食味性和产量地图进行可变施肥及土壤改良；根据远程操作调查所掌握的生长情况、病虫害发生情况进行可变追肥与施药；实现水位感应器和水管理系统的协作；有效利用气象情报预测早期警戒和最佳收获时机等。

11.2 种质资源、生物多样性保护

11.2.1 保护目标

近期目标：完善农田水利设施，保护当地水土环境；保护复合种养模式，确保遗产地范围内，生物多样性在现有水平上有所提高；保护水稻种质资源，建设小站稻种质资源数据库。

远期目标：营造适合水稻生长的稻田生态环境，提高稻田养分利用效率，挖掘水稻品种产量潜力；生物多样性得到维护，遗产地居民积极维持、保护和利用生物多样性。湿地、林地等重要生态系统得到有效保护，全市的生态文明建设得到保护和发展。资源消耗得到控制，水稻对水、化肥、农药等的需求有效降低，资源利用效率和废弃物资源利用效率大幅提升。

11.2.2 保护内容

1. 种质资源保护

水稻种质资源的发掘和利用是水稻育种持续发展的基础保障。受到水土、气候、环境的影响，小站稻在培养过程中一直保留着一些较为稳定的基因，如抗盐碱、生长期长、抗倒伏、抗病害等，这些基因可以适应天津地区特有的自然条件，这些种质资源应该得到进一步保护。

首先应该完善建设小站稻的种质资源数据库，打造水稻种质资源的共享平台，安全储藏收集来的各类种质资源。一方面进一步明确普查范围，严格技术标准和普查登记，确保做到普查全覆盖，摸清全市水稻种质资源储存量；另一方面继续引进优秀的水稻种质资源，利用不同遗传背景的材料，拓宽遗传基础，尤其是利用国外水稻种质资源。

其次深度挖掘水稻种质资源数据库的功能，利用系统平台对储藏中的种质资源进行分类和整理，做好新种质资源的利用和创新。针对产量、品质、抗病虫、抗逆性等育种要求，利用杂交、诱变、分子技术等手段，改造或创新优良的水稻新品种和新品系，为水稻新品种选育以及产业发展奠定基础。

2. 生物多样性保护

生物多样性主要是指物种的多样性，生物多样性提供了大量服务于人类生活的物质和服务，为农业可持续发展提供必要的种质资源、食物、调控害虫和天敌、授粉、涵养水土和保持土壤肥力等生态系统服务功能，是维持生态系统平衡的必要条件。

基于天津本地实际水土情况，继续推动稻田种养模式的多样化和综合化发展，特别是与之相适应的技术模式。以天津本土的特殊水土气资源为约束条件，进一步加大对稻田系统中各组成成分间的关系（共生、竞争），多种生物投放稻田的数量、次序、大小等方面的研究，在不破坏生态环境平衡的基础上引进更多的物种来增强稻田生态系统的多样性，避免农业集约化发展带来的生物多样性降低造成的生态系统不稳定的情况。

11.2.3 保护措施与行动计划

1. 小站稻种质资源保护

《国务院办公厅关于加强农业种质资源保护与利用的意见》（国办发〔2019〕56号）中指出，农业种质资源是保障国家粮食安全与重要农产品供给的战略性资源，是农业科技原始创新与现代种业发展的物质基础，种质资源越丰富，基因开发潜力越大。2021年国家层面特别强调农业关键核心技术攻关和坚决打好种业翻身仗，农业农村部发布了《农业农村部关于开展全国农业种质资源普查的通知》（农种发〔2021〕1号），计划在2021—2023年，组织开展全国农作物、畜禽和水产种质资源普查。其中，要全面完成第三次全国农作物种质资源普查与收集行动，实现对全国2323个农业县（市、区、旗）的全覆盖，主要包括四方面的重点任务：农作物种质资源普查和征集、农作物种质资源系统调查和抢救性收集、农作物种质资源鉴定评价和编目保存、农作物种质资源数据库建设。

在这个大宏观政策背景下，天津市正在规划依托天津市农业科学院来建设全国一流种质资源库，加大对具有天津特色优势农作物种质资源的保护和开发利用，满足未来50年天津农作物种质资源保存战略需求。项目建成后，总体库存量预期可达40万份，近期种质贮存量可达25万份，可拓展种质贮存量15万份，能满足天津市种业科技原始创新和现代种业发展的重大需求。水稻种质资源是天津农作物种质资源的重要内容，目前天津主要的小站稻种业研发机构都在建设自己的种质资源库，当前的水稻育种不再是单纯追求产量增加，而是对产量、品质、抗病虫、抗逆性等方面的综合权衡，搜集并筛选优异种质资源、发掘优异基因并用于育种尤为关键。正是因为外部生态环境的变化和人民生活水平的提高对小站稻发展提出了越来越严苛的挑战，所以从客观上要求小站稻不断进行种业创新，对品种进行更新换代。未来，将在加大水稻种质资源保护的基础上，利用分子标记辅助育种技术、分子设计育种技术、全基因组选择技术、基因编辑技术、信息化育种技术等现代育种技术，培育优质、绿色和多元化的超级小站稻品种，将小站稻打造成具有自主知识产权的高端种业品牌，将天津建设成北方面积最大的粳稻种子生产基地。

2. 农业生物多样性保护

建议每两年组织专门的专家团队在小站稻农业文化遗产地的重点区域,包括津南、宁河、宝坻、静海、武清等地,开展稻田湿地的生物多样性调查,掌握重点动植物分布动态,同时根据实际情况,不断更新小站稻生物多样性清单,包括禽类动物、水生动物。针对生物多样性保护,在重点的乡镇和村专门制定乡规民约,组建志愿者协会,在当地农户中不断培养生物保护意识,广泛开展生物多样性保护宣传教育。密切大中小学校与小站稻遗产地的合作力度,对学生进行农业文化遗产的社会实践教育,如学校与生产者联系,组织学生到稻田生态系统进行生物多样性调查等教育实践活动,深入了解农业遗产的价值、生物多样性与生态功能。推广优化综合种养技术,由于水稻在冬季枯萎,稻田会呈现出颓废、杂乱的景观,且土壤裸露于地面,影响观赏效果,因此可以采取相应的景观措施加以弥补,如在观赏稻收割后种植二月兰、紫云英等植物,在利用植物生长发育的季节差延长景观呈现时间的同时,保护生物多样性。

3. 湿地、林地等重要生态系统保护

湿地和林地都是城市绿地系统的重要构成部分,它们之间也进行着密切的物质循环和能量流动,基于系统观,必须从整体上对它们加大保护力度。天津目前正在重塑城市空间布局,实现绿色发展,建设大水大绿的城市生态屏障,对现有水系林网进行改造提升,以林水一体化提升城市生态系统质量,从整体上实现城市环境的改善提升。

水稻种植区是天津市内面积最大的湿地资源,是湿地系统的重要组成部分,也是生物多样性保护的载体。小站稻种植区作为人工湿地资源,和其他自然湿地资源共同组成了湿地生态系统,彼此之间水系相通、生物共享。因此要保护小站稻种植区就必须保护整体的湿地生态系统,在全市范围内启动湿地保护工程,建立湿地系统的动态监测体系。通过建立湿地分级管理体系、湿地用途管控制度等多项措施,在违法整治、湿地恢复、护林保湿等方面稳步推进,完善湿地生态保护补偿机制,全力打造湿地规划建设和保护修复"升级版";对集中连片、破碎化严重、功能退

化的自然湿地进行修复和综合整治，不断推进苇海修复、鸟类保护、湿地生物链恢复构建、巡护防护等工程。湿地环境得到改善，湿地功能不断恢复，也会给小站稻的生存发展营造较好的生态空间。

为建设津沽绿色之洲，天津专门制定了《天津市双城中间绿色生态屏障区造林绿化专项规划（2018—2035）》，明确提出要建设736平方公里"大林水的生态屏障"，内部一级管控区森林覆盖率将达30%，将城市中原有碎片化的斑块林地联网成片。同时生态屏障内多个组团都有大量稻田分布，林地与稻田之间实现水分、养分的循环，形成林水共同体，改善区域小生态环境，增加整体生态系统稳定性。

4. 开展农业文化遗产生态环境监测

在小站稻文化遗产集中分布区域，包括津南、宁河、宝坻等区，充分利用现代互联网和物联网技术，建立云农场和农业生态保护网络系统，设立多个农业生态定位观测站，通过各种无线传感器采集农作物生产现场的光照、温度、湿度和生长情况等信息，监测保护区内的生物多样性，生态系统的结构、功能以及生态系统的物流、能流、信息流过程；设立自动气象站，做好自然灾害防御工作；建立和健全农作物生态安全监测体系，各涉农区建设多个土壤墒情自动监测站，远程监测农田土壤湿度情况，实现科学浇灌。设置农业生态保护监测联络员，将采集的参数信息汇总整合，通过智能系统进行定时、定量、定位处理，精确地对小站稻文化遗产区的生态环境进行监管和控制。

11.3 景观保护

11.3.1 保护目标

近期目标：小站稻农业景观包括自然景观和文化景观，到2025年小站稻种植系统的湿地复合农业系统应得到有效保护，除了确保小站稻种植规模稳定和稻田生态系统功能正常发挥之外，还要保护当地居民赖以生存的农田、水系、水利设施等，实现自然景观与人文景观和谐统一，确保遗产地核心区复合农业景观的质量不下降，类型不减少。

远期目标：充分考虑农业文化遗产的复合性特征，要着重保护小站稻资源背后的文化底蕴，特别是要保护重点古村落和村落居住环境以及名人事迹、民俗文化等文化记忆，实现自然和文化、物质和非物质、历史和现时的整体保护。根据不同的保护主体，形成目标统一、途径各异的保护方式，维护小站稻农业景观的多样性。

11.3.2 保护内容

1. 自然景观

自然景观是小站稻农业文化景观得以存在的基础。在城市化的背景下，要重点保护小站稻原生种植景观，营造景观多样性，包括林地、农田、河流、湖泊、村落等各类型农业生态景观，打造湿地景观、农业景观与村落人文景观相结合的复合景观，确保小站稻的生存环境，保护小站稻农业文化遗产所展现的人与自然和谐演进的生态智慧与景观美学。

2. 文化景观

重点保护小站稻核心区内的生态智慧与美学价值，加大对小站稻重点区域内的乡村聚落、古镇、建筑、人物、传统农具、栽培植物与养殖动物等农业文化景观的保护，保持农业景观所承载的农业文化的活力，从而形成活态的、动态的农业景观，打造湿地景观、农业景观与村落人文景观相结合的复合景观。

11.3.3 保护措施与行动计划

1. 保护小站稻依托的土壤资源

土壤是物质循环和人类生存的基础，是人类生存和发展的宝贵资源财富。对小站稻而言，土壤更是不断供给和协调水稻生长发育所需的水、养、气、热等要素的载体。要保护小站稻景观，必须要保护小站稻所依托的土壤资源。土壤是小站稻的生存基础，土壤在某种程度上也是一种形成十分缓慢的资源，少则百年，多则数百年。其形成和演变过程主要受到河流、地貌、气候以及植被的影响，而人类活动在其中也扮演着重要的角色，可以起到加速的作用，因此也可以说，天津土壤的演化过程也是人类对之进行驯化和改良的过程。盐碱地并非不可改良，要进一步结合先进的科学技术，防止土壤资源的退化，加快形成水稻土的进程。首先要继续完善耕地红线保护制度，禁止占用耕地进行建设，保护小站稻的生存空间；其次要引导利用农作物秸秆、畜禽粪便、绿肥等还田，提高土壤有机质含量，提升耕地质量；最后要落实耕地轮作休耕，推广"小站稻+绿肥""小站稻+棉花""小站稻+小麦"等轮作制度，实现耕地用养结合和作物增产增效。

2. 保护小站稻依托的水资源

水稻的种植必须要有良好的灌溉系统和水利设施，制订小站稻的稻田水资源保护方案时，应根据各区的具体情况，按照不同的特点制定不同的保护措施来保护水资源。对拥有永久性生态保护湿地的各种植区，包括大黄堡湿地、七里海湿地、潮白新河湿地等，要结合生态湿地保护，打造以传统水稻种植、休闲农业、生态立体种养为特色的稻田湿地景观。对有主要河流水系的不同区，如海河、箭杆河、蓟运河、潮白新河等河流沿岸，要充分利用水资源，加强暴雨预警，在流域中游疏浚河道、修筑堤坝，合理配置排灌渠系，使排有出路、灌有来源，排灌畅通，这些措施能解决小站稻在各种极端条件下的生存问题。要制订遗产地稻田灌溉系统保护规划，开展遗产地河流、湖泊和稻田的统一规划、系统维护和综合治理，对现有水源、水系进行调整，进行跨流域调水，保证小站稻的灌溉水源。

应结合高标准农田和绿色生态屏障建设，加强对现有河流和沟渠的维护与管理，对年久失修的库塘和沟渠进行修复与治理，在保护的基础上恢复部分稻田灌溉系统。要结合高标准农田建设，开展农田节水灌溉工程建设示范活动，逐步推广节水型浇灌工艺、设备及器具，农业节水灌溉面积基本达到有效灌溉面积的 80% 左右，提高有限水资源的利用水平。

3. 小站稻古村落的保护

小站稻漫长的演化过程中有大量移民前来定居，形成了很多古村落，在津沽大地留下了浓墨重彩的一笔,如津南区西小站村、会馆村,宝坻区葫芦窝村、小甸村、小辛码头村,宁河区木头窝村等。作为农业文明、村落文化的载体以及农耕生活的源头,这些古村落在传承文化方面具有不可替代的作用,留有大量与小站稻相关的历史遗迹、民俗文化、风物传说等,这些也是小站稻保护的重要内容。

在社会转型的今天,古村落的减少与消亡令人担忧,我们需要对小站稻文化涉及的古村落进行全面调查,形成现存古村落普查档案,重点对村落历史、建筑风貌、古村落形态、群众生产生活方式、文化活动方式等进行深入挖掘整理。同时制订传统古村落科学保护措施和资源再生利用方案,成立专家指导组,积极吸收专家学者及大学生参与到古村落保护行动中来,积极寻访古村落老居民、老艺人,还原本土历史文化记忆符号,从而建立古村落文化资料信息库。应立足社会转型和美丽乡村建设的有利时机,把历史遗留的具有典型性、代表性的古村落作为重要的文化旅游资源,与当地旅游、文创等产业相结合,打造一批精品院落、精品街巷、精品街区,适当复建当年的稻作景观。

图 11-2 小站稻稻田景观

4. 农村人居环境整治

农村人居环境整治不仅是乡村振兴战略的重要任务，而且直接影响小站稻的生存环境质量，若得不到有效治理，所产生的各种污染，包括生活污水、生活垃圾等，会直接污染小站稻所生存的水土资源，这最终会影响水稻的种植环节，从而威胁小站稻的品质。

随着美丽乡村建设的推进，天津市启动了农村人居环境整治工程，对"路边、河边、田边、村边、屋边"环境问题彻底根治，有效解决了农村环境脏、乱、差、臭的顽症，实现了农村全域清洁，这对小站稻景观保护意义非凡，为其奠定了良好的生存基础。在农村地区大力实施清水河道工程、消灭劣五类水体的同时，相关部门还针对目前农村地区的生活污水排放问题，提高了水污染源的治理水平，并大力推进村镇污水处理设施建设，包括管网和污水处理站，大幅削减COD（化学需氧量）、氨氮排放量，实行污水处理设施建设和运行责任制，提高污水处理率。特别是在小站稻重点发展区域，强化对水污染源治理的改造升级，积极推进清洁生产，严禁工业企业向水体和农田的偷排和超排，确保小站稻生长种植的水环境质量。

此外不断加强遗产地旧村旧房改造、农村垃圾分类处理、农村畜禽粪便处理、饮用水源保护等农村环境治理工作，完善遗产地休闲场所住宿、餐饮、娱乐、垃圾污水无害化处理等服务设施，持续改善小站稻种植生产的外部生态环境，达到绿色、有机的种植标准，同时也实现垃圾净化、环境美化、村容绿化，促进稻田与村落景观的双重保护。还要引导养殖业规模化发展，支持规模化养殖场畜禽粪污综合治理与利用，推动粪污还田、种养循环发展。

5. 开拓小站稻新的发展空间

随着我国城市化不断深入及城乡一体化战略的实施，农业元素溶入城市将成为历史必然。水稻本身也是一种水生植物，除去生产功能，还可以用于城市园林中的水景绿化。利用稻田与园林要素结合配置，将水稻融入城市园林绿化，打造具有生产功能的绿化空间，对于扩大小站稻生存空间、丰富园林景观、提高植物造景的物种多样性和城市园林绿化水平以及儿童科普教育、回归自然等均具有重要的理论意义和实践应用价值。利用郊野公园、城市公园、学校里的插花地，开辟小站稻生存的新空间，让小站稻走出农村、走入城市、走进社区，让生活在现代城市环境中的人们感受自然的过程、四时演变、作物的春种秋收和民以食为天的道理，体会中国农耕文化的博大精深。这些对于青少年而言是劳动实践教育，对于老年人则是乡愁回忆。目前，水稻的园林景观绿化应用并不多见，不过也有学校和社区在大胆尝试。例如北京八一学校和沈阳建筑大学的"稻田校园"景观设计都在利用稻田作为景观来教育学生，小站稻也可以效仿这种做法。

北京中关村高科技园区内的八一学校在校园内种植京西稻，不仅让学生不出校门就能体验、观察京西稻种植、生长和收割的全过程，而且还能让学生感受到生态种植理念，感受到对土地的珍爱、对生命的热爱。

沈阳建筑大学在新校区的景观设计中有意保留当年的万亩水田景观，便请中国著名景观大师俞孔坚的团队进行改造设计。建筑大学体育场西侧便有了一块由20亩（1.33公顷）水稻田组成的自然景观，学校也成为了全国首个工科院校"种稻田"的大学。袁隆平院士得知学校保留这块稻田的寓意后，欣然为学校题词"稻香飘校园，育米如育人"。学校每年都会举办稻田播种节、稻田收获节等活动，并将稻田景观划分为"责任田"分配给各学院，由师生共同种好"责任田"。每年收割后，学校还会留下部分稻米帮助当地的小动物过冬安家，以倡导尊重自然、爱护生态的理念。坐落在天津的南开大学也有这样的条件，当年国民政府曾将小站稻田赠送给南开大学作为校产，以补贴办学经费，如今在南开大学津南校区内，也可开辟出数十亩的稻田，在纪念历史的同时启发后人。

11.4 稻作文化保护

11.4.1 保护目标

近期目标：系统挖掘、整理小站稻种植系统传统文化，包括物质文化遗存、非物质文化遗存以及传统知识和技术，并有效保护和传承。加大各种形式的宣传及举办各种活动，普及农业文化遗产价值与保护重要性的认识，提高社会各界参与保护与发展的积极性。各利益相关者应增强对小站稻农业文化遗产的理解，管理人员、企业家、社区居民和农民能主动参与小站稻种植系统的保护与发展。

远期目标：对遗产地所包含的传统文化进行挖掘与弘扬，选择不同的文化内容，例如围绕农事文化、民俗文化、名人文化等进行开发，建设文化项目，举办文化活动，讲述鲜活、生动的当地故事，增强百姓的文化自信。同时提高各利益相关方对农业文化遗产保护与发展的积极性和自觉性，形成群众自觉传承和发扬小站稻文化的氛围。

11.4.2 保护内容

1. 遗址遗迹保护

不断搜寻小站稻发展进程中建设的水利设施遗址遗迹、文化遗址遗迹，并加大对这些遗址遗迹的保护。

水利遗址遗迹不仅包括物质遗迹，还有治水理念、神话传说等非物质文化遗产，要对历史上稻区的水利工程进行仔细梳理，挖掘治水理念中所蕴含的科学道理。

文化遗址遗迹包括相关的碑刻与庙宇等。历史上曾有周公庙、袁黄庙等，与稻作文化相关的庙宇蕴含了丰富的文化，应予以调查、保护，它们是稻作文化的见证。与历史名人活动相关的碑刻，要进一步搜寻整理，建立一套完整的保护体系。

2. 民俗文化保护

围绕小站稻农业文化遗产的文化内涵，包括历史文献书籍、风物传说、文学艺术，在全市范围内进行全面调查，建立资源谱系与清单，提高文化主体的文化认同与自信，促进民俗文化重构，激发民俗文化在当代的生命力。

对与小站稻种植历史相关的历史文献书籍进行搜集整理，包括地方志、农业、水利、屯田、驻防等方面，形成一套研究小站稻相关文化的数据库。

对小站稻相关的历史故事、民间风物传说进行搜集整理，从地方志和健在的老人处搜集信息，进行整理，增加小站稻相关文化的趣味性。

对小站稻相关的民俗文化、文学艺术文化、名人文化等非物质文化遗存进行保护。

面对现代文化强烈的冲击,这些文化有消亡的危险,要对他们进行梳理保护,并举办相关的活动,推动文化传承。

3. 耕作方式保护

重要农业文化遗产的特性决定了必须保持一定的传统农业生产方式。当地居民是遗产的所有者和最主要的保护者。在小站稻发展的重点古村落,要下大力气恢复并保护稻农的传统耕作方式,包括生态种养模式、传统耕作方式、传统水旱轮作方式、传统拉荒洗碱方式,且要让他们在保护中受益。

应搜集、保护传统的稻耕农具。传统农具分为以下六类:翻耕播种工具、中耕管理工具、收获工具、运输工具、粮食加工工具和称量工具。随着农业机械化设备在农村的广泛应用,绝大多数传统农具已经退出了生产生活,不过它们是稻作历史的动力和见证。(参见图 11-3 至 11-8)可从农村搜集与水稻耕作有关的农具和生活用具,建设农耕博物馆进行展览,开发能让游客参与其中的体验式旅游项目,并

图 11-3 龙骨水车(稻田灌水用)

图 11-4　耖子（稻田耕地用）

图 11-5　稻桶（稻谷储藏用）

图 11-6　木闸子（灌、排水用）

图 11-7　脱谷机（打场用）

图 11-8　谷风机（打场用）

在周边设置各类工具的现场体验区,如让游客体验人工翻车、使用水车提水、使用捋稻机打场等。

11.4.3 保护措施与行动计划

1. 传统农耕文化的挖掘、整理和宣传

组建小站稻文化传承、挖掘与保护机构,依托下乡调查、入村走访等方式,将传统农业生产生活的技术、知识通过现代影像技术进行有效保存,实现对小站稻农业文化、民俗文化的抢救、挖掘和保护。

制订小站稻农业系统文化保护方案,系统调研、梳理农业系统的历史与文化,包括小站稻农业系统的历史起源与演变、物质和非物质文化遗存、传统知识与传统技术等,用文字、录音、录像、数字化多媒体等方式对系统历史与文化进行真实、系统和全面的记录,形成一套完整的关于小站稻农业文化遗产的项目库。同时将小站稻作展览馆作为主要展示平台,在展示传统农具、生活用具等物质遗存的同时,利用现代影像技术打造集传统文化展示与科普宣传于一体的教育实践基地,促进小站稻相关文化的展示与宣传。

此外,要通过多种措施宣传小站稻农业系统的相关文化,增强社会各界对小站稻农业系统的认知度与保护意愿。建立中国重要农业文化遗产天津津南小站稻种植系统标识体系;加强报纸、杂志、广播、电视、网络等媒体的宣传;制作宣传手册、宣传片、公益广告、邮票、明信片等;设立室内展板、室外宣传栏、户外广告等。

在保证村民正常生产生活的同时,应定期组织稻作农耕体验活动,增设小站稻种植系统的标识和展板,开展生态农产品和文化旅游产品的展示与销售,以活态的形式真实地展现遗产地农民的生产过程和文化形态,促进传统农耕文化的传承与发扬。

2. 开展小站稻文化传承活动

继续开展与小站稻种植系统文化密切相关的传统节庆活动(如填仓节)、民间艺术活动(如劳动号子、排地歌谣),将小站稻种植系统文化的宣传普及与其他民间艺术活动(如草编、芦苇画)、传统民俗活动(如周公祠庙会)、文化艺术活动(如

征文、摄影、绘画）、故事和传说、饮食文化等相结合，多角度展示小站稻种植系统的农耕节庆、文学艺术、宗教礼仪等非物质文化遗存。重点开展文化溯源活动，开展小站稻文化艺术节庆活动，关注庙会、现代艺术等活动。对已有的非物质文化遗产项目，按照规定积极保护，对符合非物质文化遗产申报条件的积极开展"申遗"保护。

2019年，小站镇曾组织挠秧号子艺术团队的部分人员到会馆村水稻种植基地采风，下水插秧并演唱小站挠秧号子，重现当年的插秧情景，并由津南区文化馆及镇宣传办公室录像、拍照。同时天津音乐学院音乐学系也到小站镇调研市级非物质文化遗产项目——小站挠秧号子，为"非遗"保护与传承提供支持。

应围绕小站稻种植系统的文化内涵，开展多种形式的文化宣传活动，积极参加中国国际农产品交易会和各种文化产业博览会，提高津南小站稻种植系统的知名度。同时举办周公研究会、袁黄文化节、袁黄思想研讨会、徐光启科学思想研讨会等，提高社会各界对小站稻的认知；传承和恢复当地传统的民俗活动，丰富乡村社会的文化活动内容；传承和完善乡村有关生态保护、劳动合作、环境治理等方面的乡规民约，提高居民的文化自觉能力。

3. 成立农业文化遗产保护性社区组织

成立天津市小站稻志愿者协会，开展小站稻文化传承活动、宣传活动和科普活动等，丰富社区文化、提升社区形象；同时面向遗产地居民开展旅游培训，通过考试的居民将持证上岗，为游客提供导游服务，包括游览向导、知识讲解、产品介绍等。通过社区参与农业文化遗产的保护与利用，促进社区发展与遗产保护的良性互动，增强遗产地居民对遗产系统的保护意愿。

培育小站稻保护与发展的示范户，重点考虑无公害、绿色和有机稻米的生产户、种养结合循环利用的生态农业经营户、复合农业系统民俗文化旅游户、农业文化遗产主题餐厅经营者、特色旅游商品专卖店经营者等等，发挥他们对小站稻保护与发展的示范作用，增强遗产地居民的自豪感及其对遗产系统的保护意愿。

4. 设立小站稻专项研究基金

应号召多学科的研究者参与小站稻农业文化遗产的研究，并设立研究专项基金，全面解析小站稻演化进程和发展机制，为农业文化遗产的修复、保护与资源的科学利用提供指导。

鼓励根据相关的研究成果，编写关于小站稻的领导干部读本、农民实用技术手册、青少年科普读物等乡土教材，向遗产地管理人员、企业家、社区居民与农民、中小学生发放，将小站稻的历史、技术、文化内涵及农业文化遗产保护与发展的理念纳入群众教育和基础教育之中。

5. 开展面向中小学生的科普教育活动

首先要在天津市中小学、职业学校建立教学基地并开设相关社会课程，让小站稻的历史、技术、文化内涵走进课堂，与学校的传统文化教育、生物课综合实践活动等相结合，鼓励中小学生参与遗产地生物多样性、文化多样性调查，让学生在实践中学习，在学习中实践，了解并体验小站稻的价值与魅力。

其次通过科普载体建设，组织天津市的中小学生定期参观稻作展览馆、稻作文化体验园等，直观面向中小学生开展科普教育活动。这主要有三种手段：一是图片和文字展示手段，以图片、文字的方式直观地展示天津现代农业发展的相关动态。二是声控、光电、影像等多媒体展示手段，以通俗易懂、生动活泼的形式，展示小站稻的新品种、新技术和新成果，展示生物技术、稻蟹混养、农产品质量标准与安全、机械化生产等现代农业科技的内容和科普教育知识点，设置触摸屏供参观者详细了解感兴趣的内容。三是实物展示手段，形象地展示培育的新品种以及先进的农业生产设施、设备等。

第十二章
小站稻的开发

农业文化遗产除了具有直接的生产功能外,还具有重要的生态功能和文化功能,这为小站稻的多功能开发奠定了基础。农业文化遗产地具有发展"第六产业"的先天优势,其所特有的农业物种与生物资源、相对丰富的劳动力资源以及传统的文化习俗和优美的乡村景观,成为发展劳动密集型特色农业和农产品加工业、手工艺品制作、生态与文化旅游以及生物资源产业、文化创意产业等的优势。不过土地资源、水资源和劳动力资源也是制约天津小站稻产业发展的三大因素。面对这些制约因素,可围绕小站稻的产品体系、技术体系和组织体系三大领域进行深度开发,形成节水、节工、节成本的小站稻产业新发展模式。

12.1 产品体系的开发

12.1.1 农产品开发

国务院新闻办公室 2020 年 12 月 17 日发布了《中国的粮食安全》白皮书,明确提出要走中国特色粮食安全之路。在天津这样的大都市地区要积极发展稻米加工业、精细食品加工业、种源研发、文化创意、乡村旅游等产业,逐步建立起三产融合发展的新型农业产业模式,实现农民从"农业生产者"向"多种经营者"的转变,原来自给自足的农产品向具有更高附加值的特色农产品、高端消费品和旅游纪念品转变。

近期目标:全面开发本地区稻米、杂粮、莲藕、虾、蟹、鱼等生态农产品体系,建设有机、绿色、无公害的生态农产品标准化生产基地,大力发展精细农业,强化农业遗产地的农产品质量认证和生态标识认证。

远期目标:明确精品、绿色、品牌的发展方向,以生态农产品加工为节点,接一产，连三产，拓展生态农业产业链空间，深度开发生态农产品，提升农业产业链价值，全面提升小站稻品质和品牌竞争力，提高向周边区域乃至全国的辐射影响力。

1. 特色生态农产品生产和认证

针对小站稻的种植，不断完善绿色和有机生产的标准化生产规程，加强生态环境保护与修复，实现秸秆资源化利用，严控化肥农药使用，并面向农民开展生产管理技术培训，保障区域内农产品的质量安全，同时建立健全遗产地生态农产品质量安全监管体系、监测体系和追溯体系，发展生态循环经济，构建生态农业体系。按照国家《绿色食品标志管理办法》等法规要求，在宝坻、宁河、蓟州等区建设绿色食品原料生产基地，在遗产地以发展稻田立体种养为突破口，重点打造稻鱼套养产业。在打造"小站稻"区域性公用品牌的基础上，打造"小站稻+"的产品谱系。依托家庭农场、农民合作社、龙头企业等新型经营主体，推广上粮下鱼、稻蟹混作、稻虾混作、稻鳅混作、粮粮（菜）间套、稻—鱼—禽共生等立体种养生态模式。严格执行绿色生产方式，争取稻米、河蟹、泥鳅、鱼类、莲藕、水果、蔬菜、鸡鸭鹅等农产品都成为绿色食品，都能够纳入"津农精品"系列，以此来提高土地生产效率，提升产品的附加值，增加本地居民的收入。继续强化推动农产品质量认证和生态标识认证，打造互联网农场平台，通过二维码识别技术展示各种农产品的生长地、生长环境、时间和保质期等信息，提高人民对区域内农产品的安全认证意识，加强认证的程序化、制度化和规范化建设。

2. 挖掘特色农产品传统加工技术

以绿色生产、食用安全为目标，推动农产品传统加工工艺走向现代化，对其中关键技术环节和技术参数进行模拟与突破，鼓励农产品加工主体将现代科技和传统工艺相融合，实现特色农产品的规模化、标准化加工，满足市场需求，实现对当地农产品资源的全方位开发与利用，带动乡村产业振兴。

一是立足当地特色农产品资源优势，深入挖掘稻米脱壳、杂粮研磨、特色农产品加工等传统加工工艺，发展特色纯手工农副产品。通过突出手工制作、强调绿色无添加、引发乡土情怀等市场经营手段，挖掘农产品人文经济价值，让古法技艺产业成为区域主导产业，实现农民增产增收。例如山东省泰安市宁阳县乡饮乡南赵庄村的非物资文化遗产传统手工粉皮为特色产业，全村640户中有540户以家庭为作坊生产、加工粉皮，同时将传统产业与现代科技结合，成立了南赵庄村粉制品工业园，总产值达到2亿元。

二是打造"土字号""乡字号"农产品品牌，充分挖掘和利用相关农特产品的产品资源、文化资源和环境资源，发挥小站稻对乡村产业发展的品牌带动效应，结合天津市传统手工技艺类文化遗产，如杨村糕干、葫芦庐葫芦制作、七里海河蟹面传统制作工艺、冬菜制作工艺等，通过搭配组合，打造地方特色的农产品体系，带动农产品加工向多元化、个性化、品质化方向发展。推广游客互动模式，游客可根据需求和爱好亲身参与，体验传统工艺食品的生产过程，还可将产品以土特产的形式出售给游客当作旅游纪念品，进一步扩大其影响力。

3. 推动小站稻深加工

长期以来天津稻谷加工企业精深加工能力不足，主要体现在两个方面：一是中小企业的精深加工水平跟不上国内先进省份的加工水平，天津稻米产量本身相对较少，加工企业"小、散、低"，缺乏核心竞争力及龙头带动，更达不到企业申报中国名牌大米年加工能力30万吨的门槛。二是产品品质单一，精细化加工程度低，加工行业存在同质化现象。过度加工主要在于企业追求"白、细、精"，存在过度加工的现象，导致大米中富含的营养元素被抛光技术去除，难以满足人们对主食稻米由数量型向品质食味型转变的需求以及满足人们对稻米营养、保健等特性的需求，精深加工能力不足与过度加工之间的矛盾凸显，增加了产业链延伸的难度。小站稻要成为千亿产业，离不开产业深加工的发展。

依托中化集团、天津食品集团、海垦集团、嘉里粮油等主要的粮油龙头加工企业对谷物的深加工利用，将主产品及副产品如碎米、米糠、米胚、稻壳、麸皮等进行深加工，从而制成新的产品，实现物尽其用。如利用碎米可制取多功能淀粉、淀粉基脂肪替代物；利用米糠可提取米糠油、米糠营养素、米糠营养纤维、功能性多肽；

利用稻壳可以制备白碳黑、活性碳,生产多种美容化妆品等。深加工技术的发展极大地丰富了小站稻的产品体系,在提高资源利用效率的同时,也提升了产品的附加值。这些产品可以在各大企业的直营店和官方网站进行销售,并建立专门的展示窗口,增强对消费者的吸引力。

4. 功能性农产品开发

在"健康中国"战略背景下,农业也将进入新的发展时期,继高产农业、绿色农业之后,功能农业被认为是第三个发展阶段,农产品的市场结构和消费需求将发生重要变化,农产品生产必须适应这种趋势。现代技术赋予小站稻新的"生命",提高小站稻的经济和药用价值,让历史悠久的老品牌焕发出新的市场活力,使之达到世界先进功能性农副产品水平。功能性大米是一种保健类大米,经常食用会对我们的身体健康发挥积极功效,对细胞生长和代谢有促进作用,并具有免疫调节作用、自由基清除作用、氧富集作用以及与其他元素之间相互协调和拮抗的作用,是老年

图 12-1 小站稻深加工产品生产线

人最佳的营养健康食品。除了食用价值外,功能性大米对帮助农民增收也有着重要意义。因此要积极探索多种形式的水稻功能性食品开发,引导小站稻主要经营主体与国内外大公司、研究机构合作,推广富硒、富锗、富氢低氘等技术研发和完成成果转化,扩大富硒、富锗、富氢低氘等示范基地建设以及富硒、富锗、富氢低氘等产品展览交易,通过品牌塑造,不断提高社会认知,引导大众健康消费。例如2020年小站镇人民政府和水谷(天津)科技有限公司举行小站稻富氢低氘智慧种业示范基地项目签约仪式。该项目将利用全国唯一医疗级富氢低氘水技术和小站稻种植相结合,建设集医疗级农副产品研发与科技康养于一体的特色田园综合示范基地。

此外针对特定的健康问题,相关单位与研发机构合作,继续深入研究基因技术,服务特殊的群体。以糖尿病患者为例,要生产高品质抗性淀粉水稻,增加水稻品种中抗性淀粉含量,从而提高稻米营养品质与医疗保健作用,实现药食同源,大幅增加产品的针对性和附加值。

12.1.2 旅游产品

近期目标:建设和完善基于小站稻的休闲农业和乡村旅游接待设施和服务体系;设计一至两日游的休闲农业和乡村旅游项目和路线;打造具有当地特色的旅游商品和节庆活动;在小站稻种植的核心村内应有不少于20%的农户参与到休闲农业发展中并受益;形成并推广"小站稻农业文化遗产"的休闲农业品牌。

远期目标:打造5~8个集生态观光、休闲体验和教育实践于一体的知名休闲农业和乡村旅游目的地;建立"津沽稻香"旅游休闲农业品牌;重点村落中应有不少于50%的农户从休闲农业发展中受益。

1. 形成并推广"津沽稻香"旅游休闲农业品牌

围绕"小站稻"这一主题,鼓励小站稻种植重点区域,如津南、宁河、宝坻、西青、武清等区,充分利用广阔的稻田、水塘资源,打造乡村居所优美环境,塑造水乡景观,打造集乡村观光、民俗体验、田园养生、运动休闲于一体的生态水稻公社、稻香公园、稻香小镇等项目,形成"津沽稻香"旅游休闲农业品牌,在京津冀地区形成较高的知名度和影响力。小站稻种植的核心村，例如西小站村、会馆村、小辛码头村、王稳庄村、木头窝村，可设置遗产介绍与宣传栏、旅游咨询台、特色旅游商店等，并设置电瓶车站、自行车租赁处、无线网络、信息亭等系列场所，建立解说标识系统，并辅以旅游手册、导游图、宣传视频等，对小站稻进行全面介绍，并通过不同媒介对小站稻种植系统休闲农业活动的推介，打造若干"稻香村"，进一步增强"津沽稻香"旅游的品牌影响力。

2. 建设休闲农业项目并设计休闲农业线路

（1）开发特色休闲农业产品

开发以"小站稻"为主题的特色旅游商品，包括旅游工艺品、旅游纪念品、特色农产品、文化创意产品等。特色旅游商品应突出小站稻的主要特征，并促进小站稻农业文化遗产的宣传。例如，可利用水稻秸秆、芦苇等原材料，通过草编工艺为生态农产品制作环保包装带、包装绳等。

（2）发展特色休闲体验项目

依托稻乡地区的特色资源，开发稻鱼体验项目，如稻田农事体验、芦苇画、芦苇编织、手工艺船制造、织网等技艺，充分彰显稻乡的特点，让游人观赏、参与和体验整个制作过程，吸引京津冀游客前来休闲体验。此外，开展文化溯源体验活动，结合袁黄、周盛传、徐光启等名人文化挖掘，并与名人的故乡加强沟通，共同挖掘他们的伟大思想和在津期间的活动经历，举办名人思想座谈会、名人诞辰纪念等活动，为小站稻增加文化色彩。

（3）打造经典乡村旅游线路

利用"文化+""互联网+""生态+"等模式，推进小站稻产业与观光旅游、水产养殖、文化教育、健康疗养等产业的深度融合，以旅游为纽带，促进小站稻二三产业的融合发展。利用小站稻文化，丰富乡村旅游业态和产品，打造类型丰富的小站稻主题旅游目的地和精品旅游线路。

一是传统线路。主要围绕"水—田—文化"设计精品线路，重点串联各区内特色景区景点，包括稻米文化博物馆、民俗文化街、稻耕民俗村、稻海观光园、历史文化古迹、休闲垂钓和手工作坊等，达到推广稻田旅游的目的。

二是专项线路。满足特殊人群的需求，实现定制化的服务，可以根据不同主题，包括运动、养生、农业教育等不同主题，选择不同的资源来设计专业的线路，从而达到深度体验的目的。

3. 建立农业文化遗产特色民宿与餐厅

民宿可以利用乡村的闲置资源，挖掘当地历史、文化和民俗，在建筑装修、室内装饰、餐饮、客房用品等方面体现地域特色，有助于促进当地传统文化的复兴。在小站稻发展的重点村落，吸引外来"乡贤"来开发民宿，进行创新创业，对乡村文化、艺术审美、生活方式等进行示范，既满足游客住宿的需求，又可以展示当地的传统民间艺术，促进当地农业文化的发展，从而带动村民传承民俗技艺。主题民宿也要配套主题餐厅，学习推广北京"大厨下乡"乡村民宿餐饮提升经验，结合地域文化，利用当地特色食材，研发特色菜品，从专业技能传授到流程品质把控，对民宿开展全方位专业指导，满足不同游客的需求，让游客可以传递和分享自己所喜欢的生活方式、文化创意和情怀。

4. 扶持休闲农业示范户，促进农户受益

农民是农业文化遗产的开发主体和主要载体，没有农民的深度参与就无法实现农业文化遗产的可持续发展。依托小站稻种植区所提供的生态、生产和生活资源，大力发展以"吃农家饭、住农家院、干农家活、享农家乐"为主要内容的休闲体验活动，鼓励并支持遗产地村落和农户依托小站稻开展休闲农业示范户建设，鼓励他们参与产业链建设和利益链分享，选择示范户进行重点扶持，并对其进行培训和星级评定，鼓励其在民居特色、厨房特色、餐厅特色、餐饮特色、客房特色、智慧旅游等项目中突出复合农业文化特色，之后再带动遗产地其他农户受益。这些措施既能促进小站稻种植系统休闲农业的发展，又能提高农户的收入，真正实现休闲农业为农民的目的。

12.1.3 文化产品

紧密结合美丽乡村、特色小镇、田园综合体建设，深入挖掘天津稻作文化内涵，将稻作文化与练兵屯田等历史事件相结合，以小站稻文化为脉络展现天津城市发展史，兼顾文化传承与乡村发展，创新开展稻作文化传承保护活动，将小站稻生态资源同丰富多彩的民俗文化、历史文化相结合，依托诗歌、绘画、舞蹈、歌曲等文化创意手段，科学规划与适度开发以弘扬传统文化为内涵的乡村休闲活动，形成独具特色的乡村稻作文化旅游产业。

近期目标：系统挖掘、整理天津小站稻传统文化并进行宣传；打造具有遗产地特色的旅游产品和节庆活动；传承和恢复遗产地传统民俗活动；核心村不少于20%的农户参与到相关文化产业发展中并受益；建立和完善小站稻文化产业体系；形成小站稻的文化品牌。

远期目标：打造具有小站稻特色的文化品牌，打造文艺汇演活动精品，并培养农业文化艺术从业者；打造现代文创产品和传统工艺品交易平台；借助互联网宣传平台，制作宣传复合农业系统和农业文化的影视作品。文化产业逐渐发展成重要产业，核心区遗产地不少于30%的农户从文化产业发展中受益。

1. 建立农业文化产业发展示范区

以津南区小站镇、宝坻区黄庄镇为核心，以全面提升小站稻品牌综合影响力为目标，打造集稻作文化、饮食文化、民俗文化、稻作传承文化教育及示范服务等多功能为一体的农业文化产业发展示范区和主题历史文化旅游基地。在示范区内结合练兵文化、袁黄文化等，通过各种鼓励优惠政策，吸引文化企业、青年艺术家、创客等返乡创业，定期举办相关文创展览和竞赛活动，将书籍、动漫、创意生活用品等文创产品的销售和小站稻纪念品结合起来，发展文化创意产业，增强休闲农业和文化产业的结合，进一步挖掘小站稻的文化优势，推进文化产业创新，打造农业文化产业体系和文化产品。

2. 打造文艺精品，培养农业文化艺术从业者

以小站稻在历史演化过程中所承载的文化为出发点，组织开展各种形式的群众性文艺创作活动，借助复合农业系统景观多样性和文化多样性，激发文艺工作者和普通群众的创作热情。要打造一批具有较高水平的书画、戏曲、曲艺、文学作品，推出一批与农业文化相关的书画、戏曲、曲艺、文学创作和表演从业人员，形成特色文化品牌。同时探索将农业文化遗产形成文化演出品牌，打造一两个小站稻特色文艺汇演品牌，例如袁黄与小站稻、周盛传与小站稻等主题，创新发展思路，增强艺术活动的影响力。

3. 制作影视类文化产品

积极对小站稻历史演化过程中的文化底蕴进行深度挖掘和成果转化，把农产品和地域文化、地理和历史实现有效嫁接，制作全面展示小站稻的电影、电视剧等文化产品，借助网络媒体发布和推介，传播当地的农业文化、地方文化，同时赋予农产品丰富的文化内涵，也提升本地和外地观众对小站稻的认知度。2011年天津电视台出品了电视连续剧《小站风云》，以小站镇两个显赫家族为竞争贡米称号展开激烈博弈、竞争中尽显出来的稻耕文化魅力为底蕴，讲述了清末民国大历史下的爱恨情仇。未来要继续推出类似这样的影视文化产品，扩大影响力。同时通过互联网直播平台，抖音、快手等微视频平台，制作传统农耕技术、渔业捕捞技术、手工艺品制作技艺直播节目，向公众普及相关知识和传统文化，提升文化附加值，以扩大经济效益和社会效益。

12.2 技术体系的开发

技术体系涵盖产业发展的所有环节，从产地到餐桌、从生产到消费、从研发到市场一体化，是支撑产业高质量发展的核心力量。对小站稻而言，要实现快速发展，必须要打通科技与产业之间的通道，依靠科技促进农业质量、效益和竞争力的不断提升。

为整合现有科技资源，做好产学研结合，推动小站稻科技创新能力迈上一个新台阶，天津市农业农村委员会于 2017 年 12 月 13 日正式批复成立了天津市水稻产业技术体系创新团队。该团队由天津市农科院农作物研究所牵头成立，共设置 16 个岗位专家和 17 个试验站，涵盖天津市与小站稻产业相关的大专院校、科研院所、示范推广及生产企业，以开发水稻优质品种为核心，整合天津小站稻政策研究、标准制定、区域划定、品种选育、绿色技术、储藏加工、品牌打造、市场营销、人才培养等环节，全方位复兴小站稻。

12.2.1 品种研发

种子是农业的"芯片"，战略地位至关重要。党的十八大以来，以习近平同志为核心的党中央始终高度重视种业问题，多次强调要把民族种业搞上去。2021 年的中央一号文件深化了这一任务要求，把"打好种业翻身仗"作为重要内容加以谋划。要打响小站稻这一区域公用品牌，品种一枝独秀是不够的，还需要集合天津地区的优质品种集群。纵观小站稻的发展史，从宋辽时期何承矩屯兵到清末周盛传小站练兵，再到新中国成立后水稻产业的不断发展，1000 多年的历史进程中经过多次品种变革，特别是新中国成立后已经有过 9 次品种变革，形成了众多优良品种。经过了多方选育比较，构建了小站稻精品育种技术体系，选育了一批目标性状突出、综合性状优良的精品粳稻新品种。目前已形成了类型丰富、特点各异的小站稻品种群，其中优质米津稻 179、津原 E28、津川 1 号等已在生产上推广多年，至今仍是很多稻米加工企业的订单品种。最新育成的金稻 919、天隆优 619、津原 U99 等特优质水稻品种，口感弹润香甜，已成为国内高端米的代表品种。围绕小站稻所形成的集群种源，遗传多样性丰富，既有杂交稻，又有常规稻，生育期从 130 天到 170 多天不等，粒型上也较为多样，有长粒型、圆粒型和中长粒型，既有浓香型品种，也有清香型品种，可以满足不同的生产需求，促进小站稻品种升级换代。

1. 天津市原种场水稻品种选育

天津市原种场 1984 年建场以来，先后育成了 35 个通过国家或省级农作物品种审定的水稻品种,其中国家审定品种11个,获得植物新品种权8项,研究成果获得天津市科技进步一等奖1项、二等奖2项、三等奖5项,获得全国农牧渔业丰收奖二、三等奖各1项。天津市原种场研发的"津原"系列水稻新品种已经成为国内水稻的响亮品牌,已跻身于国内水稻育种领先地位,12个品种列为省部级农作物主推品种,多年覆盖天津地区水稻面积的80%以上,不仅在生产上得到了广大农民的高度认可,而且还被国内几十家科研育种单位作为种质资源引用,创造了显著的社会效益和生态效益。其中津原E28、津原89、津原香98、津原U99等品种的化肥、农药用量可比其他普通品种节约30%,在小站稻振兴及供给侧结构改革的新形势下为天津现代农业生产作出了巨大贡献。(参见表12-1)

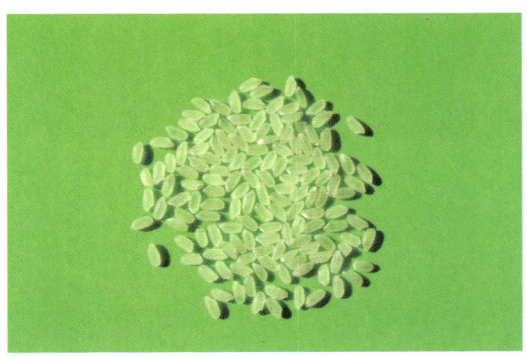

图 12-2　津原 E28

图 12-3　津原 E28 原种生产田

图 12-4　津原 985

图 12-5　津原 U99

图 12-6 津稻 179

图 12-7 金稻 919

2. 天津市农科院农作物研究所水稻育种

天津市水稻研究所的前身为1920年北洋军阀徐树铮建立的老开源公司军粮城工作站，也是天津市农业科学院的前身。1983年作物所、水稻所合并定名为天津市农科院农作物研究所。农作物研究所先后育成国审杂交粳稻品种17个、常规粳稻品种10个以及市审品种8个，占同期全国国审杂交粳稻品种总数的22.2%，居全国首位。育成的粳稻品种适宜种植区域北出长城，南过长江，覆盖了京津唐稻区、黄淮稻区、长江中下游稻区、东北晚熟中早粳稻区等我国主要粳稻产区，累计推广种植面积3000余万亩（200余万公顷），增产稻谷7.5亿公斤，新增社会经济效益15亿元。国审杂交粳稻品种5优280、金粳优11号熟期适中、高产潜力大、米质优、抗病、抗倒伏，现已经成为辽宁省杂交粳稻的主栽品种。农作物研究所率先开展非转基因抗除草剂水稻育种，育成首个国审非转基因抗除草剂粳稻品种金粳818，同类品种数量居国内第一，已经形成适宜不同稻区的品种集群，推广面积国内第一。金粳818、津稻372等系列抗除草剂品种的培育和应用将引领黄淮稻区直播稻育种方向，将为黄淮乃至全国稻区抗除草剂水稻育种提供种质资源和技术策略。津稻263是首个国审抗水稻黑条矮缩病粳稻品种，曾连续多年作为山东省第一大水稻品种、河南省和江苏省主栽品种种植，为根治黄淮稻区黑条矮缩病这一水稻癌症提供了品种和种质资源。津育粳18分蘖能力强、成穗率高、高产、落黄好、出米率高，种植面积占天津市种植面积的70%，有望成为京津唐稻区的第一大品种。优质食味水稻品种津稻179米质达到国标优1等级，是国内高端米及小站米的代表品种，是目前天津小站稻、东营黄河口大米、济南黄河大米的首选品种。育成的金稻919在天津、山东、辽宁等地组织的食味品尝中多次名列前茅，外观和食味超越"稻花香"等国内知名稻米品种，可媲美日本稻米品种"越光"。（参见表12-1）

3. 天津天隆科技股份有限公司水稻品种选育

天津天隆科技股份有限公司是专注于优质杂交稻研究和产业化的科技公司，拥有国家粳稻工程技术研究中心、农业部杂交粳稻遗传育种重点实验室等国家级水稻研发平台，拥有专业研究室8个、试验站8个，完成了我国粳稻主产区技术和产业布局。天隆公司申请植物新品种保护60项、发明专利9项,多次荣获天津市科技进步奖、专利奖等奖项,综合实力国内外领先。

天隆公司根据小站稻产业发展需求,由国家粳稻工程技术研究中心开展专项攻关,针对粳稻产业发展的重大关键和共性问题,进行技术集成和工程化研究开发,主要聚焦两方面内容:一是小站稻历史资源及国内外优异水稻资源搜集,开展小站稻遗传图谱分析;二是小站稻优质米品种、功能性品种培育,为产业发展持续提供具有市场竞争力的品种,包括带有香味的米质国标1级的杂交粳稻品种和具有特殊用途的功能性水稻品种。天隆公司以"杂交"保障小站稻知识产权完整,配套专业种子生产技术规程,将小站稻种源安全完全把控在自己手里;以香味优质和功能性作为天津小站稻产业特色,促其在多个地域品牌中脱颖而出。"小站香"代表品种天隆优619是长粒、香型的三系杂交粳稻,米质达国标1级,米粒晶莹剔透,口感弹润,回味甘甜。该品种适应性广、米质稳定性强、种植收益高,目前已成为中粮、益海嘉里、深圳盛宝粮油等大型米厂的订单收购品种。通过对小站稻及国内优质米资源进行遗传图谱分析可知,天隆优619等优质品种与小站稻历史品种亲缘关系较近。(参见表12-1)

图 12-8 天隆优 619

表 12-1 天津小站稻主推品种种植情况

选育机构	品种	特征	主要米质指标	获奖情况	推广范围
天津市原种场	津原 45	抗病抗虫，率先克服水稻条纹叶枯病危害。津原 45 及其衍生品种的推广使天津地区 10 多年来不需防治稻飞虱。	整精米率 71.6%，垩白粒率 11.5%，垩白度 1.1%，胶稠度 91 毫米，直链淀粉含量 16.6%	天津市科技进步一等奖，全国农牧渔业丰收二等奖等	—
	津原 E28	育成抗逆、优质稻新品种津原 E28，成为了京津冀优质稻主栽品种。粒大光亮，食味品质与日本优质稻"越光"相当。	糙米率 83.8%，精米率 76.3%，整精米率 71.2%，粒长 6 毫米，长宽比 2.2，垩白粒率 9%，垩白度 0.7%，直链淀粉含量 15%，胶稠度 82 毫米，透明度 1 级，碱消值 7 级，水分 9.3%	2012 年第十一届中国优质稻米博览会金奖	津南区、宁河区、滨海新区等
	津原 89	在继承津原 E28 的品质、抗性基础上，亩产提高 150 公斤，耐盐碱性实现新突破，已成为京津冀地区主栽水稻品种。	整精米率 72.7%，垩白粒率 3.5%，垩白度 3.8%，直链淀粉含量 17%，胶稠度 80 毫米	2017 年第十五届全国优良食味粳稻品评二等奖	津南区、宁河区、滨海新区等
	津原 U99	高质量香稻新品种，产量高，籽粒长，品质达部标优质 1 级。该品种耐盐碱，抗病虫害，特别适合稻蟹（鱼虾）立体种植，生长期间几乎不用喷洒农药，叶片笔直，通风透光性能更好，更适合鱼虾蟹生长。	整精米率 66.6.%，垩白粒率 13%，垩白度 3.5%，直链淀粉含量 16.8%，具有香味	中国绿色食品博览会金奖	津南区、宁河区、滨海新区等

续表

选育机构	品种	特征	主要米质指标	获奖情况	推广范围
天津市农科院农作物研究所	金稻919	外观和食味超越"稻花香"等国内知名稻米品种，可媲美日本稻米品种"越光"。	整精米率71.6%，垩白度1%，直链淀粉含量16.4%，胶稠度71毫米，碱消值7级，长宽比1.9	2019年第七届全国优良食味粳稻品评一等奖	宝坻区、武清区
	津稻179	米质达到国标优1等级，是国内高端米及小站米的代表品种。	糙米率85.1%，整精米率76.2%，粒长5.2毫米，长宽比1.9，垩白粒率6%，垩白度0.4%，直链淀粉含量18%，胶稠度80毫米，透明度1级，碱消值6.5级，水分12.7%	—	—
	津稻9618	耐盐碱、耐旱、耐寒、抗倒伏，天津市第一批小站稻优质品种。	整精米率68.1%，垩白粒率8.5%，垩白度0.8%，直链淀粉含量16.2%，胶稠度83毫米	全国优质稻品种食味品质鉴评（粳稻）金奖	—

续表

选育机构	品种	特征	主要米质指标	获奖情况	推广范围
天津天隆科技股份有限公司	天隆优619	长粒、香型的三系杂交粳稻，米质达国标1级，米粒晶莹剔透，口感弹润，回味甘甜。该品种适应性广，米质稳定性强，耐盐碱能力强，适宜天津春稻熟期及麦茬直播种植。	整精米率66.9%，垩白粒率6.3%，垩白度0.8%，直链淀粉含量17.6%，胶稠度72.7毫米	连获三届全国优质稻品种食味品鉴金奖。2015年全国优良粳稻食味品评一等奖，2017年首届中国（三亚）国际水稻论坛"全球水稻育种创新成果"水稻年度明星品种，2018年首届全国优质稻（粳稻）品种食味品质鉴评金奖，2020年中国绿色食品博览会金奖	西青区王稳庄镇
天津农学院	津川1号	符合食味水稻的标准，拥有品质好、食味特性高、抗逆性适中的特点。	出糙率86.4%，精米率75.4%，整精米率52.7%，垩白粒率13%，垩白度1.3%，直链淀粉含量16.3%，胶稠度70毫米，碱消值7级	—	宝坻区

12.2.2 栽培技术

因为水稻生产过程需要大量的人力投入，劳动强度较高，且由于天津为大都市地区，人力成本高，所以为适应这种情况，有必要推广简化栽培技术，减轻水稻栽培和种植中的劳动强度，减少水稻栽培的各项资源使用，不仅省工省时，而且可以大大降低农业生产者水稻栽培的成本，实现水稻增产。

1. 水稻简化栽培技术

推广优质食味粳稻集约化、精准化、轻简化生产技术，包括旱直播技术、全程机械化技术等，这些技术机械化程度高、规范性强，能满足当前规模化经营的要求，可以解决"谁来种田"的问题。

水稻智能化育秧技术。围绕天津市永久性基本农田落户工作、高标准粮田建设方案，以实现集约、高效、机械化、精准化、智能化和绿色栽培为目标，集成小站稻新品种、新技术、新产品、新装备和新模式，建成天津市优质小站稻绿色栽培基地。目前天津市在宝坻、宁河、津南三个区分两个阶段建设3个智能化高标准育秧基地，2020年在宁河区、宝坻区建成2个育秧基地，2022年将在津南区再建设1个育秧基地，采用物联网的水稻基质育秧技术，实现育秧数据实时采集、传输、决策分析及智能环境调控。每个育秧基地建设面积2000亩（133.33公顷），总面积6000亩（400公顷），逐步实现100万亩（6.67万公顷）小站稻的统一供秧。

土地资源、水资源和劳动力资源是制约天津小站稻产业发展的三大因素。面对这种发展情况，未来天津要大力推广水稻旱直播技术，选用耐盐碱、适宜直播的小站稻品种，结合"小麦+水稻连作"旱直播技术，降低生产成本和劳动强度，提高土地的利用率，实现小站稻轻简、节水、节本、增效等种植模式的升级，可作为小站稻扩大面积的土地来源新渠道。水稻旱直播技术，作为一项降低水稻生产成本、改良水田生态环境及减轻劳动强度的水稻栽培技术，对稳定小站稻种植面积、增加小站稻产量及提高小站稻市场竞争力意义重大。水稻直播有以下优点：一是省工、省力。直播免除了传统育秧、移栽用工的缺点，并节省秧田，能有效降低劳动强度，省工省时。二是产量高。由于直播稻更有利于低节位分蘖，穗茎优化合理配置，主蘖穗基本上整齐一致，所以成穗率高，总穗数多，大面积生产上直播水稻较传统移栽水稻一般增产5%。三是生育期缩短。直播水稻无拔秧植伤和栽后返青过程，因而生育进程加快，生育期一般比同期移栽的水稻缩短5~7天。四是有利于发展规模化播种，从而助推规模化、机械化种植，提高了生产效率。五是由于旱直播播种时间相较普通种植有延迟，所以就避开了部分病虫的为害时期。传统育秧移栽、栽秧时段正是灰飞虱大量迁入阶段，会对秧苗产生危害，从而造成水稻的减产。

2. 推广种养结合技术

在保障水稻正常生长发育的前提下，利用稻田湿地资源开展适当的水禽和水产养殖，形成季节性的农牧渔种养结合栽培模式和"示范水稻+N（螃蟹、鱼、水禽及泥鳅）"的稻田立体种养模式，能提高稻田生产力、增加农民收入，还能在提高小

图 12-9　小站稻工厂化育秧

站稻品质和种植效益的同时充分利用生态链内的物质循环，实现水稻和水产品的绿色生产。天津有知名的七里海河蟹地标产品，稻蟹混养是目前主推的种养结合模式。根据稻蟹共生种养的特点，建立完善的蟹苗管理机制，包括蟹苗选择、水源控制、蟹苗投放时间、投喂管理等，针对河蟹生长对农药的敏感性，形成成熟的蟹田稻的水层管理和农药使用方法。

2020年，天津市农技部门组建起11个技术服务组，安排专家和技术人员，充分发挥水产养殖和水稻种植专业技术优势，对鱼虾蟹苗种选择、成蟹养殖、病害防治进行指导。与此同时，建立技术服务长效机制，农技人员与种养殖场、户"结对子"，签订技术服务协议，推广小站稻种养结合技术，实现技术服务全覆盖。在资金、政策、技术的多重扶持下，越来越多的农户开始进行稻蟹混养，面积扩大到30万亩（2万公顷）。

3. 智慧农业技术

天津人工成本高，若想提高经济效益、降低人力成本，实现农机智能化、农业智能化就成了小站稻产业可持续发展的必然途径之一。未来需要以信息技术来改良水稻种植全过程，围绕土地可视化，结合气象、遥感、土壤墒情等，信息技术能提供精准种植方案，包括农事管理、作物生长管理和巡田管理，科学地指导高效的土地管理，并且可以提供精准气象、病虫害预警、遥感分析、智能灌溉、农场管理、病虫害识别等功能，起到预警和实时监测的作用，促进水稻种植，完成水稻由粗放型管理向精细化管理的转变，实现人工管控向自动化管控的升级。如若水稻在生长过程中出现问题，可以第一时间被反馈到智慧农业平台，以便农技人员对症施策，快速解决。这不仅确保了水稻作物的生长安全，而且能让管理者以更科学高效的方式来进行农业生产，提高生产效率，提升作物品质，并减少人力物力消耗，实现节本增效的目标。

西青区王稳庄引入中化集团建设MAP（Modern Agriculture Platform，现代农业技术服务平台）示范农场项目，依托科技与创新实现从种到销全程托管，共同助力小站稻振兴。该项目通过先进的农机管理设备、精细化田间管理，依靠线上智慧农业，利用移动互联网、人工智能、大数据等科技手段，运用农场地块管理、遥感分析作物长势、精准气象、农事管理、病虫害预报、设备控制等功能，全程跟踪、解决农业生产管理问题，全方位、全天候掌握田间状况，保障小站稻的品质和质量。同时，通过配套国内一流水平的农机装备，水稻能在育秧、整地、打浆、插秧、施肥到植物保护等各个环节实现科学种植。未来随着天津高标准农田建设的加快推进，补齐农田基础设施短板，我们将进一步完善从田间耕整、水稻种植、田间管理、水稻收获、稻谷干燥到秸秆利用的全程机械化、智能化作业技术，提高整个产业的生产效率和生产效益。

12.3 组织体系的开发

传统水稻种植需要大量的人力投入和较高的劳动强度，比较适合规模化经营，因此构建小站稻产业组织体系的首要目标是支持新型农业经营主体如种植大户、合作社和企业，成为小站稻产业发展的骨干力量，鼓励通过土地经营权流转、股份合作、土地托管等多种形式开展适度规模经营，建立起小站稻的产业组织体系，服务小站稻的产业发展，最主要的是增强小站稻的产业竞争力，保证小站稻农业文化遗产在现代社会的生存与发展，并推动形成天津小站稻产品与品牌复兴的新格局。

12.3.1 家庭农场经营模式

培育发展以水稻种植为特色和主导产业的家庭农场，提升水稻种植专业合作社规范化水平。鼓励具备水稻种植经验、懂得水稻种植技术并且有资金实力的大户，通过土地转让取得土地使用权，扩大自己的种植面积，集中耕作生产，实现连片经营。目前天津各区鼓励经营大户通过土地流转开展水稻的规模化种植，出现了不同规模的家庭农场经营。以北辰区孙德虎家庭农场为例，区政府为水稻规模化种植和全程机械化生产提供了便利条件，引入了"打包"收获新模式，全面提升水稻生产机械化水平的同时，也有效促进了种粮大户增收。

12.3.2 "龙头企业 + 基地 + 订单种植"经营模式

企业在农业文化遗产保护与发展中具有重要作用，因为企业的参与将会极大地提高产品开发、市场开拓、资金投入、产业管理等方面的水平。当前已吸引天津食品集团、中化集团、海垦集团、嘉里粮油等大型龙头企业积极参与小站稻产业振兴。未来要进一步支持以大企业为代表的工商资本发挥技术、人才、资金、市场等领域的优势，鼓励他们进入小站稻全产业链系统，与当地农户形成优势互补、利益联结、互惠共赢的产业共同体。"龙头企业 + 基地 + 订单种植"经营模式主要适用于以稻米生产经营为主体的企业，与农户签订生产合同，建立利益共同体，农户使用企业提供或指定品种，按企业标准种植、管理，企业提供生产社会化服务，收获后按协议价统一收购。这种模式在实现规模经营的同时可以有效拓展农业功能，将小站稻生产、种植、加工、销售流程与智慧农业、循环农业、生态农业、休闲农业相结合，提供水稻种植的整体解决方案。鼓励天津市内小站稻龙头企业使用"小站稻"地方证明商标，进一步完善稳定订单、利润返还、股份合作、保底收益 + 按股分红等利益联结机制，让农民分享二三产业的增值收益。

2019 年天津食品集团在宝坻区通过订单农业、创办合作社等方式带动周边农户种植小站稻 10 万亩（0.67 万公顷），企业自有土地推广种植小站稻 5 万亩（0.33 万公顷），形成集选种育秧、绿色种植、稻谷收储、稻米加工、大米存储、市场营销、集散流转、文化体验于一体的全产业链体系，实现了小站稻规模化种植、规范化收储、标准化加工、现代化营销的新模式。

12.3.3 "农民专业合作社 + 农户"经营模式

天津作为高度城市化地区，随着大量劳动力向非农转移以及农业劳动雇佣成本的快速上涨，传统小农户的生产经营不再具有优势，为改善要素配置效率，引入社会化服务成为必要的选择。合作社是社会化服务的一种形式。"农民专业合作社 + 农户"经营模式主要是指以家庭户生产经营为基础的商业模式，共同组织部分生产经营环节，发挥集体优势形成规模生产。农户则需要按照合作社统一的标准实行标准化生产，收获的粮食全部归农民，合作社则可以根据市场价格优先购买农户的粮食。这种统一采购各种农用物资的方式能够降低市场价格，统一进行产品销售的模式能够增加市场话语权，降低市场风险。这种模式在天津较为普遍，目前天津有大量的建立在水稻种植基础上的合作社，不过主要集中在种植环节，合作社以相对较低的市场价格为农户提供种子、化肥、农药等生产资料，并免费提供农业科技咨询、技术指导等，同时农户还可以高性价比享合作社的耕作、收割、移栽等农业机械化服务。这种模式本质上是将小农户通过社会化服务链接到大市场之中，未来要进一步对这种模式进行拓展，推广为"社会化服务+农户"的模式，从种植环节向其他环节拓展，采用多元化、多层次农业生产性服务外包，以节省生产成本和交易成本。

12.3.4 "社会化服务+农户"经营模式

社会化服务的迅猛发展为小农户发展大生产、融入大农业、对接大市场搭建了平台，各地探索了多种有效的服务模式，有托管服务式、订单服务式、平台服务式、站点服务式、股份合作式、代耕代种式等。围绕水稻生产全过程，培育壮大水稻生产中的机械化耕作土地、集中育秧、机械化插秧、测土配方施肥、统防统治、机械化收割和产品加工等环节的社会化服务组织。通过政府扶持的方式，发展水稻生产全程社会化服务，支持具有资质的经营性社会化服务组织从事农业公益性服务，提高农业综合生产能力。

1. "托管服务"模式

"托管服务"模式是指农户等经营主体在不流转土地经营权的情况下，将农业生产中的耕、种、防、收等全部或部分作业环节，通过签订协议或口头协议，委托给农业生产性服务组织完成，明确服务价格、标准、时间、效果等内容，收益归农户所有。例如部分少劳力或其他原因不愿耕种的农户，会将自己的承包地委托给合作社、家庭农场等新型农业经营主体，签订服务协议或口头约定，年终收成归农户所有并按约定支付代耕代种费用，或直接给付农户约定数量的稻谷。

2. "平台服务"模式

"平台服务"模式是指以大型农业企业、合作社（联合社）等市场主体为龙头，通过结盟、联合等方式集合一批服务组织，依托信息化技术搭建服务应用平台，为农户等提供社会化服务，将服务提供者和小农户有机联系起来的模式。

中化集团打造的现代农业技术服务平台（MAP），以"科技创造美好农业"为使命，以推动"土地适度规模化"和利用现代农业科技"把地种好"为突破口，以集成现代农业种植技术和智慧农业为手段，提供线上线下相结合、涵盖农业生产全过程的现代农业综合解决方案。MAP通过汇集优质的现代农业产品和服务资源，打造"现代农业服务生态圈"。自2015年开始试点，到2017年正式提出，中化农业MAP模式在全国范围内逐步推广，截至目前，已累计为近百万亩（6.67万公顷）耕地提供了现代农业综合解决方案，实现了农业生产从标准化到精准化再到智能化的发展。

线下，中化农业通过在全国范围内建设MAP技术服务中心和MAP示范农场，为规模种植者提供品种规划、测土配肥、定制植保、检测服务、农机服务、技术培训、智慧农业服务、烘干仓储及销售、农业金融和农用柴油供应等在内的"7+3"服务项目，并以MAP示范农场为展示基地，"做给农民看、带着农民干"，吸引更多农户加入。

线上，中化农业搭建MAP智慧农业平台，集成现代农场管理系统、技术服务中心服务系统和精准种植决策系统，发展现代农业服务O2O（Online To Offline，线上线下一体化）商业模式。依托线下的MAP技术服务中心、示范农场服务网络以及技术服务、农业生产和产品海量经营数据，通过互联网和物联网等技术手段，全程跟踪、解决服务中心运营和规模种植者农场管理的效率问题。

2018年西青区王稳庄设立MAP示范农场，主要种植品种有天隆优619、津原89、津原U99，全程采用遥感监测、智能灌溉、变量施肥等新的种植技术，实现全程机械化及无人机插秧、施肥，同时应用田间气象站、虫情检测仪等智慧农业管理系统，成为小站稻振兴的中坚力量。

图 12-10　中化集团 MAP 服务内容

12.4 经营管理体系的开发

12.4.1 品牌管理

加强重要农业文化遗产地产品品牌建设，扶持遗产地农民进行绿色、有机等生态农产品开发，规范生态农产品市场，对使用小站稻农业文化遗产标志的农产品加强登记和监管，通过农产品品牌建设带动产业化经营，来实现小站稻的优质优价。当前在天津大米消费市场上有"潮河稻香""宁禾""禾黔""津站""清源""安顺""日思""津宝地"等多个商标品牌。这些企业产量不等，经营分散，市场上使用"小站稻"品牌的商标众多，由于市场接受度低，很难形成竞争力，从而影响了"小站稻"品牌价值与竞争力的提高。目前，据学者研究，小站稻品牌价值仅为20亿元，远低于五常大米。因此要利用小站稻已取得的证明商标，强化品牌推介，丰富品牌内涵，开发小站稻精深加工产品，精心设计产品包装，形成品牌效应，不断满足京津冀城市群的消费需求。

1. 品牌授权

集中力量破解小站稻商标授权管理制约因素，搭建由津南区人民政府、小站稻产业联盟和天津市农业发展服务中心共同管理小站稻品牌的架构体系，擦亮小站稻的金字招牌。津南区农业技术推广服务中心是小站稻证明商标的拥有者，但津南区已经是高度城市化地区，小站稻发展空间极为有限，3万亩（2000公顷）的规模已接近上限，若将小站稻的发展局限在津南3万亩之内，对于整个天津市粮食产业的发展是一个极大的损失。因此津南区农业技术推广服务中心应采取授权的方式，以实现对整个产业的整合。不过对相关企业使用"小站稻"商标应有严格的规定，具体有五项要求：一是生产企业要在工商部门注册并具有天津市质量技术监督局颁发的粮食加工生产许可证。二是生产场地、加工设备要达到相关标准。三是企业年加工稻米产量要达到1000吨以上。四是生产企业每年要到粮食质量检测部门进行两次稻米品质检测，稻米质量要达标。五是选用的稻谷必须是在天津地区种植的优质水稻。

近年来，津南区农业技术推广服务中心采取了多项措施，积极落实市政府有关壮大"小站稻"品牌实力的要求，积极引导并支持有关企业努力扩大产能。津南区农业技术推广服务中心通过品牌授权，与天津农垦集团达成合作，把宝坻区生产的优质稻米纳入到小站稻产品系列中来。宝坻区黄庄洼有 30 多万亩（2 万多公顷）优质水稻田，种出的水稻虽然品质绝佳，但以往多是以农户自产自销为主，缺乏市场知名度。2009 年天津农垦集团总公司在八门城镇投资兴建天津黄庄洼米业有限公司，将黄庄洼米业纳入小站稻系列，农户和企业可以提高产品竞争力，壮大小站稻团队实力。此外津南区农业技术推广服务中心还与天津优质小站稻开发公司、金芦米业有限公司、津沽粮食工业有限公司、正弘食品有限公司等 13 家企业签订了小站稻证明商标使用合同，销售网络已基本覆盖全国。同时，小站稻远销美国、加拿大、日本、南非等国，年平均销售天津小站稻 20 万吨左右。通过品牌授权，保证小站稻规模与品质，为小站稻扩大影响奠定了基础。

2. 品牌整合

稳步推进小站稻品牌整合，对天津市内已有的小站稻品牌进行整合，通过合作社、大米加工和种业企业建立多渠道销售体系，实施"原产地＋生产单位＋商标＋品种"四位一体的品牌创建战略，提升小站稻整体的品牌知名度和市场影响力。

（1）以小站稻地理标志证明商标和原产地标识认证为基础，以现在使用小站稻地方证明商标的生产企业为组建对象，形成统一生产格局、统一加工标准、统一产品包装、统一品牌标识，集中打造"天津小站稻"作为区域公用品牌的影响力和知名度。提升集团稻米加工能力，形成小站稻系列产品集群，把"天津小站稻"打造成中国名牌。

（2）加快构建"区域公用品牌＋骨干企业品牌＋地方特色品牌"有机结合的稻米品牌体系，突出品牌特色，集中整合、培育、扶持、推广一批区域特色品牌，以名品、名牌为主攻方向，推进个性化定制、柔性化生产，满足消费者差异化、多样化需求。

（3）以天津市水稻产业体系为依托，发起成立天津市水稻食味学会和中国水稻食味学会，将天津市建成中国优质食味粳稻研究的核心区，以此提升"天津小站稻"

的品牌知名度。

（4）加大部门间执法联动力度，加强对小站稻种植基地、农资投入品和产品品质的监管，加强对"小站稻"商标使用情况的跟踪和保护，严肃查处侵犯小站稻产品系列商标知识产权的违法行为。

3. 品质保障

技术保障要充分利用最新技术，搭建小站稻品牌及质量安全溯源平台，强化标准化种植、规范化管理和信息化监管，实现小站稻优质化生产和安全准出，确保小站稻从田间到餐桌的全产业链质量可追溯。利用区块链技术实现农产品溯源以提升农产品安全性以及食品的安全性，一般由大型龙头企业牵头，在自身的生产基地内生产，或者通过订单农业的形式，实现小站稻品牌生产的标准化。

（1）津南区大力推动小站稻标准化生产以保障小站稻高品质，实施"三确、一检、一码"的措施，即确定小站稻种植地块、种子、农资投入品，统一开展农产品质量检测，统一发放农产品防伪追溯验证码，确保适用小站稻产地证明商标的水稻全部执行小站稻生产标准。选择适宜的地块确定津E128等作为主推品种，统一开展农产品质量检测，统一发放农产品防伪追溯验证码，保证小站稻的产品质量。

（2）天津食品集团对小站稻实施全产业链和可追溯的管理体系，每亩稻田都建有档案，实施绿色食品标准管理，种植田地要经过土质、水质、空气环境监测合格后才能种植小站稻，稻田施肥、用药均有可查询、可追溯的记录。

（3）2017年，天津市政府与中化农业在小站稻核心产区王稳庄镇建立了中化农业天津MAP示范农场，推出了MAP beSide全程种植管控品牌。MAP beSide所背书的每一袋大米，对应一张粮证和全球唯一的区块链溯源码，从时间、地理、品质三个角度实现小站稻种植、仓储、加工、品评、物流和销售各环节的溯源管理，实现从田间到舌尖的全程管控。通过时间戳，消费者可以看到小站稻从春耕到夏种再到秋收的全生命周期的时间线。通过地理戳，消费者可以精确地了解小站稻产自哪一个地块，而后存储于哪个粮库，在哪个工厂完成加工。通过品质戳，消费者可以看到由熊猫指南提供的专业的风味轮品质评价报告和质检报告，详细了解小站稻的口感、色泽、软硬度、品质等信息。同时，溯源信息均来自MAP日常管理信息系统，通过应用区块链底层平台，确保数据上链后不会被篡改。未来，MAP beSide 会被越来越广地用于食物安全背书，进一步提升科学化种植管理水平，推动现代农业产业链、供应链优化升级，振兴优质农产品地域品牌，推动中国农业现代化发展进程。

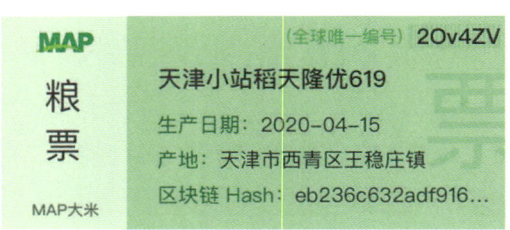

图 12-11　中化农业 MAP beSide 全程种植管控品牌

12.4.2 标准制定

1. 六项已有地方标准

目前，天津市已从品种、基质育秧技术、栽培技术、食味品质评价等方面制定了六项地方标准，这些标准对小站稻从农田到餐桌的全过程进行了规范，进一步优化了小站稻的品质，促进了天津小站稻产业的提档升级。要求天津境内的企业按照相关生产标准使用小站稻商标，以打造"小站稻"品牌为落脚点，在整个产业中统一良种、统一种植、统一收储、统一质量、统一包装、统一宣传，并将产业链条上的农业科研、良种育培、稻米种植、加工经销等要素统筹联合起来，为小站稻规范化生产奠定基础。

《天津小站稻 品种》

该标准由天津市农业发展服务中心主持制定，明确了小站稻品种定义，从抗病性、生育期、结实率及理化指标等方面进行了规定，在理化指标中对蛋白质含量作了具体约束，为小站稻品质的提升提供了技术标准。

《天津小站稻 基质育秧技术》

该标准由天津市农业发展服务中心主持制定，明确了水稻基质育秧的术语和定义，并从种子处理、育秧技术及秧田管理等方面阐述了基质育秧技术的要求，是国内首次制定的基质育秧技术标准。

《天津小站稻 栽培技术》

该标准由天津市农业发展服务中心主持制定，从小站稻产地环境、品种、栽培技术等方面规定了水稻栽培相关技术，明确了化肥减量增效、绿色防控及节水栽培等方面的技术指标，为小站稻绿色发展提供了有效技术支撑。

《天津小站稻 收获、烘干、储藏、加工技术》

该标准由天津市农科院农作物研究所主持制定，规定了天津小站稻收获、干燥、加工等方面的技术要求，解决了传统小站稻过度加工及收获储藏温湿度不合理的问题，实现了从天津小站稻到天津小站米最后一环的技术统一。目前天津在全市范围内，在生产加工规模、能力、技术、品牌影响力和食品安全保障能力等方面，设置了小站稻生产加工企业准入机制，避免小、散、低的生产加工水平，提高了小站稻产业的集中度，以匹配小站稻品牌振兴项目的需求。组建大型集团企业，如中化农业、金谷集团等，针对小站稻的品种特点，制定小站稻加工标准和定制相关的技术参数，提高出米率和加工品质，提升加工水平。

《天津小站稻 精白米》

该标准由天津市农业发展服务中心主持制定，规定了天津小站米的术语和定义，明确了分级、质量要求、检验方法、检验规则及包装、标签、储存、运输等方面的要求。

《天津小站稻 食味品质评价》

该标准由天津农学院主持制定，规定了天津小站稻食味品质评价方法技术标准的术语和定义、技术要求,为完善食味育种、优质食味水稻栽培技术以及优质食味小站稻的评价提供了科学依据。

2. 全产业链标准体系的建立

在我国农业供给侧结构性改革不断深化、农业三产融合程度不断加深、农产品消费日益升级的背景下,加快健全现代农业全产业链标准体系,补齐农业标准供应短板,建设农业标准体系新格局,是破解农业高质量发展技术难题的现实需要,也是适应现代农业产业发展的新需求。2021年的中央一号文件也明确指出,加快健全现代农业全产业链标准体系,推动新型农业经营主体按照国家标准生产,培育农业龙头企业标准"领跑者"。

在原有六项地方标准基础上,不断完善标准体系建设,实现小站稻全产业链标准化和品质可控化,在安全、质量、服务、支撑等四个维度,覆盖农业生产、加工、流通过程的全要素和农产品从农田到餐桌的全过程。在这个过程中,要支持各类标

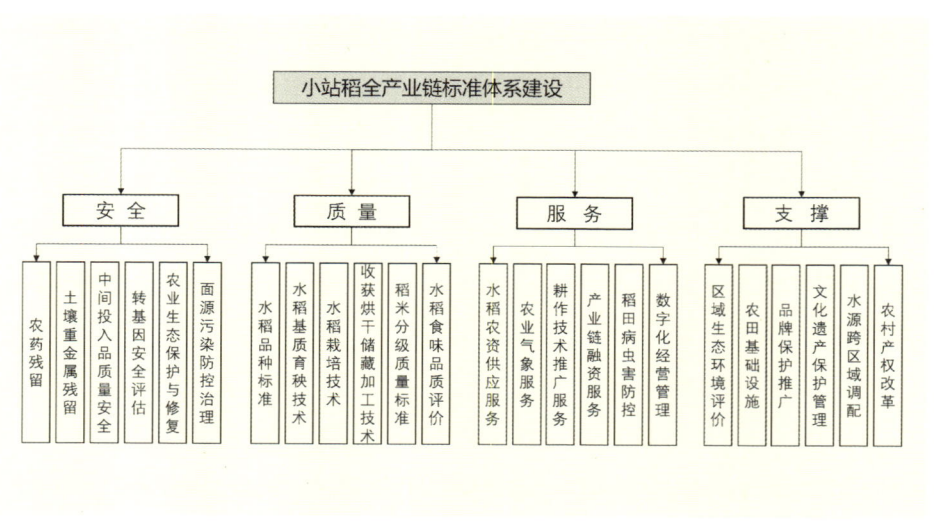

图 12-12 小站稻全产业链标准体系建设

准化技术机构、科研院校、社会团体、农业经营主体等广泛参与标准研制，着力构建全要素、全链条、多层次的现代农业全产业链标准化体系，有效支撑现代农业产业体系、生产体系、经营体系建设，建立适用于高质量发展阶段的小站稻全产业链标准化体系。同时不断强化农业标准化应用示范效应，充分发挥农业龙头企业的主体作用和合作社、行业协会等的积极作用，调动广大农民和新型农业经营主体的积极性，大力推广以标准为纽带和基础的"企业＋基地＋农户"的农业农村标准化示范推广模式，实现标准化的示范推广，支持小站稻产业的振兴。

12.4.3 营销体系
1. 拓展营销渠道

营销渠道是生产和销售的通道，在提高小站稻质量的同时，也要不断拓宽销售渠道，打通小站稻进入餐桌的"最后一公里"。营销渠道的拓展包括线上和线下两种渠道，两种渠道互为补充。每一个企业都可以在其目标市场建立独特的渠道结构和模式，通过渠道的差异化开展差异化的营销，形成企业独特的渠道竞争优势。

线下渠道通过跟消费者近距离接触实现互动，消费体验更好。以天津食品集团为例，集团拥有300余家与物美合资的农鲜生活超市及食品集团直营店，约230家利达粮油专卖店网点，经销商13个，销售网络覆盖天津全境；在社区设立自动卖米机，全天候自助服务，无需以往人工运营、产品充氮保鲜、低温冷藏等，营养成分保存更加完好，有助于培养消费者的消费习惯，提高小站稻在本地居民中的品牌认知度。

线上渠道的营销最大的优势是可以摆脱时空的限制，实现消费者随时随地购买小站稻的需求。目前小站稻的各大龙头企业通过与大型互联网销售平台合作，进驻京东、天猫、拼多多、盒马鲜生、每日优鲜等平台，天津开启了小站稻电商销售的全新时代。

图 12-13　用户体验智能无人碾米机

图 12-14　智能无人碾米机

2. 创新营销方式

（1）媒体营销

充分利用各种媒体及旅游体验活动，加强对天津小站稻的历史、发展进程及前景的宣传工作。例如通过电视广告、影视节目冠名、报纸广告、车身广告、店内POP（卖点广告）等传统媒体广告形式进行捆绑式媒介推广，重塑小站稻品牌形象，为天津小站稻现代化产业建设创造良好的市场氛围。运用新媒体资源，发挥网络营销、微信营销和微博营销的巨大作用，利用其受众广且具有持续性的特征，吸引游客主动参与营销，从接受者变成传播者。精准挖掘广大公众潜在需求，创作、传播有趣味、有品位的小站稻新型科普作品，在重要时间节点进行广泛宣传，深入浅出、通俗易懂地讲好小站稻故事，不断提升政府机构、社区居民和其他利益相关者以及广大公众对天津小站稻的认识水平和保护积极性。

社会公众意识的提高及公众的积极参与将会为农业文化遗产保护营造良好的社会氛围。一方面，要面向全国乃至全世界广而告之，让天津小站稻成为宣传天津农业文化与思想的重要载体，服务农业"走出去"战略；另一方面，要立足国内，广泛传播，增强公众对天津小站稻农业文化遗产的概念、保护与发展理念的普遍认同。经验表明，媒体宣传、非政府组织的参与都产生了重要的助推作用。还需要指出的是，消费者对于保护农业文化遗产也很重要，比如日本在农业文化遗产保护中实行的认养制度、志愿者制度等都产生了很好的效果。

（2）公益营销

小站稻作为农业文化遗产，在接受了社会诸多资源助力发展之后，也要承担起相应的社会责任，以回报社会。公益活动则提供了较好的契机，借助公益活动来宣传小站稻，培养消费者的品牌情感。鼓励各级各类媒体在重要时段、重要版面开展品牌公益宣传，挖掘品牌文化底蕴，树立消费信心，扩大自主品牌消费，提升产品价值和市场影响力。建议不同的小站稻生产单位可以与政府部门或者社区合作，为弱势群体或者公益机构捐赠小站稻，举办专门的捐赠仪式，以此也可以扩大产品影响力。

在新冠肺炎疫情爆发的时刻，天津市1300多名医务人员积极响应党中央号召，主动请战前往湖北抗疫前线,无私无畏,以高尚的医德和精湛的医术全力救治患者,用生命和辛苦守护人民群众的生命安全和身体健康。为贯彻落实习近平总书记关心爱护参与疫情防控工作的医务人员的重要指示精神,天津市水稻产业技术体系创新团队组织天津市农科院农作物研究所和天津金世神农种业有限公司等单位,向天津市援鄂医务工作者捐赠金稻 919 大米 1.3 万余公斤,把最好吃的大米献给新时代最可爱的白衣战士。此次捐赠小站稻优质品种大米,也表达了天津市农业科研人员和农业企业家对抗疫前线白衣战士的崇高敬意,助力打赢这场疫情攻坚战。

(3)活动营销

活动营销的核心是通过介入或者举办重大的社会活动而提高企业的品牌知名度、

图 12-15 天津市农科院农作物研究所和天津金世神农种业有限公司
向援鄂医务工作者捐赠优质小站稻仪式

美誉度和影响力，促进产品销售。通过举办各种线上线下活动，利用农事体验、行业峰会等活动宣传，扩大小站稻在国内市场的知名度。目前已成功举办天津小站稻推介会、小站稻振兴峰会、小站稻高端论坛、农民丰收节等活动，并在全国农产品交易会上举办了专题推介活动，不断扩大品牌的知名度和影响力。以小站稻证明商标为基础，以申请全国重点文化遗产为契机，分别举办稻香文化节、开镰节、赛米会，加大小站稻稻作文化遗产的宣传力度，进一步提升小站稻的品牌效应。

①农事节庆型营销

水稻收获时举办开镰节，游客可以零距离进行农事体验，参与水稻收割、脱粒、碾米、垂钓、捉鱼、观赏动物等项目，体验传统农事活动带来的快乐。各小站稻发展的重点镇都会举办开镰节、丰收节等农事体验活动，如津南区名洋湖庄园的开镰节、宁河区廉庄镇举办的"宁河大米开镰节"、宝坻区黄庄镇举办的"小站稻开镰节"等。除了各种农事活动体验之外，还现场售卖石磨杂粮、新稻米、玉米、枣、绿色禽蛋等纯天然无公害绿色农产品，让游客全面感受到浓郁的稻作文化和淳朴的风土人情。

②行业峰会

为推进天津小站稻产业高质量发展，加大小站稻品牌策划、宣传和推介力度，由政府部门牵头，举办大型的行业峰会，进一步提高天津小站稻的品牌价值和社会影响力，吸引更多企业来津投资助力小站稻产业振兴。2018年以来，天津市连续三年举办小站稻产业大会，吸引了全国水稻领域著名专家学者和知名企业参与，成功打造了推动天津小站稻产业振兴的赋能新平台和小站稻振兴成果的展示平台。

2019年天津市农业农村委员会主办天津小站稻振兴峰会，邀请中化集团、海垦集团、中国电信、益海嘉里等大型企业集团，京东、天猫、盒马鲜生等大型电商超市。杂交水稻之父袁隆平院士专门为天津小站稻推介活动发来贺信。他表示，举办小站稻推介活动是天津小站稻产业发展历程的重要盛事，必将推动北方粳稻的快速发展，重振天津小站稻，再创品牌辉煌。他希望天津进一步把小站稻品牌发扬光大，将传统稻作文化与现代科技相结合，加快天津小站稻新品种的研发，把小站稻产业做大做强，做出天津地方特色，为我国水稻产业发展作出更大贡献。（参见图12-17）

2020年天津市农业农村委员会和津南区人民政府共同主办了以"论'稻'问津"

为主题的小站稻品牌推介会。推介会通过"农商对接+院士论坛+品牌推介+展览展示"等方式,围绕小站稻全产业链模式打造、品牌建设、营销采购等方面的议题进行深入探讨,共话丰收,共谋发展。推介会上一批重量级合作项目集中签约落地,"小站稻电商平台"成功上线,进一步推动了小站稻"优质品种+标准种植+品牌营销"的全链条产业融合,成果丰硕。

图 12-16　2018 年小站稻政府推介会

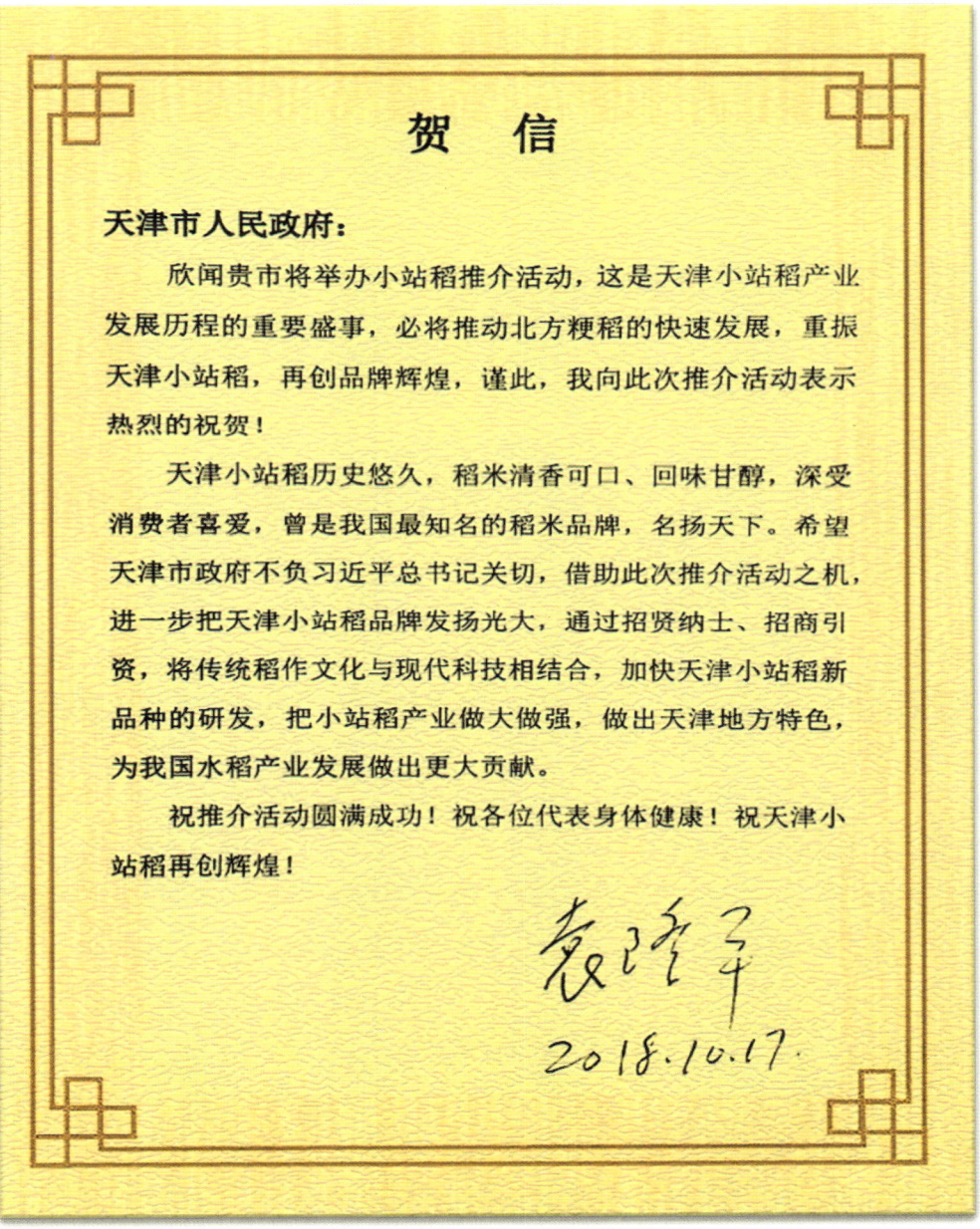

图 12-17 袁隆平院士为天津小站稻推介活动发来的贺信

第十三章
保护与开发的机制建设

13.1 产业配套措施建设

13.1.1 资金筹措投入

目前对小站稻的扶持力度较大,为做好小站稻保护与开发,应鼓励企业和社会各界投资小站稻产前产后,延伸小站稻产业链条,振兴小站稻产业,实现小站稻保护与发展,可以采取多渠道的形式筹措资金:

一是优化财政供给结构,积极争取中央及地方财政资金的支持。财政农业投资向小站稻保护与发展倾斜,每年投入资金作为小站稻保护与发展专项资金,主要用于小站稻遗产保护、基础设施建设、小站稻品种及种苗补贴、稻米加工设备补助、公益性科技服务、农业财产保险及小站稻品牌创建工作等方面。二是充分发挥财政资金的引导作用,撬动金融和社会资本更多地投向小站稻振兴。鼓励和引导社会资本通过和政府合作的模式参与有关小站稻振兴的公共服务领域项目。三是加快建立涉农资金中可用于小站稻产业发展的长效机制,提高小站稻财政资金的使用效益,进一步将小站稻品牌做响、产业做大、效益做好,为小站稻保护与发展奠定较强的经济基础。四是探索资金、技术、政策、项目等多种生态补偿方式,以提高小站稻在维持区域生态平衡、改善环境质量、保护生物多样性等方面的服务功能。

为深入贯彻落实习近平总书记关于小站稻振兴的重要指示精神,按照市委、市政府的部署要求,天津市财政局坚持服务理念,综合施策,加大对小站稻产业振兴的科技创新、产业带动、惠农补贴、社会化服务、农田建设等关键环节的投入力度,全方位服务小站稻产业振兴,重塑小站稻的金字招牌,并取得了可喜成效。

一是服务科技创新能力，提高小站稻品质。近年来，天津市财政局坚持科技创新服务农业的指导思想，投入近1000万元资金支持水稻产业科技创新体系建设，涵盖了天津市小站稻产业的大专院校和科研院所的16个专家岗位和17个技术试验站。通过加大科技攻关力度，促进了小站稻品种的更新换代。目前，天津市已推出津原U99、天隆优619等一系列优质小站稻品种，同时集中约2000万元支持小站稻高标准、智能化研究实验室建设，有效改善了天津市小站稻品种研究的基础条件，优质的金稻919获得了第七届全国优良食味粳稻品评一等奖。天津市现已成为北方稻区面积最大的粳稻种子生产基地，水稻育种、栽培等关键技术走在全国前列。

二是服务农民生产种植，提高小站稻种植面积。天津市财政局投入1400万元实施政府购买服务措施，为种植小站稻的农户、家庭农场、农民合作社等经营主体提供基质育秧技术社会化服务，财政补贴小站稻种植面积达34.4万亩（2.29万公顷），促进了集中连片推进小站稻生产方式的机械化、规模化、集约化，积极提高小站稻产业的综合效益和竞争力。同时对种植小站稻给予每亩95元的补贴，并提供500元保额的小站稻种植保险，鼓励农民大力种植小站稻，有力地提升了种植小站稻的抗风险能力。此外还大力支持稻鱼综合种养示范基地4万亩（0.27万公顷），合理利用稻田空间发展稻蟹、稻虾、稻鳅综合种养，取得"一水两用、一地双收、稳粮增产、稻鱼双赢"的综合效果。据统计，2020年全市小站稻种植面积达到80万亩（5.33万公顷）以上，有力地服务天津小站稻做大做强。

三是服务产业带动作用，提高小站稻产能。2020年，天津市财政局投入2.5亿元支持10个涉农区集中力量建设高标准农田，优先扶持小站稻种植区域加快补齐农田基础设施短板，切实筑牢小站稻产业发展基础，努力打造集中连片、旱涝保收、节水高效、稳产高产、生态友好的高标准稻田，为小站稻产业振兴提供坚实的保障。同时财政投入近5000万元资金服务小站稻提质增效、三个产业融合等小站稻产业化振兴项目，努力推动小站稻朝着规模化、标准化、精品化方向发展。此外，积极争取中央财政资金2亿元，重点打造以小站稻为主导的宁河区、宝坻区国家现代农业产业园，形成了以天津食品集团、中化集团等国有大型龙头企业为骨干，家庭农场、农民合作社等新型经营主体为支撑的产业化、现代化、标准化、绿色化生产技术模式，努力提高小站稻产能，大力服务广大市民对小站稻的消费需求。[1]

13.1.2 水源灌溉保障

目前小站稻推广种植的最大障碍就是水源问题，天津水稻要维持并达到 100 万亩（6.67 万公顷），首先要解决的就是灌溉水源问题。

一是积极利用现有的河水资源来进行浇灌。经过"四清一绿"建设，目前天津境内的海河、潮白新河、子牙河等多条河流的水质得到了提升，可以用来浇灌小站稻，满足部分灌溉要求。

二是加强区域调配。在全市农业灌溉高峰期，要积极协调上游省市，从天津市重点河道上游调水，进一步增加河道水源储备，尽最大可能为农业生产，特别是小站稻种植提供水源。利用于桥水库引滦水源就近向州河、蓟运河等河道调水，满足北部河道生态用水及蓟州、宝坻、宁河等区农业灌溉需要；利用"北水南调"等工程将北部潮白新河、北运河水量向南部地区调配，满足沿线生态及农业用水需求。

三是鼓励种稻大户开挖小型水库或者积雨窖，积攒雨水和拦截夏季的过境地面水来浇灌小站稻，适当地使用一些海河下游的排泄水用来浇灌小站稻，通过采取多种措施来破解小站稻浇灌的水源难题。

四是把从市区流向渤海的河水净化之后形成再生水，并优先利用再生水向独流减河、永定新河等重点河道实施补水，进一步增加河道水量，实现水体循环，用来浇灌小站稻。发挥中心城区循环退水作用，在补充中心城区海河等河道生态用水的同时，通过加大河道水体循环力度，为环城四区及南部区域提供农业灌溉水源，达到"一水多用"的效果。

通过这些措施形成稳定的水源，再加上采取节水灌溉技术，基本解决全市 100 万亩（6.67 万公顷）小站稻浇灌的难题，也能够满足全市农业生产的需求。

---

1. 参见天津市财政局《市财政局全方位服务 振兴重塑"小站稻"金字招牌》，天津政务网，2020 年 10 月 30 日。

13.1.3 农田基础设施改造提升

抓住全市高标准农田建设项目的契机，对耕地的水、田、林、路进行综合治理，确保高标准农田建设资金和其他财政支农资金向小站稻产业重点项目倾斜，并结合改土治盐碱，将田地平整、田型调整及修建排灌沟渠、田间道路、防护林、电网等统筹结合，建设高标准稻田，不断优化水稻生产环境，提高土地产出率。一是实施沃土工程，通过增加有机肥、秸秆还田及采用绿肥、植物固氮、监测管护等措施，提升土壤肥力，改善土壤环境，提高土地生产能力和质量。二是加大稻田平整治理力度，做到每平方米稻田高低相差不超过2厘米，以便于科学灌溉。建成后的高标准稻田基础设施完善，田面平整，耕层深厚，土壤肥沃，灌溉水源有保障，排涝能力强，路、林、电网配套，达到井渠配套、灌排分设、田成方、树成行、路成网、沟相通、渠相连的高等级配套、生态环境优美的高标准农田，能够满足水稻高产栽培、节水灌溉、机械化作业等标准化生产要求。

13.1.4 数字农业服务保障

1. 数字农情

水稻种植受自然气候和水肥条件的影响十分明显，而传统的种植管理方式又难以把控作物施肥浇水的用量，也难以做到精准施肥喷药。为此，应加快发展数字农情，利用卫星遥感、航空遥感、地面物联网等手段，动态监测小站稻的种植类型、种植面积、土壤墒情、作物长势、灾情虫情，及时发布预警信息，提升小站稻生产管理信息化水平。

建设小站稻专属的数字田园，推动智能感知、智能分析、智能控制技术与装备在小站稻种植环节上的集成应用，建设环境控制、水肥药精准施用、精准种植、农机智能作业与调度监控、智能分等分级决策系统，精准把控所有生长环节，推进小站稻生产经营智能化管理。

完善农业科技信息服务平台内容，建立农业专家数据库，在线为稻农解决生产难题。同时面向各类经营主体，开展市场信息、农资供应、废弃物资源化利用、农机作业、农产品初加工、农业气象"私人定制"等领域的农业生产性服务，促进公益性服务和经营性服务便民化。

2. 气象服务

小站稻生长对气象条件的要求较高，同时天津市本身的降水量分布极其不均，这对小站稻生长提出了较大的挑战。为助力小站稻提升品牌效益及市场价值，针对小站稻的产前、产中和产后三个环节，全面开展面向小站稻产业全过程的品牌气象服务。在此基础上，在小站稻的种植范围内，开展 1 千米 ×1 千米格点化的气象监测和灾害预警服务，继续开发完善"天知稻"农业气象服务应用品牌，并将直通式气象服务推至田块，面向政府、重点稻企、全市稻农提供靶向气象服务。

小站稻产前开展小站稻种植年景预测，开发小站稻保险项目，进行小站稻线上农业保险精算，降低农民损失。

小站稻产中服务应提高针对性，开展小站稻关键生育期的灾害性天气预报预警，开发小站稻常见病虫害气象预报模型，降低小站稻生产的灾害风险和管理成本。

产后开展水稻的气候条件品质评估及溯源，为小站稻贴上气候品质二维码标签，提升小站稻品牌的科技内涵和经济附加值。

13.1.5 农村产权制度改革

在国家层面政策的指导下，通过农村产权制度改革，明晰耕地、宅基地、农房、集体经营性建设用地的产权，推动资源变资产、资金变股金、农民变股东，发展多种形式的股份合作，为小站稻重生和乡村振兴提供新动能。一方面通过规范土地流转制度，实现小站稻的规模生产；另一方面通过集体建设用地改革，实现对农村闲置资源的充分利用。通过两方面的推动，促进农村土地资源流转、农村文化旅游资源挖掘、宅基地资源盘活和青年人才回归。

推进村集体资产清产核资和股份化改革，引导农村集体经济组织挖掘集体土地、房屋、设施等资源和资产潜力，引入社会资本，依法通过股份制、合作制、股份合作制、租赁等形式，引导土地、农房、集体经营性建设用地入股，以此来发展休闲旅游、文创工作室、稻田民宿等产业，共同开发小站稻农业文化遗产的多功能性，既可以给农民增加财产性收入，又能够给农村创业人员提供创业场所。

发挥政府主导作用，结合高标准农田建设和水稻功能区划定等工作，加快推进水稻种植区域农户承包地确权登记颁证工作，鼓励农地经营权在公开市场上向专业大户、家庭农场、农民合作社、农业企业流转，重点支持村集体领办的全村80%以上农户和土地入股的土地股份合作社，鼓励社会资本投资小站稻的种植、加工等环节，促进小站稻适度规模经营。

13.2 相关制度建设

随着城镇化的加快推进、现代技术的普及应用，农业文化遗产面临着被破坏、被遗忘、被抛弃的危险。与自然遗产、文化遗产相比，农业文化遗产要保护的是一种"活"的农业生产和耕作方式，它注重维持农业生产者在系统中的主体地位，是人地和谐的复合型遗产。目前农业文化遗产保护中普遍存在活态传承的方式方法有待改进、原先的方法存在碎片化的问题。各级管理部门要进一步增强责任感、使命感，凝聚共识、上下协作，整合调动社会各界力量共同参与，建立农业文化遗产保护与管理网络，做好重要农业文化遗产的发掘保护、合理利用和转化创新，引导社会发现乡村价值和农业多功能性，以弘扬优秀的传统农耕文化。

13.2.1 管理制度制定出台

2014年6月27日，为规范中国重要农业文化遗产的管理，促进中国重要农业文化遗产的动态保护，推动中国重要农业文化遗产地经济社会可持续发展，农业农村部制定了《中国重要农业文化遗产管理办法（试行）》。不过在实际中，这个管理办法的约束力有限。目前立法方面的空白也是造成重要农业文化遗产保护与发展举步维艰的原因之一，所以迫切需要建立相关的法律法规，对重要农业文化遗产进行规范化、专业化、系统化管理，吸引广大人民群众对重要农业文化遗产的关注，同时也为相关人员对重要农业文化遗产地的保护和管理提供保障和依据。因此，目前需要做的是参照《非物质文化遗产法》的制定把重要农业文化遗产的立法提上议事日程，制定一个全国性的保护法，只有法律得到健全，地方政府才能够出台相关法律法规、细则以及地方规定。

在这个前提下，天津市可以从四个方面来强化小站稻农业文化遗产的管理，制定相关制度，包括：

（1）制定保护规划，设立专项基金。调查农耕与民俗文化，对小站稻演化过程中形成的文化进行挖掘与保护，对保护内容和所要达到的目标进行明确规定，以文化来增强魅力。

（2）突出技术研究与标准制定，注重推广利用。基于科技与技术制定行业标准，来提升小站稻农业系统的综合生产能力，保证小站稻的标准化生产，保证小站稻产品品质，以品质来赢得认可度。

（3）挖掘农业生态与文化价值，建立补偿机制。鉴于小站稻在农业生态和文化方面巨大的隐形价值，建议建立合理补偿机制，进一步挖掘小站稻农业系统的历史价值及文化、生态和社会功能，形成良性的社会互动机制，调动稻农和文化从业者的积极性。

（4）建立小站稻的保护与管理制度。小站稻作为活态性的文化遗产，其保护不能仅仅靠政府的力量，最核心的还是需要本地居民积极主动参与，从而对小站稻进行保护和管理，建立严格的保护与管理制度，以制度来保障小站稻长久的持续性发展。

13.2.2 人员引进培育机制

1. 高级专业技术人才的引进培养

广泛吸纳国内外先进科技成果和高水平人才，与中国科学院、中国农业科学院、北京市农林科学院、沈阳农业大学等科研院所签订协议，引进大批高端人才。定期开设经营管理能力培训班，培养专业的相关技术人员、种业研发人员、行政管理和企业管理人才，提高企业创新能力。加大技术培训力度，提高农民科学素质，在核心镇、重点镇分别培训技术带头人，在核心村培训技术员，示范带动其他小站稻种植户发展。

2. 文化传承人培训

建立农民技能实训基地平台，通过多种形式、多种渠道的培训，开展小站稻生产者、经营者和各级管理者的技能培训，培养技能型、管理型实用人才，不断提高生产技术水平和经营管理能力。面向原住民，以培育善经营、懂管理的新型农民为目标，重点围绕小站稻产业融合发展，开设小站稻农业文化遗产的种植、开发等相关课程培训，大力开展绿色生产技术、基质育秧技术、稻田立体种养、品牌管理、乡村旅游接待、村落历史、手工技艺、民俗文化、游客服务等相关知识和技能的培训，全面提高小站稻相关从业人员的素质。

不断深化对农业文化遗产保护工作重要性的认识，借鉴其他遗产地保护、利用重要农业文化遗产的经验做法。通过专家系列讲座、工作坊、研究人员与乡村青年对话交流等方式加深传承人对于农业文化遗产的理解，增强遗产地青年在地传承意识与文化自觉自信，为乡村发展培育内生力量。建立与其他遗产地，特别是稻作文化遗产地之间的长期联系，以共同探索不同类型的农业与乡村系统的保护与发展策略。

13.2.3 志愿者制度

天津作为直辖市，拥有比较充足的科教文卫人才，各个部门、机构可采取公开招募与定向招募相结合、经常性招募与阶段性招募相结合、面向个人招募与面向集体招募相结合的方式开展小站稻文化志愿者的招募工作，建立健全高效、便捷的志愿者招募机制和稳定、通畅的招募渠道。

1. 志愿者招募

各级政府部门和文化服务机构可根据志愿服务项目和岗位需求情况，通过报纸、电视、网络、广播、信息栏等多种形式向社会公开发布有关志愿者需求数量、岗位要求和报名方式等内容的招募信息，为志愿者参与志愿服务创造便利条件。

各级公共文化服务机构可深入社区、农村、机关、学校、企业、社会团体，有针对性地开展志愿者招募工作，吸引和动员对小站稻保护有兴趣的市民，特别是有一技之长的专业人士就近、就便加入志愿者队伍，参加志愿服务活动。

2. 志愿者培训工作

各级公共文化服务机构应建立文化志愿者的培训上岗制度，进行上岗培训，合格后再安排上岗，并做好文化志愿者的定期业务培训，努力提高文化志愿者的专业文化服务水平。培训内容根据文化志愿者承担的工作情况进行相应制定。对于普通志愿者，可通过初次培训、阶段性培训和临时性培训等方式，进行权利义务、服务理念、服务态度、服务技能等方面的基础性培训；对于骨干志愿者可通过集中轮训、参观学习、经验交流、考察观摩等方式进行专业服务技能、项目管理方法等方面的提高性培训，让他们不断加强和改进服务工作，提高他们的服务质量和水平。

3. 志愿者管理工作

做好志愿者的公益宣传工作，弘扬文化志愿者奉献、友爱的高尚精神，表彰优秀文化志愿者，鼓励和吸引广大市民和学生，尤其是有一定文艺专长和艺术才华的专业人士积极参与到志愿者行列中来。

各级公共文化服务机构应当按专业、服务岗位、服务时段等项目对文化志愿者实行管理，建立健全文化志愿者及其服务活动的档案制度，为文化志愿者建立包括基本状况、服务情况、累计服务时间的个人档案。

各级公共文化服务机构应当为文化志愿者提供安全、卫生的工作条件。除政府资助外，引导吸纳企业、社会团体、赞助商对志愿者服务队伍进行资助或捐赠，为志愿服务提供必要的经费保障。

13.2.4 利益联结机制

正是因为稻田的生态功能蕴藏了巨大的隐性价值，所以才能在一定程度上保证都市地区生态环境的质量。不过由于农业本身所产生的经济效益相对其他产业而言较低，生态价值也面临着人口大量增长以及城市扩建的威胁，文化价值又需要当地人的传承，因此需要构建一个合理的利益补偿机制。为了小站稻的可持续发展，有必要对其隐性价值进行补偿，挖掘农业生态与文化价值，完善利益联结机制。

创新利益联结机制，明晰产权关系。政府应该更关注各个实体环节的产权改革和机制创新，通过明晰产权关系，使以契约、合同、订单为主的外部关系更加规范，以股份制为代表的内部关系得以实现和稳固，从而推动以经济利益为纽带，以利益共享、风险共担为特征的新的利益联结机制的建立和完善，保障每个环节参与者的利益。

确定生态价值，构建生态补偿机制。小站稻的保护与管理不能仅仅靠政府的力量，最核心的还是需要当地人积极主动的保护和管理。因此要逐步建立稻田生态补偿，设立水稻田生态补偿资金，并建立试点进行探索，在补偿主体确定、补偿标准、补偿方法、资金来源、监管措施等方面，形成一套完整的体系与方法。补偿资金主要用于维护生态环境、发展生态经济、补偿集体经济组织成员等。通过生态补偿转移支付，科学调节区域间因生态保护投入不平衡造成的经济发展不平衡，重点保障生态保护区内农民的相关利益，维护生态环境，发展生态经济，发展镇村社会公益事业和村级经济。对因保护和恢复生态环境及其功能而使经济发展受到限制的补偿对象给予经济补偿；对采用传统技术、发展生态友好型农业的农户进行一定的经济激励，弥补他们额外付出的成本。

由于水稻生产过程中产生的生态服务属于公共服务范畴，所以有必要由政府牵头进行生态补偿，经费来源为公共财政列支或通过征收生态税进行转移支付。根据相关研究，补贴的最高限额可以达到每年每亩 3840 元，这也符合世界贸易组织农业协议中关于农业环境补贴的绿箱政策。相关学者对苏州的研究表明，水稻种植面积每缩小 1 公顷，生态系统服务总价值将下降 7.12 万元，其中生态功能价值下降 5.76 万元，占 80.9%。

13.3 多方参与机制

重要农业文化遗产是社会—经济—生态—景观复合系统，同时又是集历史文化、产业发展、生态保护、科学研究、休闲娱乐于一体的农业生产系统，其保护、利用、传承涉及多个学科和多个部门。由此要充分发挥政府的主导作用，加强重要农业文化遗产领域的科学研究和科技创新，引导企业参与到重要农业文化遗产的保护与发展中来，给予企业在产品开发、市场开拓、资金投入等方面的优惠政策，提高社会公众对重要农业文化遗产保护的认识。特别是要保护农民的利益，让农民在重要农业文化遗产保护中得到更多的实惠。农户是农业生产和经营的主体，也是重要农业文化遗产保护和传承的直接参与者。

同时也必须看到，之所以要对农业文化遗产进行保护，正是因为它们在现今条件下面临着威胁，不具有竞争力而处于濒危状态。农业文化遗产保护作为一种公益性的活动，如果仅依靠农民，不仅难以实现保护的目标，而且会把属于全人类共有共享的遗产保护重任压到弱势群体身上，也是不公平的，因此需要地方农民、企业、政府和广大社会民众共同参与，才能取得良好的效果。

13.3.1 政府部门

政府部门作为管理者，主要负责制定相关保障性政策，实施规范化管理，组织规划编制和实施，引导资金投入等，以此提高农民通过多种经营增加收入的能力，提升企业在产业链不同环节的创新能力。

1. 成立小站稻振兴工作领导小组

成立由市级主要领导任组长、天津市农业农村委员会主要领导任副组长的小站稻振兴工作领导小组，成员单位包括天津市农业农村委员会、天津市财政局、天津市水务局、天津市国土资源和房屋管理局、天津食品集团、宝坻区人民政府、宁河区人民政府、津南区人民政府及其他相关小站稻种植区人民政府等。领导小组主要工作：一是负责与农业农村部对接；二是负责天津小站稻振兴的指导、推动、组织、协调、督导等工作。

2. 成立小站稻振兴工作办公室

天津小站稻振兴工作领导小组下设办公室，办公室设在天津市农业农村委员会，成员有农业农村委员会的相关处室，天津市种植业中心粮经处、技术服务处、农业技术推广站、高标办、种子管理站，宝坻区农委，宁河区农委，津南区农经委等部门的主要负责同志，具体工作由天津市种植业办牵头。办公室的主要职责：一是负责天津小站稻产业振兴规划的实施工作；二是负责高标准农田建设、品种审定、招商引资、监督检查、资金监管及总结汇报等工作；三是负责文化传承及天津小站米的宣传推介工作。

3. 成立民间非营利组织

市一级层面要积极组织成立农业文化遗产保护与发展协会，由相关部门负责人、主要涉农企业、农户代表和科研人员共同参与。一方面注重挖掘各个历史时间段的珍贵资料，形成系统的影像资料，以此整合成为小站稻档案和历史的记忆，为新时代小站稻的复兴和产品开发做好基础工作；另一方面负责协调各利益方，协助镇村政府开展相关活动，积极挖掘新的农业文化遗产项目，除了参加国家级的农业文化遗产评选之外，还应积极推动市级农业文化遗产项目申报，加大对传统农业的保护力度。

13.3.2 龙头企业

鼓励金谷集团、中化集团、天津食品集团、海垦集团、嘉里粮油和金世神农种业公司等龙头企业组成天津小站稻产业联盟，更好地整合天津小站稻品种资源和产业优势，将天津打造成为全国高端优质水稻发展引领区，进一步推动小站稻产业振兴，整体打造天津地区农业文化遗产产品品牌，实现农民收入增加、企业效益增长。鼓励龙头企业之间开展合作，通过混改、交叉持股等模式，实现强强联合，有效整合品牌、文化、渠道资源，助力小站稻品牌的拓展和产业振兴。

13.3.3 研发机构

科技在农业文化遗产保护与发展中发挥着重要作用，依托京津冀地区的科研资源，鼓励中国农业大学、中国农业科学院、天津市农业科学院、天津农学院、天隆公司等科研机构在遗产地进行科研活动，建立院士工作站、农业试验站，引导遗产地涉农企业与科研院校开展科技协作，建立生产科研基地，在良种选育、农产品深加工和综合利用等方面展开深入研究，推广科研成果和栽培新技术，为产业发展提供创新动力。

2013年天津鸿腾水产科技发展有限公司与中国工程院陈温福院士合作，在宝坻区八门城镇设立院士工作站，种植5000亩（333.33公顷）"院士稻"，总产量达到250万公斤，在引进优质品种越光稻并研发生物肥控制、种养模式等关键技术后，带动了周边农户种植，销售价格超过普通稻米的4倍。

13.3.4 本地居民

农业文化遗产是先民创造、世代传承并不断发展的传统农业生产系统，其所有者应当是依然从事农业生产的农民，他们理应成为农业文化遗产的最主要的保护者，同时也是最主要的受益者。此外，他们还是文化传承的主体、农业生产的主体和市场经营的主体。只有让农民仍然愿意经营小站稻，才有可能保护好这个遗产。

因此要尊重农民的意愿并为其发展设想，要处理好本地居民与游客、本地居民与企业、本地居民之间的关系，增强其保护和参与小站稻农业文化遗产地建设的自觉性和主动性，让小站稻农业文化遗产保护持续健康发展。组织开展农业文化遗产地农户培训，提高农户对农业文化遗产保护与发展的认识，加强对传统知识、技术的掌握与传承，并吸收现代管理技术与农业生产技术。为保证农民从农业文化遗产的保护开发中得到利益，尽量采取农民自行组织的形式，例如"合作社+农户"或"企业+合作社+农户"，同时提升合作社和企业的服务水平和带动能力，降低成本，适当压缩利润空间，让利于民，让农民真正得到实惠。

参考文献

[1] 邴静静，高红梅，王誌达. 电子商务视角下天津"小站稻"品牌价值提升策略研究［J］. 作物研究，2019，33（5）.

[2] 邴静静，高红梅. 基于SWOT分析的天津市优质稻米产业发展研究——以"小站稻"为例［J］. 浙江农业学报，2019，31（8）.

[3] 蔡卓，王慧莹，王旭红. 天津小站稻全产业链闭环运行模式思考［J］. 南方农业，2019，13（14）.

[4] 陈家麟. 明徐贞明对发展河北农田水利的贡献［J］. 河北学刊，1985（5）.

[5] 陈洁. 汪应蛟的屯田实践及其对明清天津农业的影响［J］. 农业考古，2013（3）.

[6] 陈贤春. 元代农业生产的发展及其原因探讨［J］. 湖北大学学报（哲学社会科学版），1996（3）.

[7] 崔士光. 滨海城市：天津农业图鉴［M］. 北京：海洋出版社，2001.

[8] 丁陆彬，何思源，闵庆文. 农业文化遗产系统农业生物多样性评价与保护［J］. 自然与文化遗产研究，2019，4（11）.

[9] 杜新豪，曾雄生. 《宝坻劝农书》与明代后期江南农学知识的北传［J］. 农业考古，2014（6）.

[10] 杜新豪. 明清两代畿辅地区水稻种植的生态背景初探［J］. 古今农业，2013（2）.

[11] 高东. 稻田生物多样性构建的生态效应［J］. 生态环境学报，2010，19（8）.

[12] 关树东. 金朝的水利与社会经济［DB/OL］.（2017-09-17）［2021-8-17］. https://max.book118.com/html/2013/1112/4958192.shtm.

[13] 郭鸿林. 清代周盛传小站屯垦述略［J］. 古今农业，1991（3）.

[14] 郭蕴静. 明万历年间天津屯政的勃兴［J］. 天津社会科学，1986（5）.

[15] 韩凝玉，张哲，王思明. 农业文化遗产保护与传承的融合路径研究［J］. 东南文化，2019（6）.

［16］何伟福.《明实录》所见天津及附近地区水利营田探析［J］.贵州民族学院学报（哲学社会科学版），2008（4）.

［17］赫连镜繇，孟凡萌绘图.郭守敬与通惠河 大运河·北京段［J］.博物，2018（12）.

［18］蒋超.明清时期天津的水利营田［J］.农业考古，1991（3）.

［19］金克亮.渔阳太守引稻进京［N］.北京日报，2019-08-29.

［20］邝奕轩.基于历史与现实视域的中国稻作文化对外传播探索［J］.对外传播，2017（11）.

［21］况清楷，翟乾祥.吴越水利对天津滨海平原村镇形成的影响［M］//张树明.天津土地开发历史图说.天津：天津人民出版社，1998.

［22］李成燕.清代雍正年间的京东水利营田［J］.中国经济史研究，2009（2）.

［23］李成燕.清代雍正时期的京畿水利营田［M］.北京：中央民族大学出版社，2011.

［24］李成燕.清雍正年间的畿辅水利营田［D］.北京：中国社会科学院，2009.

［25］李鹏飞.明代天津地区军事屯田研究［J］.农业考古，2013（1）.

［26］李素敏.天津市水稻育种工作存在的问题及对策［J］.科学学与科学技术管理，1998（5）.

［27］李文华.中国重要农业文化遗产保护与发展战略研究［M］.北京：科学出版社，2015.

［28］李翔，徐建坡.天津市原种场水稻种质资源数据库的建设［J］.天津农林科技，2019（4）.

［29］李增高，李朝盈.明代徐贞明与京畿地区的水利及稻作史话［J］.北京农学院学报，2000（4）.

［30］李增高.京津冀地区历史上的稻作类型品种及引种概况［J］.古今农业，1999（3）.

［31］梁庭望.中国稻作文化的保护与开发利用［C］//中国民间文艺家协会稻作文化专业委员会.中国原生态稻作民俗文化抢救与保护：黎平国际学术研讨会论文选：2005年刊.2006.

［32］廖丹凤.日本大分县全球重要农业文化遗产保护与发展经验及其启示［J］.农学学报，2019，9（1）.

[33] 刘建红.中国重要农业文化遗产的保护利用研究[D].南京：南京师范大学，2017.

[34] 刘连芳.周盛传与盛军述略[D].长春：东北师范大学，2011.

[35] 刘学军，刘瑞符，孙林静，马忠友，陈秀琴，刘振华，刘健.天津稻区水稻超高产育种[J].天津农业科学，1998（3）.

[36] 刘宗梽.小站稻栽培史[J].中国农史，1986（2）.

[37] 孟媛，张凤荣.以稻田填补都市绿色的新思路[C]//2006年中国可持续发展论坛——中国可持续发展研究会2006学术年会青年学者论坛专辑.2006.

[38] 闵庆文，何露，孙业红，等.中国GIAHS保护试点：价值、问题与对策[J].中国生态农业学报，2012，20（6）.

[39] 闵庆文，张碧天.稻作农业文化遗产及其保护与发展探讨[J].中国稻米，2019，25（6）.

[40] 闵庆文，张碧天.中国的重要农业文化遗产保护与发展研究进展[J].农学学报，2018，8（1）.

[41] 闵庆文.重要农业文化遗产及其保护研究的优先领域、问题与对策[J].中国生态农业学报（中英文），2020，28（9）.

[42] 庞诚，张全刚，王根庆，冯樾，严光磊.天津小站稻[M].天津：天津科学技术出版社，1982.

[43] 任梦一.董应举天津屯务明清评述[J].才智，2017（22）.

[44] 石学彬，赵珩，刘世家.我国水稻育种创新趋势与发展对策——基于近12年国家审定水稻品种信息[J].江苏农业科学，2019，47（5）.

[45] 时中华.明后期京津地区的农田水利活动[D].郑州：郑州大学，2018.

[46] 孙硕，余璇.稻田元素在景观设计中的应用研究[J].美与时代（城市版），2017（3）.

[47] 天津市宝坻区人民政府.天津宝坻黄庄洼复合农业系统中国重要农业文化遗产申报书[R]，2017.

[48] 天津市津南区地方志编修委员会.津南区志[M]，天津：天津社会科学院出版社，1999.

[49] 天津市农村经济与区划研究所. 天津津南小站稻作文化系统保护与发展规划[R], 2019.

[50] 天津市农村经济与区划研究所. 天津小站稻产业振兴规划[R], 2018.

[51] 天津市农村经济与区划研究所. 天津小站稻作文化系统申报书[R], 2019.

[52] 天津市农林局. 天津市农林志[M]. 天津:天津人民出版社, 1995.

[53] 汪俊枝, 汪培梓, 梁少民. 农业文化遗产保护与粮食安全[J]. 粮食科技与经济, 2012, 37(4).

[54] 王勃然, 傅志强. 稻田生态种养对系统生物多样性的影响[J]. 作物研究, 2019, 33(5).

[55] 王利华. 中古华北水资源状况的初步考察[J]. 南开学报(哲学社会科学版), 2007(3).

[56] 王培华. 元明清对华北水利认识的发展变化——以对畿辅水土性质的争论为中心[J]. 学术研究, 2009(10).

[57] 王绍森, 石孝义. 溯源海港 湖河辉映——东丽区历史文化发展探究[J]. 天津支部生活, 2009(10).

[58] 王译婧, 陈娆. 农业文化遗产保护中的多方参与主体研究——以北京京西稻作文化系统为例[J]. 人力资源管理, 2018(4).

[59] 王轶英. 北宋河北屯田的军事意义[J]. 乐山师范学院学报, 2006(8).

[60] 王永厚. 明代京畿地区治水营田的一次实践——徐贞明及其《潞水客谈》[J]. 中国农史, 1993(3).

[61] 韦丽. 有元一代蒙古族对天津地区的开发和经营[D]. 天津:天津师范大学, 2019.

[62] 魏云华, 郑长林, 林清, 等. 水稻的园林景观绿化应用初探[J]. 福建稻麦科技, 2007(2).

[63] 肖玉, 谢高地, 鲁春霞, 等. 稻田生态系统气体调节功能及其价值[J]. 自然资源学报, 2004(5).

[64] 薛宝林, 张路方, 张铁亮, 等. 稻田生态系统服务价值评价——以湖南省为例[J]. 中国农村水利水电, 2020(1).

[65] 阳耀芳,孙静.天津小站稻品牌战略发展的思考与建议[J].粮油加工,2010(6).

[66] 叶坦.两宋时期的经济理论考察[J].经济研究,1990(8).

[67] 尤飞,王欧,栗欣如.我国农业资源台账制度创设研究[J].中国农业资源与区划,2017,38(12).

[68] 于福安,田猛,吴克岭,等.耐盐碱优质多抗超高产粳稻津原89的选育及应用[J].中国稻米,2019,25(5).

[69] 余建红.徐光启对发展我国农业的贡献[J].农业考古,2012(1).

[70] 曾雄生.水稻在北方——10世纪至19世纪南方稻作技术向北方的传播与接受[M].广东人民出版社,2018.

[71] 张灿强,刘某承.中国重要农业文化遗产可持续发展面临的挑战与应对(英文)[J].Journal of Resources and Ecology,2014,5(4).

[72] 张灿强,沈贵银.农业文化遗产的多功能价值及其产业融合发展途径探讨[J].中国农业大学学报(社会科学版),2016,33(2).

[73] 张灿强,吴良.中国重要农业文化遗产:内涵再识、保护进展与难点突破[J].华中农业大学学报(社会科学版),2021(1).

[74] 张存信.天津小站稻挠秧劳动号子[J].古今农业,2016(2).

[75] 张芳.明清畿辅地区水稻种植的发展及其制约因素[J].中国经济史研究,1996(1).

[76] 张芳.清代雍正年间畿辅地区的水利营田[J].中国史研究,1993(2).

[77] 张金刚.天津稻作五十年[J].天津农学院学报,2005(1).

[78] 张金刚.天津农情诗选[J].天津农林科技,2008(5).

[79] 张金刚.天津农情诗选[J].天津农林科技,2008(6).

[80] 张金刚.天津农情诗选[J].天津农林科技,2009(1).

[81] 张金刚.天津农情诗选[J].天津农林科技,2009(2).

[82] 张金刚.天津农情诗选[J].天津农林科技,2009(3).

[83] 张金刚.天津农情诗选[J].天津农林科技,2009(5).

[84] 张金刚.天津农情诗选[J].天津农林科技,2009(6).

[85] 张金刚.天津农情诗选[J].天津农林科技,2010(1).

［86］张金刚.天津农情诗选［J］.天津农林科技，2010（2）.

［87］张金刚.天津农情诗选［J］.天津农林科技，2010（3）.

［88］张金刚.天津农情诗选［J］.天津农林科技，2010（5）.

［89］张金刚.天津农情诗选［J］.天津农林科技，2010（6）.

［90］张金刚.天津农情诗选（续前）［J］.天津农林科技，2011（1）.

［91］张金刚.天津农情诗选（续前）［J］.天津农林科技，2011（2）.

［92］张金刚.天津农情诗选（续前）［J］.天津农林科技，2011（3）.

［93］张金刚.天津农情诗选（续前）［J］.天津农林科技，2011（5）.

［94］张磊.天津农业研究（1368—1840）［D］.天津：南开大学，2012.

［95］张树明.天津土地开发历史图说［M］.天津：天津人民出版社，1998.

［96］张旭，于福安，张春和，等.天津水稻育种及稻谷品质的进展［J］.农产品加工（创新版），2009（1）.

［97］张永勋，闵庆文.稻作梯田农业文化遗产保护研究综述［J］.中国生态农业学报，2016.24（4）.

［98］张仲.徐光启在天津的农事试验［J］.天津师院学报，1978（4）.

［99］赵美岚，黎康.徐光启农学研究中的科学方法辨析——以《农政全书》为中心的考察［J］.农业考古，2012（6）.

［100］郑克晟，傅同钦.天津的海光寺与"兰田"［J］.天津师院学报，1980（3）.

［101］郑克晟.袁黄与明代的宝坻水田［J］.天津社会科学，1982（5）.

［102］郑育锁，张鑫，常华，等.天津市水稻田土壤养分与施肥情况调研分析［J］.天津农业科学，2019，25（9）.

［103］周正平，占小登，沈希宏，等.我国水稻育种发展现状、展望及对策［J］.中国稻米，2019，25（5）.

［104］朱明芬，汤圣祥，唐健，等.稻田环境与生物多样性实证研究［J］.农村生态环境，1998（3）.

［105］邹逸麟.黄淮海平原历史地理［M］.合肥：安徽教育出版社，1997.

后 记

我与本书结缘，始于为津南区小站稻种植系统申报中国重要农业文化遗产。在这个过程中，我深深震撼于小站稻背后竟有如此深厚的历史文化底蕴，由此也生出了为小站稻撰文著书的想法。念念不忘，必有回响。小站稻"申遗"成功之后，我有幸与天津古籍出版社唐舣老师结识，令人惊喜的是我们对"小站稻"这个选题不谋而合，于是便有了本书的写作。

在写作过程中，我参阅了大量古代文献，阅读连标点都没有的文言文，并非我所长，不过因为有兴趣，所以竟不觉得枯燥。通过这些古籍，我领略了一代代杰出人物的伟大思想和人格魅力。袁黄、徐光启、左光斗、周盛传等等，他们因为种种原因与这方热土结缘，心怀苍生，济民解困，在津沽大地筑堤围田，改水种稻，他们的功绩泽被后世。正是这些先贤一次次的努力和不放弃，才使得今天的津沽大地稻花飘香。对我而言，这个过程宛如同先贤进行面对面的交流；梳理、总结他们在天津的善行壮举，于我也是一次深层次的精神洗礼。我生出强烈的使命感，那就是要为小站稻做些事！这也是我敢以"非著名学者"的身份写作本书的动力。

本书的出版恰逢小站稻振兴的时代东风，天津市投入了大量的资金、出台了密集的政策支持、鼓励小站稻发展，小站稻迅速在津沽大地复苏，短时间内种植面积就达到了100万亩（6.67万公顷）。产业上的振兴更需要文化的呼应，然而缺水导致小站稻长时间消失，人们对小站稻的辉煌历史已近遗忘。本书便要为小站稻正名，唤起历史记忆，恢复其应有的历史地位。对我而言，写作本书确实是一件具有挑战性的工作，特别是涉及许多古籍，不能不慎之又慎。虽然从启动到付梓已用时两年，但我还是觉得比较仓促。现在任务虽已完成，却无如释重负之感，总觉得还有可以修改完善之处。行文中仍有粗糙与生涩，这需要时间去打磨。对于书中的缺点与错误，恳请读者朋友们批评指正，给我进步的空间。

本书在写作过程中得到了多方帮助。在写作初期，我曾拜望津南历史研究知名专家刘景周老先生，了解了许多相关知识，这对于只有文献储备而缺乏稻作实践经验的我来说弥足珍贵。因为有天津市农业科学院区划所孙国兴研究员的牵线搭桥，我才结识了出版社的老师。农业农村部农村经济研究中心张灿强老师无私分享了他在农业文化遗产研究领域的成果，中国科学院地理所研究员闵庆文老师从写作思路和框架上对本书予以了指导，天津市农业科学院农作物研究所苏京平老师也从育种的专业角度对本书提出了修改意见。在此，真诚感谢所有为本书付出心血的同仁们！

看今日津沽大地，稻花飘香，稻浪翻滚。希望小站稻这次不会如历史上那般"旋兴旋废"，而能够真正扎根于这片土地。愿这片土地稻香常在！